全国建设行业中等职业教育推荐教材

住房城乡建设部土建类学科专业"十三五"规划教材

住房和城乡建设部中等职业教育市政工程施工与给水排水专业指导委员会规划推荐教材

污水处理与运行

（给排水工程施工与运行专业）

杜　馨　主　编

李红环　副主编

中国建筑工业出版社

图书在版编目（CIP）数据

污水处理与运行/杜馨主编. —北京：中国建筑工业出版社，
2015.12（2025.11重印）
全国建设行业中等职业教育推荐教材. 住房和城乡建设部中等
职业教育市政工程施工与给水排水专业指导委员会规划推荐教材
（给排水工程施工与运行专业）
ISBN 978-7-112-18804-8

Ⅰ.①污…　Ⅱ.①杜…　Ⅲ.①污水处理-中等专业学校-教材
Ⅳ.①X703

中国版本图书馆 CIP 数据核字（2015）第 281402 号

本书内容分为污水处理厂安全生产、污水的来源与性质、预处理工段、生物处理工段——活性污泥法、生物处理工段——生物膜法、二次沉淀池运行工段、厌氧生物处理工段、污泥处理工段、污水厂处理系统运行效果检测及设备维护、污水处理厂自动控制仿真操作 10 个项目。

本书在重点介绍污水生物处理工艺、处理方法和基本原理以及各个处理构筑物构造特点的基础上，讲述了各个处理设施的运行管理方法、维护保养措施及安全操作规程。全书着重突出污水工岗位的知识和技能的培养。

本书可作为中等职业学校给排水工程施工与运行专业和中高职融"3＋2"给排水工程技术专业的教材，也可供相关专业技术人员和管理人员学习参考使用。

为了更好地支持相应课程的教学，我们向采用本书作为教材的教师提供课件，有需要者可与出版社联系。建工书院：http://edu.cabplink.com，邮箱：jckj@cabp.com.cn，2917266507@qq.com，电话：（010）58337285。

责任编辑：聂　伟　陈　桦　李　慧
责任校对：李欣慰　刘梦然

全国建设行业中等职业教育推荐教材
住房城乡建设部土建类学科专业"十三五"规划教材
住房和城乡建设部中等职业教育市政工程施工与给水排水专业指导委员会规划推荐教材
污水处理与运行
（给排水工程施工与运行专业）
杜　馨　主　编
李红环　副主编
＊
中国建筑工业出版社出版、发行（北京西郊百万庄）
各地新华书店、建筑书店经销
北京科地亚盟排版公司制版
建工社（河北）印刷有限公司印刷
＊
开本：787×1092 毫米　1/16　印张：12½　字数：277 千字
2016 年 1 月第一版　　2025 年 11 月第六次印刷
定价：**32.00** 元（赠教师课件）
ISBN 978-7-112-18804-8
　　　　（36820）

本系列教材编委会 ◆◆◆

序言

　　住房和城乡建设部中等职业教育专业指导委员会是在全国住房和城乡建设职业教育教学指导委员会、住房和城乡建设部人事司的领导下，指导住房城乡建设类中等职业教育（包括普通中专、成人中专、职业高中、技工学校等）的专业建设和人才培养的专家机构。其主要任务是：研究建设类中等职业教育的专业发展方向、专业设置和教育教学改革；组织制定并及时修订专业培养目标、专业教育标准、专业培养方案、技能培养方案，组织编制有关课程和教学环节的教学大纲；研究制订教材建设规划，组织教材编写和评选工作，开展教材的评价和评优工作；研究制订专业教育评估标准、专业教育评估程序与办法，协调、配合专业教育评估工作的开展等。

　　本套教材是由住房和城乡建设部中等职业教育市政工程施工与给水排水专业指导委员会（以下简称专指委）组织编写的。该套教材是根据教育部2014年7月公布的《中等职业学校市政工程施工专业教学标准（试行）》、《中等职业学校给排水工程施工与运行专业教学标准（试行）》编写的。专指委的委员专家参与了专业教学标准和课程标准的制定，并将教学改革的理念融入教材的编写，使本套教材能体现最新的教学标准和课程标准的精神。目前中等职业教育教材建设中存在教材形式相对单一、教材结构相对滞后、教材内容以知识传授为主、教材主要由理论课教师编写等问题。为了更好地适应现代中等职业教育的需要，本套教材在编写中体现了以下特点：第一，体现终身教育的理念；第二，适应市场的变化；第三，专业教材要实现理实一体化；第四，要以项目教学和就业为导向。此外，教材中采用了最新的规范、标准、规程，体现了先进性、通用性、实用性。

　　本套系列教材凝聚了全国中等职业教育"市政工程施工专业"和"给排水工程施工与运行专业"教师的智慧和心血。在此，向全体主编、参编、主审致以衷心的感谢。

　　教学改革是一个不断深化的过程，教材建设是一个不断推陈出新的过程，需要在教学实践中不断完善，希望本套教材能对进一步开展中等职业教育的教学改革发挥积极的推动作用。

住房和城乡建设部中等职业教育市政工程施工与给水排水专业指导委员会

2015年10月

前言 ◆◆
Preface

《污水处理与运行》是以住房和城乡建设部中等职业教育市政工程施工与给水排水专业指导委员会组织编写的《污水处理》课程标准为依据编写的，计划课时 80 学时。

《污水处理与运行》是中等职业教育给排水工程施工与运行专业和环境类专业一门十分重要的专业课程。本教材在编写过程中，打破了传统的知识结构体系，采用任务驱动的教学模式，将污水处理过程所涉及的主要单元通过"项目一任务一实践"的形式，向学生展示了城市污水处理过程中所包含的安全生产规程、预处理技术、好氧生物处理技术、厌氧生物处理技术、污泥处理技术及自动控制仿真等内容。同时，考虑职业教育的特征，本书还重点介绍了污水处理过程中各处理单元的运行管理，这部分内容可通过污水处理综合实训和给排水仿真教学软件实现。通过项目化教学方法，设置工作情境，以任务为驱动，与职业岗位要求相结合，不仅能够进一步理解污水处理典型工艺流程的应用特点，掌握各单元的基本操作内容，学会对整个污水处理工艺进行运行、管理与控制，达到提升专业综合技能的目的，更为重要的是在实践训练的过程，可以培养学生的团队协作精神，独立分析问题、解决问题的能力，充分体现了职业教育的特点。

本教材试图使学生对污水处理理论、工艺和运行管理有一定的了解，充分考虑到中职学生的认知特点和职业成长规律，对各种污水处理技术的原理性知识进行简单介绍，对其中常见工艺和运行管理知识进行重点阐述。本教材编写内容实用、针对性强，难易适中，注重理论和实际相结合，在内容深度上则注意与高等职业教育的衔接与分工，可作为同行业高等专科学校学生及相关专业技术人员参考用书。

本教材包括十个项目，由广州市市政职业学校杜馨主编、广州市市政职业学校李红环副主编，参加编写人员分工为：项目 1 由广州市市政职业学校王昱编写；项目 2、项目 3 由广州市市政职业学校杜馨编写；项目 4 由瀚蓝环境股份有限公司廖振奕、广州市市政职业学校杜馨编写；项目 5 由瀚蓝环境股份有限公司廖振奕编写；项目 6 由新疆建设职业技术学院胡世琴编写；项目 7 由北京城市建设学校侯京华编写；项目 8 由广州市市政职业学校王昱、张卫丽编写；项目 9、项目 10 由广州市市政职业学校李红环编写。

编写过程中，得到了广州市市政职业学校何芳高级讲师、广州大学土木工程学院胡晓东教授以及广州大学环境科学与工程学院研究生杨文超的大力支持，在此表示感谢。

由于编者水平有限，尽管力求完美，但书中不妥之处在所难免，敬请广大师生、同行及前辈学者批评指正。

目录
Contents

项目1
污水处理厂安全生产

【项目概述】

　　安全生产是污水处理企业的重点工作。污水处理企业在运行过程中往往会产生废气、废渣、废水等三废物质，对周边环境和生产人员的健康有较大影响。根据《中华人民共和国安全生产法》（以后简称《安全生产法》）的相关要求，污水处理企业必须加强安全生产管理，建立健全安全生产责任制度，完善安全生产条件，确保安全生产。

　　在污水企业的日常生产中应提高安全生产意识，建立相关安全机制，认真履行相关措施和预案，加强管理，从而保证水厂的运行效率和安全。

【学习目标】

　　安全生产是保障污水处理厂正常运行的关键，通过本项目的学习，学生能够说出污水处理厂安全生产管理相关制度，知道污水厂必备的安全操作知识，懂得化验室基本的安全管理，确保污水处理厂生产运行、设备管理、工艺操作等方面的安全。

【学习支持】

　　(1)《安全生产法》2014年修订本。
　　(2)污水厂参观学习。

【课前思考】

> (1) 污水处理厂运行过程中有哪些潜在危险?
> (2) 污水处理厂的安全生产方面有哪些制度及规程?如何做到落实岗位责任制,保障安全生产?

安全生产概述

在污水处理厂的生产过程中,会产生一些不安全、不卫生的因素,若不及时采取防护措施,势必危害劳动者的安全和健康,产生工伤事故或职业病,妨碍生产的正常运行。因此,确保安全生产、改善劳动条件是污水处理厂正常运转的前提条件。

在污水处理厂,特别要注意配电设备的操作条件、消化区的防爆防火条件、鼓风机房的防噪措施、污水污泥池的防人落入措施、下井下池的防毒措施、格栅垃圾和沉砂池沉渣区域的卫生条件。为做好劳动保护,应发放必要的集体和个人劳动防护用品,防护用品的主要种类是防毒用品、绝缘用品、卫生用品,具体用品需根据各地实际需要确定。

在污水处理厂安全工作中,必须贯彻执行我国的劳动保护法规。我国主要的劳动保护法规有"三大规程"《工厂安全卫生规程》、《建筑安装工程安全技术规程》、《工人职员伤亡事故报告规程》和国务院关于加强企业生产中安全工作的几项规定。此外,还要贯彻执行地方政府和上级部门制定的安全生产、劳动保护条例和制度。这些法规和制度是污水处理厂开展安全生产劳动保护工作的依据和准则。

任务 1.1 污水厂安全生产制度

一个管理有方的污水处理厂,在安全生产方面应该建立一系列制度,这些制度主要有:安全生产责任制、安全生产教育制、安全生产检查制、伤亡事故报告处理制、防火防爆制度、各种安全操作规程、安全生产奖罚条例等。

(1)"安全生产责任制"是根据"管生产必须管安全"的原则,以制度形式明确规定污水厂各级领导和各类人员在生产活动中应负的安全责任。它规定了污水厂各级领导人员、各职能科室、安全管理部门及单位职工的安全生产职责范围,以便各负其责,做到计划、布置、检查、总结和评比安全工作(即"五同时"),从而保证在完成生产任务的同时,做到安全生产。

(2)"安全生产教育制"规定对新工人必须进行三级安全教育(入厂教育、车间教育和岗位教育),经考试合格后,才准独立操作。对从事电器、起重机、锅炉、受压容器、焊接、车辆驾驶等特殊工程的工人,必须进行安全技术培训,经考试合格,领取"特殊工种操作证"方可独立操作。污水厂必须建立安全活动制度,对调动工种或更新设备都必须向工人做相应的安全教育。

（3）"安全生产检查制"规定工人上班前，对所操作的机器设备和工具必须进行检查；生产班组必须定期对所管机具和设备进行安全检查；厂部由领导组织定期进行安全生产检查，查出问题要逐条整改，在规定假日前，组织安全生产大检查。

（4）"伤亡事故报告处理制"规定要认真贯彻执行国务院发布的《工人职员伤亡事故报告规程》，凡发生人身伤亡事故和重大事故，必须严格执行"三不放过原则"（事故原因分析不清不放过；事故责任者和群众没有受到教育不放过；防范措施不落实不放过）。发生重大人身伤亡事故后，要立即抢救，保护现场，按规定期限逐级报告，对事故责任者应根据责任轻重、损失大小、认识态度提出处理意见。对重大事故要及时召开现场分析会，对因工负伤的职工和死者家属，要亲切关怀，做好善后处理工作。

（5）"防火防爆制度"规定消防器材和设施的设置问题；木工间、油库、消化池和储气柜附近等处严禁火种带入；电气焊器材（乙炔发生器等）和点焊操作的防火问题；受压容器（氧气瓶、锅炉等）的防爆问题；特别是消化区，要建立严格的防火防爆制度，并建立动火审批制度，避免引起火灾和爆炸。

任务 1.2　防毒气

在城市下水道中和污水处理厂的各种池下和井下，都有可能存在有毒有害气体。根据危害方式不同，可将它们分为有毒气体（窒息性气体）和易燃易爆气体两大类。

城市污水系统中危害性最大的气体是硫化氢和氰化氢，尤其是硫化氢。硫化氢的第一个主要来源是城市的石油、化工、皮革、皮毛、纺织、印染、采矿、冶金等多种工厂或车间的废水所携带的硫化物进入下水道后，遇到酸性废水起反应，生成毒性硫化氢气体。硫化氢的第二个来源是城市生活污水、污泥等，在下水道或污泥池中长期缺氧，发生厌氧分解而生成。

鉴于在下水道、集水井和泵站内均有硫化氢出现的可能性，以及历史上的一系列惨痛教训，污水处理厂必须采取一系列安全措施来预防硫化氢中毒。

（1）掌握污泥性质，弄清硫化物污染来源，采取有效措施。

（2）经常检查工作环境，在泵站集水井、敞口出水井，下池、下井处理构筑物的硫化氢浓度时，必须连续监测池内、井内的硫化氢浓度。

（3）用通风鼓风机是预防硫化氢中毒的有效措施，下池、下井必须用通风机通风，在管道通风时，必须把相邻井盖打开，一边进一边出。泵站中通风宜将风机安装在泵站底层，把毒气抽出。

（4）配备必要的防硫化氢用具，防毒面具能够防硫化氢中毒，但必须选用有针对性的滤罐。

（5）建立下池下井操作制度。

（6）必须对职工进行防硫化氢中毒的安全教育。

任务 1.3 防溺水和高空坠落

污水处理厂职工常在污水池上工作，防溺水事故极其重要，为此要求做到：

（1）污水池必须有栏杆，栏杆高度 1.2m。

（2）污水池管理不准随便越栏工作，越栏工作必须穿好救生衣并有人监护。

（3）在没有栏杆的污水池上工作时，必须穿救生衣。

（4）污水池区域必须设置若干救生圈，以备不时之需。

（5）池上走道不能太光滑，也不能高低不平。

（6）铁栅、池盖、井盖如有腐蚀损坏，需及时调换。

此外，污水处理工还应懂得溺水急救方法。

污水处理厂职工有时需登高作业。例如调换池上灯泡，放空污水池后在池上工作也相当于登高作业。登高作业应牢记：登高作业"三件宝"（安全帽、安全带、安全网），并遵守登高作业的一系列规定。

任务 1.4 化验室安全管理

污水处理厂一般都有水质分析化验室，化验室工作应遵守以下几点安全规则：

（1）加热易挥发性或易燃性有机溶剂时，禁止用火焰或电炉直接加热，必须在水浴锅或电热板上缓慢进行。

（2）可燃物质如汽油、酒精、煤油等物，不可放在煤气灯、电炉或其他火源附近。

（3）当加热蒸馏及有关用火或电热工作中，至少要有一人负责管理。高温电热炉操作时要戴好手套。

（4）电热设备所用电线应经常检查是否完整无损。电热器械应有合适垫板。

（5）电源总开关应安装坚固的外罩，开关电闸时，绝不可用湿手并应注意力集中。

（6）剧毒药品必须制定保管、使用制度，应设专柜并双人双锁保管。

（7）强酸与氨水分开存放。

（8）稀释硫酸时必须仔细缓慢地将硫酸加入水中，而不能将水加入硫酸中。

（9）用吸液管吸取酸、碱和有害性溶液时，不能用口吸而必须用橡皮球吸取。

（10）倒用硝酸、氨气和氢氟酸等必须戴好橡皮手套。开启乙醚和氨水等易挥发的试剂瓶时，绝不可使口对着自己或他人。尤其在夏季，当开启时极易大量冲出，如不小心，会引起严重的伤害事故。

（11）从事产生有害气体的操作，必须在通风柜内进行。

（12）操作离心机时，必须在完全停止转动后才能开盖。

（13）压力容器如氢气钢瓶等必须远离热源，并停放稳定。

（14）接触污水和药品后，应注意洗手，手上有伤口时不可接触污水和药品。

（15）化验室应备有消防设备，如黄砂桶和四氯化碳灭火器等，黄砂桶内的黄砂应保持干燥，不可浸水。

（16）化验室内应保持空气流通、环境整洁，每天工作结束，应进行水、电等安全检查。在冬季，下班前应进行防冻措施检查。

任务 1.5　安全用电

污水处理厂经常要操作机械设备，如刮泥机及其他有关机械，而这些机械几乎都是用电驱动的，因此安全用电知识是污水处理厂职工必须掌握的。

经常对电气设备进行安全检查。检查包括：电气设备绝缘有无破损；绝缘电阻是否合格；设备裸露带电部分是否有保护；保护接零线或接地是否正确、可靠；保护装置是否符合要求；手提式灯和局部照明电压是否安全；安全用具和电器灭火器是否齐全；电气连接部位是否完好等。

对污水处理厂职工来说，必须遵守以下安全用电要求：

（1）不是电工不能拆装电气设备。

（2）损坏的电气设备应请电工及时修复。

（3）电气设备金属外壳应有有效的接地线。

（4）移动电具要用三眼（四眼）插座，要用三芯（四芯）坚韧橡皮线或塑料护套线，室外移动性闸刀开关和插座等要装在安全电箱内。

（5）手提行灯必须采用 36V 以下的电压，特别是潮湿的地方（如沟槽内）不得超过 12V。

（6）各种临时线必须限期拆除，不能私拉乱接。

（7）主要使用电器设备在额定容量范围内使用。

（8）电器设备要有适当的防护装置或警告牌。

（9）要遵守安全用电操作规程。

（10）要经常进行安全活动，学习安全用电知识。

污水处理厂职工除了具备安全用电和触电急救知识外，还应懂得电器灭火知识。当发生电器火灾时，首先应切断电源，然后用不导电的灭火器灭火。不导电的灭火器指干粉灭火器、1211 灭火器、酸碱灭火器和泡沫灭火器等，这些灭火器绝缘性能好，但射程不远，所以灭火时，不能站得太远，但应站在上风向。

复习题

1. 填空题

（1）我国主要的劳动保护法规有"三大规程"有＿＿＿＿＿、＿＿＿＿＿和＿＿＿＿＿。

（2）现代化的污水处理厂在安全生产方面的制度有＿＿＿＿、＿＿＿＿、＿＿＿＿和＿＿＿＿。

（3）登高作业应牢记：登高作业"三件宝"＿＿＿＿、＿＿＿＿、＿＿＿＿，并遵守登高作业的一系列规定。

2. 不定项选择题

（1）"安全生产教育制"规定对新工人必须进行三级安全教育包括（　　）。

A. 入厂教育   B. 车间教育   C. 技能教育   D. 岗位教育

(2) 下水道和污水池中危害性最大的气体是（   ）。

A. 硫化氢   B. 氰化氢   C. 二氧化碳   D. 石油气

(3) 下列属于不导电的灭火器的有（   ）。

A. 干粉灭火器   B. 1211 灭火器   C. 清水灭火器   D. 泡沫灭火器

3. 简答题

(1) 为什么要建立健全安全生产管理制度？

(2) 简述污水处理厂的安全生产管理制度的主要内容。

(3) 污水处理厂哪些地方存在有毒有害气体？怎样预防？

(4) 结合实际，谈谈你对污水处理厂安全生产管理的理解。

项目 2
污水的来源与性质

【项目概述】

在人类的生产和生活使用水的过程中，水会受到不同程度的污染，改变了其原有的化学成分和物理组成，就称为废水或污水。按其来源分为生活污水、工业废水和雨水三大类。城市污水主要来源于生活污水和工业废水，其来源与性质直接决定处理工艺和方法的选择。本项目主要介绍污水的分类及特征、排水体制及排水系统的组成、城市污水典型处理工艺流程和相关的污水排放标准等方面的内容。

【学习目标】

通过本项目的学习，学生能够叙述城市污水的主要来源及污水的水质指标，并能说出污水中的主要污染物及其危害；会区分排水体制，复述排水系统的基本组成；知道相关标准，了解减少污水排放量的方法。

【学习支持】

污水的主要来源，排水系统的分类。

【课前思考】

（1）污水中的污染物质有哪些，应该采用何种方法去除？

（2）城市污水处理厂的主要处理工艺有哪些？

（3）减少污水排放的措施有哪些？各有何优缺点？

污水概述

一、污水定义与分类

水体污染是由于某些有害化学物质的混入，或者由于温度的升高而造成水的使用价值降低或丧失而造成的环境污染。污水是指受到一定污染的来自生活和生产的排出水。

按照来源不同，污水分为生活污水、工业废水和降水三类。

1. 生活污水

生活污水是人类在日常生活中使用过的，并被生活废料所污染的水。生活污水中一般不含有毒物质，适合微生物繁殖，但含有大量的病原体，从卫生角度看有一定的危害性。生活污水中的有机污染物约占60％，如蛋白质、脂肪和糖类等，无机物约占40％，如泥沙和杂质等。此外，生活污水中还含有洗涤剂、病原微生物和寄生虫卵等。

2. 工业废水

工业废水是指从工业生产过程排出的废水。工业废水按污染程度可分为生产污水和生产废水。生产污水是指在生产过程中形成，并被生产原料、半成品或成品等原料所污染，包括热污染（指水温超过60℃的水）的水；生产废水是指在生产过程中形成，但未直接参与生产工艺，未被生产原料、半成品或成品等原料所污染或只是温度少有上升的水。生产污水需要进行净化处理；生产废水不需要净化处理或仅需做简单的处理，如冷却处理。

一般来说，工业废水污染比较严重，往往含有有毒有害物质，有的含有易燃、易爆、腐蚀性强的污染物，需经过一定处理后才能排放到城市排水系统，是城镇污水中有毒有害污染物的主要来源。

3. 降水

降水包括液态降水（如雨、露）和固态降水（如雪、冰雹、霜等），由于初期雨（雪）水在形成、降落、漫流过程中，会产生大量污染，污染程度很高，故宜作净化处理。

城市污水是指排入城镇排水系统的生活污水与工业废水的混合物，其性质变化很大，随着各种污水的混合比例和工业废水中污染物质的特性不同而异。

二、污水处理后的排放与利用

污水经净化处理后最后的出路有三种：一是排放水体；二是灌溉农田；三是重复利用。

（1）排放水体是污水的自然归宿。当污水排入水体后，水体本身具有一定的稀释与净化能力，使污染物浓度能得以进一步降低，因此是最常采用的出路，同时也是造成水体污染的重要原因。

（2）灌溉农田可以节约水资源，使污水得以充分利用，但必须符合灌溉的有关规定，如果用污染物超标水进行灌溉，一则不利于农作物生长，二则污染了地下水或地表水。因此，农业灌溉用水也是水体受到污染的原因之一。

（3）重复利用是最合理的出路，既可以有效地节约和利用有限的淡水资源，又可以减少污水排放量，减轻水环境的污染。城市污水经二级处理和深度处理后回用的范围很广，可以用作电厂的循环冷却水，也可以回用于生活杂用，如园林绿化、浇洒道路、冲洗厕所等。

任务 2.1　污水水质指标

污水中的污染物质复杂多样，按物理形态可分为悬浮固体、胶体及溶解性污染物。按化学成分可分为有机污染物和无机污染物两大类。根据对环境造成的危害及污染物质的不同，其性质和特征主要表现在物理性质、化学性质和生物性质三个方面。

一、物理性质及指标

表示污水物理性质的指标有水温、臭味、色度以及固体物质等。

1. 水温

水温对污水的物理性质、化学性质和生物性质有直接影响。污水的水温过低（低于5℃）或过高（高于40℃）都会影响污水的生物处理效果。所以水温是污水水质的重要物理性质指标。

水温升高影响水生生物的生存，一方面水中的溶解氧随水温的升高而减少，另一方面，水温升高加速污水中好氧微生物的耗氧速度，导致水体处于缺氧和无氧状态，使水质恶化。一般来讲，污水生物处理的温度范围在5～40℃。

2. 臭味

臭和味是一项感官性状指标。天然水是无色无味的。水体受到污染后产生气味，影响了水环境。生活污水的臭味主要由有机物腐败产生的气体造成，主要来源于还原性硫和氮的化合物，工业废水的臭味主要由挥发性化合物造成。

3. 色度

色度是一项感官性指标，它可由悬浮固体、胶体或溶解物质形成。将有色污染水用蒸馏水稀释后与参比水样对比，一直稀释到两水样色差一样，此时污水的稀释倍数即为色度。悬浮固体形成的色度称为表色，胶体和溶解物质形成的色度称真色。

生活污水的颜色一般呈灰色。工业废水的色度由于工矿企业的不同而差异很大，如印染、造纸等生产污水色度很高，使人感官不悦。

4. 固体物质

水中所有残渣的总和为总固体（TS），其测定方法是将一定量水样在105～110℃烘箱中烘干至恒重，所得含量即为总固体量。总固体量包括悬浮固体和溶解固体，主要由有机物、无机物及生物体三部分组成。

水体受悬浮固体污染后，水体浊度增加，透光度减弱，产生的危害主要有：悬浮固体可能堵塞鱼鳃，导致鱼类窒息死亡；由于微生物对有机悬浮固体的代谢作用，会消耗掉水体中的溶解氧；悬浮固体中的可沉淀固体，沉积于河底，造成底泥积累与腐化，使水体恶化；悬浮固体可作为载体，吸附其他污染物质，随水流迁移污染。如果悬浮固体含量较高的污水进入城市排水管道，能使管道系统产生淤积和堵塞现象，也可使污水泵站的设备损坏。

水体受溶解固体污染后，使溶解性无机盐浓度增加，故饮用水溶解固体含量不应高于 1000mg/L。

二、化学性质及指标

1. 有机物指标

城市污水中含有大量的有机物，主要是碳水化合物、蛋白质、脂肪等物质。上述有机物都有被氧化的共性，即在氧化分解中需要消耗大量的氧，所以可以用氧化过程消耗的氧量作为有机物的指标。在实际工程中经常采用生物化学需氧量（BOD）、化学需氧量（COD）、总有机碳（TOC）、总需氧量（TOD）等指标来反映污水中有机物的含量。

（1）生物化学需氧量（Bio-Chemical Oxygen Demand，缩写 BOD）

生物化学需氧量也称生化需氧量，在一定条件下，即水温为 20℃，由于好氧微生物的生命活动，将有机物氧化成无机物（主要是水、二氧化碳和氨）所消耗的溶解氧量，称为生物化学需氧量，单位为 mg/L。

污水中可降解有机物的转化与温度和时间有关。在 20℃的自然条件下，生活污水中的有机物完全氧化需要 100 天以上，在实际工作中要想测得准确的数值需要时间太长，有一定难度，故工程实际中常用 5 天生化需氧量（BOD_5）作为可生物降解有机物的综合浓度指标。5 日生化需氧量（BOD_5）约占总生化需氧量（BOD_u）的 70%～80%，即测得 BOD_5 后，基本能折算出 BOD_u 的量。

（2）化学需氧量（Chemical Oxygen Demand，缩写 COD）

尽管 BOD_5 是城市污水中常用的有机物浓度指标，但是在分析上存在一定的缺陷：5d 的测定时间过长，难以及时指导实践；污水中生物难降解的物质含量高时，BOD_5 测定误差较大；工业废水中往往含有抑制微生物生长繁殖的物质，影响测定结果。因此有必要采用化学需氧量（COD）这一指标补充代替。

化学需氧量（COD）是指在酸性条件下，用强氧化剂重铬酸钾将污水中有机污染物氧化成 CO_2 和 H_2O 所消耗的氧量，用 COD_{Cr} 表示，单位为 mg/L。常用的氧化剂有两种，重铬酸钾和高锰酸钾。以重铬酸钾作氧化剂时，测得的值称 COD_{Cr} 或 COD；以高锰酸钾作氧化剂测得的值为 COD_{Mn}。

化学需氧量（COD）的优点是能够更精确地表示污水中有机物的含量，并且测定时间短，不受水质的限制。缺点是不能像 BOD 那样精确地表示出微生物氧化的有机物量，还有部分无机物也被氧化，并非全部代表有机物含量。所以，在工程实际中，要同时测试 BOD_5 与 COD 两项指标来表达有机物的含量。

城市污水的 COD 数值一般大于 BOD_u，两者的差值大致等于难于被微生物降解的有机物量。差值越大，表明污水中难生物降解的有机物量越多，越不宜采用生物处理方法。在城市污水处理中，常用 BOD_5 与 COD 的比值来分析污水的可生化性。当 $BOD_5/COD >$ 0.3 时，污水可生化性较好，可以采用生物处理方法。据统计，城市污水 BOD_5/COD 的比值一般在 0.4～0.65 之间，可生化性较好，一般采用生物法处理。

（3）总有机碳（Total Organic Carbon，缩写 TOC）

TOC 的测定原理为：将一定数量的水样，经过酸化后，注入含氧量已知的氧气流中，再通过铂作为触媒的燃烧管，在900℃高温下燃烧，把有机物所含的碳氧化成二氧化碳，用红外线气体分析仪记录CO_2的数量，折算成含碳量即为总有机碳，单位为mg/L。

（4）总需氧量（Total Oxygen Demand，缩写TOD）

有机物的主要组成元素为碳、氢、氧、氮、硫等，将其氧化后，分别产生CO_2、H_2O、NO_2和SO_2等物质，所消耗的氧量称为总需氧量（TOD），单位为mg/L。

对于水质条件较稳定的污水，其测得的BOD_5、BOD_u、COD、TOD和TOC之间，数值上有下列排序：$TOD > COD_{Cr} > BOD_u > BOD_5 > TOC$。

五者之间有一定的相关关系。生活污水中BOD_5/COD约为0.4～0.65，BOD_5/TOC比值约为1.0～1.6。

2. 无机物指标

无机物指标主要包括氮、磷、无机盐类和重金属离子及酸碱度等。

（1）氮、磷

污水中的氮、磷是植物和微生物的重要营养物质，主要来源于人类排泄物及某些工业废水。N、P对高等植物的生长是宝贵物质，而对天然水体中的藻类，虽然是生长物质，但藻类的大量生长和繁殖，会导致湖泊、水库、海湾等缓流水体发生富营养化。当水体的N、P浓度分别超过0.2mg/L和0.02mg/L时，就会发生水体富营养化现象。因此，过量的氮、磷会造成严重的污染，去除废水中的氮和磷也是废水处理的重要任务。

（2）无机盐类

污水中的无机盐类，主要指污水中的硫酸盐、氯化物和氰化物等。

污水中的硫酸盐来自人类排泄物及一些工矿企业废水，如洗矿、化工、制药、造纸等工业废水。硫酸盐在缺氧状态下，由于硫酸盐还原菌和反硫化菌的作用还原成H_2S。污水生物处理的硫酸盐允许浓度为1500mg/L。

生活污水中的氯化物主要来自人类排泄物，每人每日排出的氯化物约5～9g。工业废水以及沿海城市采用海水作为冷却水时，都含有很高的氯化物。氯化物含量高时，对管道及设备有腐蚀作用；如灌溉农田，会引起土壤板结；氯化钠浓度超过4000mg/L时，对生物处理的微生物有抵制作用。

污水中的氰化物主要来自电镀、焦化、制革、塑料、农药等工业废水。氰化物为剧毒物质，在污水中以无机氰和有机腈两种类型存在。

除此以外，城市污水中还存在一些无机有毒物质，如无机砷化物，主要以亚砷酸和砷酸盐形式存在。

（3）重金属离子

污水中重金属离子主要有汞、镉、铅、铬、锌、铜等。重金属物质以离子状态存在时毒性最大，这些离子不能被生物降解，可以通过食物链在动物或人体内富集，产生中毒现象。城市污水中的重金属主要来源于工业废水，如冶金、电镀、制革、造纸及颜料等。上述金属离子在低浓度时，有益于微生物的生长，有些离子对人类也有益，但其浓度超过一定值后，即有毒害作用，特别是汞、镉、铅、铬、砷以及它们的化合物，称为"五毒"。在污水处理的过程中，污水中含有的重金属难以净化去除，重金属离子浓度的60%左右被转移到污泥中，因此，污泥要进行无害化处理。

（4）酸碱污染物

酸碱污染物主要由排入城市管网的工业废水以及酸雨的降落造成。生活污水一般呈中性或弱碱性，而工业废水则是多种多样。水中的酸碱度以 pH 值反映其含量。酸性废水的危害在于有较大的腐蚀性；碱性废水易产生泡沫，使土壤盐碱化。一般情况下城市污水的酸碱性变化不大，微生物生长要求酸碱度为中性偏碱最佳，当 pH 值超出 6～9 的范围时，对人畜会造成危害。

三、生物性质及指标

污水中的绝大多数微生物是无害的，但有一部分微生物能引起疾病，如肝炎、伤寒、霍乱、麻疹等。污水中的生物污染物是指污水中能产生致病的微生物，以细菌和病毒为主。

污水生物性质检测指标为大肠菌群数、大肠菌群指数、病毒及细菌总数。

1. 大肠菌群数与大肠菌群指数

大肠菌群数是每升水样中含有的大肠菌群数目，以"个/L"表示。大肠菌群指数是以查出 1 个大肠菌群所需的最少水样的水量，以"mL"表示。大肠菌数量多，容易培养检验，菌群数能够反映水体被粪便污染程度，故常采用大肠菌群数作为卫生指标。

2. 病毒

检出大肠菌群，可以表明肠道病原菌的存在，但不能表明是否存在病毒及其他病原菌，因此还需要检验病毒指标。污水中已被检出的病毒有 100 多种。

3. 细菌总数

细菌总数是大肠菌群数、病原菌、病毒及其他细菌数的总和，以每毫升水样中的细菌菌落总数表示。细菌总数越多，病原菌与病毒存在的可能性越大。因此用大肠菌群数、病毒及细菌总数等 3 个卫生指标来评价污水受生物污染的严重程度就比较全面。

任务 2.2 排水体制与排水系统的组成

一、排水体制

生活污水、工业废水和城市降水三种污水采用一套管渠系统来排除，还是采用两套及两套以上各自独立的管渠来排除，不同的排除方式所形成的排水系统，即为排水体制。

排水体制分为分流制和合流制两种类型，在城市情况比较复杂时，也可以采用两种体制混合的排水系统。

1. 分流制排水系统

将生活污水、工业废水和降水分别采用两套及两套以上各自独立的排水系统进行排除的方式称为分流制排水系统，如图 2-1 所示。其中排除生活污水及工业废水的系统称为污水排水系统，排除雨水的系统称为雨水排水系统。

按雨水的排除方式不同，分流制排水系统又分为完全分流制和不完全分流制两种排水系统。完全分流制排水系统具有独立的污水排水系统和雨水排水系统，不完全分流制只有完整的污水排水系统，未建雨水排水系统，雨水沿地面坡度和道路边沟及明沟来排除，可以在城市进一步发展的同时，再修建雨水排水系统，从而转变为完全分流制排水系统。

工业企业一般采用分流制排水系统，由于工业废水的成分和性质很复杂，不但不能与生活污水相混合，而且不同的工业废水之间也不宜混合，否则将给污水和污泥的处理及回收利用造成困难。

2. 合流制排水系统

将生活污水、工业废水和雨水在同一管渠系统内排除的方式，称为合流制排水系统。早期出现的合流制排水系统，是将城市污水及雨水的混合污水不经处理，直接排入水体，又称为直泄式合流制排水系统，这种排水系统对水体污染严重，只能在允许排放标准范围内采用。

图 2-2 所示为带溢流井的截留式合流制排水系统。平时将城市污水输送至污水处理厂进行处理，降水时，初期雨水汇同城市污水流入处理厂，当雨水径流量增大时，部分混合后的污水经溢流井，直接排入水体，保证污水处理厂处理能力不至于过大，适用于旧城改造。

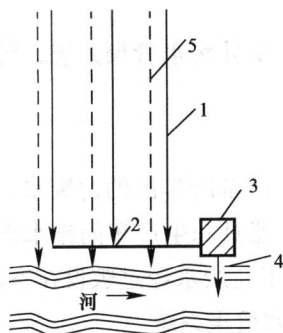

图 2-1　分流制排水系统图
1—污水干管；2—污水主干管；3—污水厂；
4—出水口；5—雨水干管

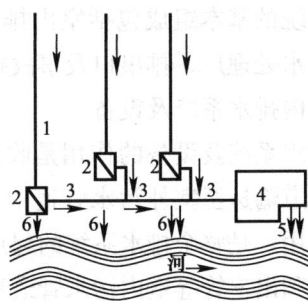

图 2-2　截留式合流制排水系统
1—合流干管；2—溢流井；3—截留主干管；
4—污水厂；5—出水口；6—溢流干管

3. 混合制排水系统

在同一城市中，既有合流制排水系统也有分流制排水系统，称为混合制排水系统。这种排水系统一般是在具有合流制的城市排水系统改建或扩建后出现的。在大城市中，由于各区的自然条件及建设情况的差别很大，因而，因地制宜地采用混合排水系统也是合理的。在美国的纽约和我国的上海，就是采用这种排水体制。

4. 排水体制的选择

从环境保护的角度看，采用全处理式合流制，控制和防止水体污染的效果最好，但污水干管断面尺寸大，污水处理厂的规模增大，一次性投资的工程建设费用较高，长期维护管理费用大。对截留式合流制排水系统而言，在雨天仍然有一部分混合污水未经处理直接排放到水体，对环境有一定影响，随着经济建设的发展，这种污染会更严重。分流制可以将城市污水全部送到污水厂进行处理，但初期雨水径流未经处理直接排放水体，对水体也会造成污染，有时还很严重，这是分流制的缺点。

从工程投资方面看，合流制排水系统管道投资比完全分流制一般要低 20%～40%。

虽然污水处理厂的造价比分流制要大，但管道部分的造价一般占排水工程总造价的70%左右，所以从总造价来说，合流制排水系统比分流制排水系统要低得多。

从维护管理方面看，合流制排水管道管径较大，晴天的污水量较小，流速低，易于产生沉淀，晴天和雨天的污水流量变化较大，增加了合流制污水处理厂运行管理的复杂性。而分流制系统可以保持管内流速，流入污水处理厂的水质水量稳定，污水厂的运行管理易于控制。

总的来看，分流制排水系统比合流制排水系统灵活，是城镇排水体制发展的方向，新建排水系统一般应采用分流制排水系统。当附近有较大水体，发展又受到限制的小城镇，或在街道较窄地下设施较多，或在雨水稀少，经济上可以承受全部处理污水的地区，采用合流制排水系统也是有利和合理的。而大城市影响因素复杂，可根据具体情况，部分地区采用分流制排水系统，部分采用合流制排水系统。

二、排水系统的基本组成

1. 城市污水排水系统的基本组成

排水系统的基本组成包括室内排水系统及设备、室外污水管渠系统、污水泵站及压力管道、污水处理厂、排出口及事故排出口。

（1）室内排水系统及设备

室内排水系统及设备的作用是收集建筑内部用水设备所排出的污废水，并将其通过室内排水管道输送至室外污水管道中。室内各种卫生器具和生产车间排水设备起到收集污废水的作用，是整个排水系统的起点。生活污水及工业废水经过敷设在室内的水封管、支管、立管和出户管等室内污水管道系统流入街区污水管渠系统。

各建筑物每一出户管与室外街区管道连接点处均设置检查井，供检修之用。图2-3为建筑内部排水系统示意图。

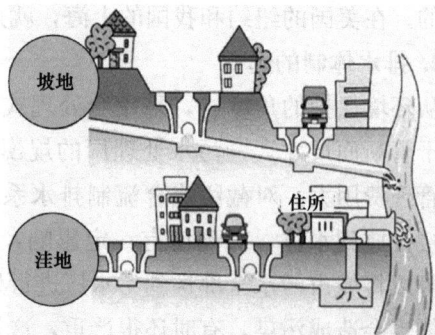

（2）室外污水管渠系统

室外污水管渠系统包括街区污水管渠系统和街道污水管渠系统两部分。

街区管渠系统的作用是将街区各建筑物出户管排出的污废水汇集并输送至街道污水管渠系统中去，如图2-4所示。污废水经建筑出户管流入街区管渠系统，然后再流入街道污水管渠系统，图2-5所示为某街区污水管渠系统。

图2-3 建筑内部排水系统示意图　　图2-4 街道排水系统示意图

街道污水管渠系统敷设在城市街道下面，其作用是排除各街区污水管渠流来的污水。整个系统由支管、干管、主干管及管渠上的附属构筑物（检查井、跌水井、倒虹管等）组成。由支管汇集各街区管渠的污水并输送至干管，然后再由干管排入主干管，最终将污水输送至污水处理厂或排放水体。

（3）污水泵站及压力管道

污水在管道中一般靠重力流排除，因此管道需要按一定坡度敷设。当受到地形限制时，需要将低处污水提升至高处，就必须设置污水提升泵站。设在管道系统中途的泵站，称为中途泵站；设在管道系统终点的泵站，称为终点泵站或总泵站。泵站后的污水如果需要压力输送，应设置压力管道。

（4）污水处理厂

污水处理厂是为了处理和利用污水、污泥所建造的一系列处理构筑物及设施的综合体。城市污水厂一般设在城市河流的下游，以利于最终污水排放，并要求与建筑群有一定的卫生防护距离。

（5）排出口及事故排出口

污水排入水体的出口称为排出口，是整个城市排水系统终点设施。事故排出口是在污水排水系统中途，易于发生故障部位设置的辅助性出口。图 2-6 所示为城市污水排水系统总平面示意图。

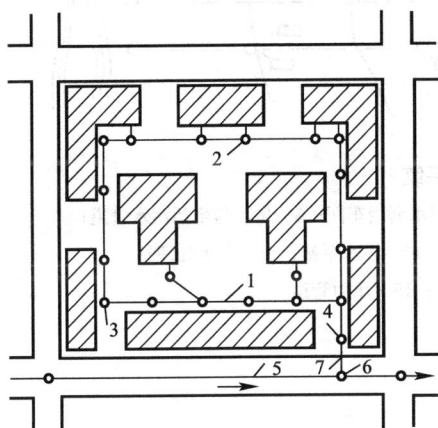

图 2-5　某街区污水管渠系统

1—污水管道；2—检查井；3—出户管；

4—控制井；5—街道管；6—街道检查井；

7—连接井

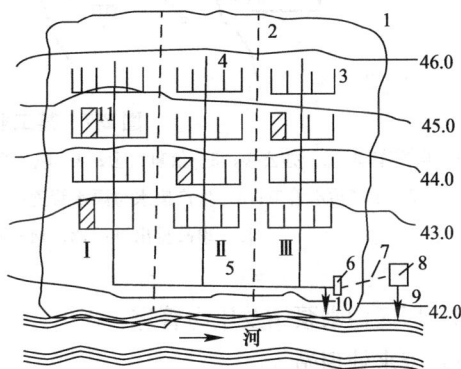

图 2-6　城市污水排水系统

1—城市边界；2—污水流域分界线；3—支管；4—干管；

5—主干管；6—总泵站；7—压力管道；8—城市污水厂；

9—出水口；10—事故排出口；11—工厂；Ⅰ、Ⅱ、Ⅲ—排水流域

2. 工业废水排水系统的基本组成

在工业企业内部，由于工业废水水质的复杂程度不同，因而厂区内排水系统的组成也不同，有些工业废水符合排入城市排水系统的要求，不需要处理，可直接排入城市排水系统。对于某些工业废水，则要求必须经过处理后，才允许排放水体再利用或者排入城市排水系统。工业废水排水系统主要由以下几部分组成：

（1）车间内部管道系统和设备

车间内部管道系统和设备的作用是收集各生产设备排出的工业废水，并将其输送到厂区管道系统中去。

（2）厂区管道系统

敷设在厂区地下的管道系统，用来汇集并输送各车间排出的工业废水。厂区工业废水排除可以根据具体情况，设置多个独立管道系统，以便污废水的处理和回收利用。在厂区管道系统上同样也应设置检查井等附属构筑物。图2-7所示为某工业区排水系统总平面布置图。

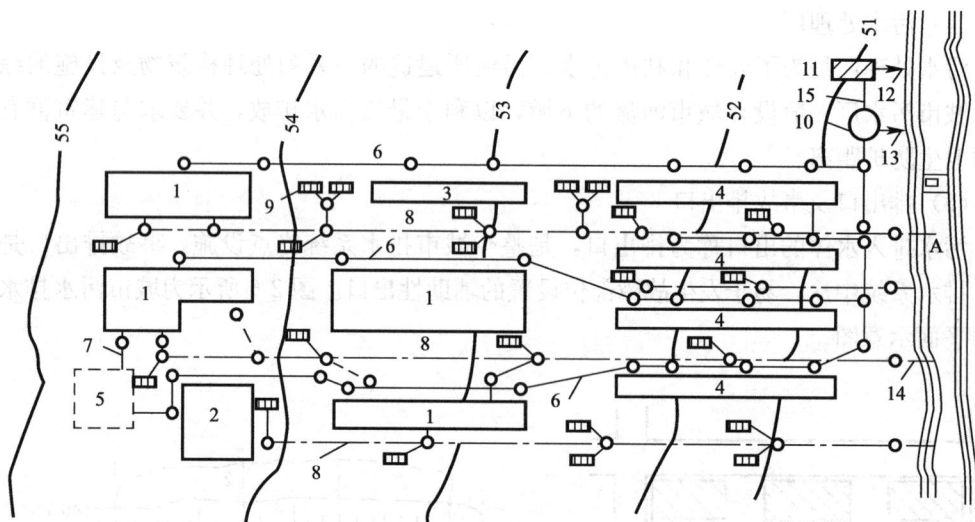

图2-7 某工业区排水系统

1—生产车间；2—办公楼；3—值班宿舍；4—职工宿舍；5—废水利用车间；6—生产与生活污水管道；7—生产污水管道；8—生产废水与雨水管道；9—雨水口；10—污水泵站；11—废水处理站；12—事故排出口；13、14—雨水出水口；15—压力管道

（3）厂区污水泵站及压力管道

（4）废水处理站

废水处理站的作用是回收和处理工业废水与污泥的综合设施。通过处理，使工业废水达到直接排入水体或排入城市排水系统的标准。如果回收利用，则处理后的水应满足回收利用要求。

（5）出水口

如果厂区距自然水体较近，可以将处理后的工业废水通过出水口直接排入水体。

3. 雨水排水系统的基本组成

降落在屋面上的雨水由天沟和雨水斗收集，通过落水管输送到地面，与降落在地面上的雨水一起形成地表径流，然后通过雨水口收集流入小区的雨水管道系统，经过小区的雨水管道系统流入市政雨水管道系统，然后通过出水口排放。因此雨水管道系统包括小区雨水管道系统和市政雨水管道系统两部分。

（1）房屋雨水管道系统的作用是用来收集和输送屋面雨水，并将其排入街区雨水管渠去。主要包括屋面上的天沟、雨水斗和落水管及屋面雨水内排水系统。

（2）街区雨水管渠系统主要包括设置在厂区、街坊或庭院内的雨水管渠和收集雨水的雨水口组成。街区雨水管道的作用是收集地面和房屋雨水管道系统排来的雨水，并将其输送到街道雨水管道系统中去。

（3）街道雨水管渠系统主要包括设置于城市主要街道下的雨水管渠、雨水口等。

（4）排洪沟的作用是将可能危害居住区及厂区的山洪及时拦截并将其引至附近的水体，以保障城区的安全。

（5）雨水排水泵站，用以抽升雨水。由于雨水径流量大，一般应尽量少设和不设雨水泵站，但在必要时也需设置。

（6）雨水出水口是设在雨水排水系统终点的构筑物，雨水经出水口向水体排放。

雨水排水系统上也需设有检查井、消能井、跌水井等附属构筑物。

任务 2.3 污水控制基本方法与系统

一、水污染控制控制的基本原则与途径

控制废水污染的基本原则是：加强生产管理，禁止跑冒滴漏；清洁生产，节约资源能源；综合利用，减少污染负荷；加强治理，达标排放；合理规划，提高受纳水体的自净能力。对于废水治理工作来说，主要任务是降低废水的污染程度，其途径可以从以下几方面入手。

1. 减少废水排出量

减少废水排出量是减小处理规模的第一步工作，必须充分重视，具体途径如下：

（1）废水分流

分流的目的在于使部分废水得到重复利用，从而减少排放量。

（2）节约用水

节约用水能直接减少排放量。对工人进行节水教育、在技术上挖掘节水潜力、提高工业用水重复利用率都是有效的节水途径。

（3）更改生产流程

改变生产工艺流程是减少废水排出量的有效手段之一，水处理技术人员就必须和工艺方面的技术人员紧密配合，做好节水工作。

（4）避免间断排出工艺过程废水

例如，电镀工厂在更换电镀废液时，常间断排出大量的高浓度废水，若将这种间断排出方式改为少量而均匀排出，或存放在贮槽内连续排出，就能减少处理装置的规模。

2. 降低废水浓度

通常，生产某一产品时的污染负荷量是一定的，若减少排水量，废水的浓度就会增

高，但通过一些措施可以使浓度降低。能够降低废水浓度的措施有：更新生产工艺；改进装置的结构和性能；采用废水分流系统；回收副产品；控制废水的比例；设置排水系统监控措施等。

3. 采用清洁生产工艺

清洁生产是通过生产工艺的改进和改革、原料的改变、操作管理的强化以及污物的循环利用等措施，将污染物尽可能地消灭在生产过程中，使污水排放量减到最少。

4. 实行污染物排放总量控制制度

污染物排放总量控制是既要控制工业废水中的污染物浓度，又要控制废水排放量，从而使排放到环境中的污染物总量得到控制。

5. 促进工业废水与城市生活污水集中处理

在建有城市污水集中处理设施的城市，应尽可能地将工业废水排入城市下水道，进入城市污水处理厂与生活污水合并处理。但工业废水的水质必须满足进入城市下水道的水质标准。对于不能满足标准的工业废水，应在工厂内部先进行适当的预处理，使水质满足标准后，方可排入城市下水道。

6. 完善污水排放标准和相关水污染控制法规

进一步完善污水排放标准和相关的水污染控制法规和条件，加大执法力度，严格限制污水的超标排放。规范各单位的污染物排放口，对各排放口和受纳水体进行在线监测，逐步建立完善的城市和工业排污监测网络和数据库，进行科学的监督和管理，杜绝"偷排"现象。

二、污水处理方法与工艺流程

污水处理，实质上是采用各种手段和技术措施将污水中所含有各种形态的污染物质分离出来后回收利用，或将其分解、转化为无害和稳定的物质，从而使污水得到净化。其目的是将受污染的水在排放水体前处理到允许排入水体的程度。

1. 污水处理的方法

现代的污水处理技术，按照其采用的原理，可分为物理处理法、化学处理法、物理化学处理法和生物处理法四类。各类方法的适用范围见表2-1所示。

（1）物理处理法

物理处理法是利用物理作用分离污水中的悬浮固体物质，常用方法有：筛滤、沉淀、气浮、过滤及反渗透等方法。

（2）化学处理法

化学处理法是利用化学反应的作用，分离、转化、破坏或回收污水中的悬浮物、胶体及溶解物质，主要有混凝、中和、氧化还原和化学沉淀等。

（3）物理化学法

物理化学法是利用物理化学的作用去除污水中的污染物质的方法。常用方法见表2-1。

污水处理的基本方法　　　　　　　　　　　　　表 2-1

分类	处理与利用的工艺		去除对象	适用范围
物理处理法	均和调节		使水质、水量均衡	预处理
	重力分离法	沉淀	可沉物质	预处理
		隔油	颗粒较大的油珠	预处理
		气浮	密度接近于水的悬浮物	中间处理
	离心分离法	水力旋流器	密度大的悬浮物，如砂石等	预处理
		离心机	乳化油、纤维、纸浆、晶体等	中间处理
	过滤	格栅	粗大的杂物	预处理
		砂滤	悬浮物、乳化油	中间或最终处理
		微滤机	极细小悬浮物	最终处理
		反渗透、超滤	某些分子、离子等	最终处理
	热处理	蒸发	高浓度酸碱废液	最终处理
		结晶	可结晶物质，如盐类	最终处理
	磁分离		弱磁性极细颗粒	最终处理
化学处理法	投药	混凝	胶体、乳化油	中间处理
		中和	酸、碱	中间或最终处理
		氧化还原	溶解性有害物质，如氰化物	最终处理
		化学沉淀	重金属离子	最终处理
物理化学法	传质法	汽提	溶解性挥发性物质，如氨等	中间处理
		吹脱	溶解性气体，如 CO_2 等	中间处理
		萃取	溶解性物质	中间处理
		吸附	溶解性物质，如酚、汞等	最终处理
		离子交换	可离解物质，盐类物质	最终处理
		电渗析		最终处理
生物处理法	自然生物处理	土地处理	胶状和溶解性有机物	最终处理
		稳定塘		最终处理
	人工生物法	生物膜		最终处理
		活性污泥法		最终处理
		厌氧消化法		最终处理

（4）生物处理法

生物处理法是利用微生物氧化分解污水中呈胶体状和溶解状的有机污染物，转化成稳定的低分子的无害物质。根据微生物的特征，生物处理方法可分为好氧生物法和厌氧生物法两类。前者多用于城市污水处理，其分为活性污泥法和生物膜法，厌氧处理现主要用于高浓度有机污水和污泥，但也可用于城市污水等低浓度有机污水。

2. 城市污水处理的级别

城市污水根据其处理程度可划分为一级处理、二级处理、三级处理和深度处理。

（1）城市污水一级处理

一级处理主要是指去除污水中呈悬浮状态的固体污染物质，物理处理法大部分只能完成一级处理的要求。城市污水一级处理的主要构筑物有格栅、沉砂池和初沉池。一级处理工艺流程如图 2-8 所示。经过一级处理后的污水，SS 一般可去除 40%～55%，有机物（BOD）可以去除 30%左右，达不到排放标准。一级处理主要由沉淀、筛滤等物理过程完成，通常亦称为物理处理法。一级处理属于二级处理的预处理。

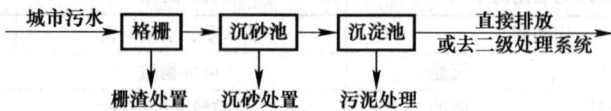

图 2-8 一级处理工艺流程

（2）城市污水二级处理

二级处理是在一级处理的基础之上增加生化处理方法，其目的是去除污水中呈胶体状和溶解状态的有机污染物质。二级处理采用生物处理法，主要有活性污泥法和生物膜法，其中采用较多的是活性污泥法。通过二级处理，城市污水中的 BOD 可去除 90% 以上，基本能达到排放标准。图 2-9 为城市污水处理厂的二级处理典型工艺流程。

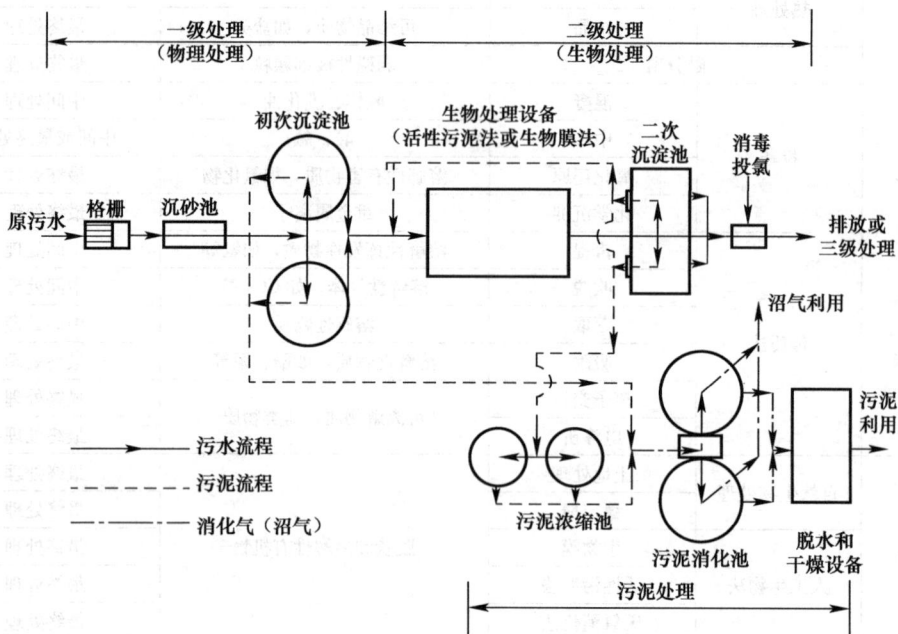

图 2-9 二级处理典型工艺流程

（3）城市污水的三级处理

三级处理是在一、二级处理后，进一步处理难于被微生物降解的有机物以及氮和磷等无机物。主要有生物脱氮、除磷、砂滤法、吸附法、离子交换法、混凝沉淀法以及电渗析等方法。

（4）城市污水的深度处理

深度处理一般以污水的回收、再利用为目的，在一级或二级处理之后增加处理工艺。

污水处理过程中能产生大量的污泥，应有效处理。城市污水处理厂产生的污泥含有大量有机物、细菌、寄生虫卵等物质，如直接排放或填埋造成二次污染。处理方法有浓缩、脱水、消化等。浓缩、脱水为了减容，消化法能使污泥稳定。

3. 污水处理工艺流程

污水处理方法选择的主要依据是污水的水质及水量，受纳水体的具体条件，以及回收其中的有用物质的可能性和经济性等。一般通过实验确定污水性质,进行经济技术比较,最后确定工艺流程。

(1) 城市污水处理流程

每个城市污水的性质虽然不完全相同,但大都以有机物为主,其典型工艺流程如图 2-10 所示。

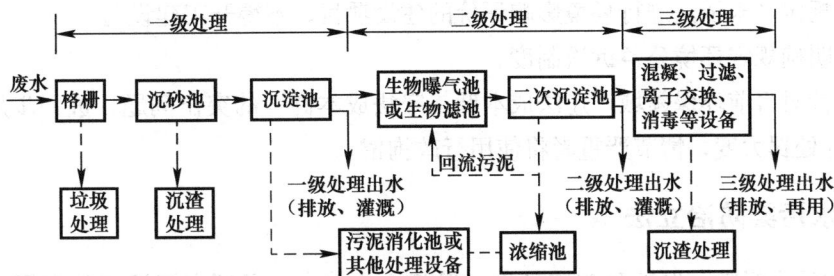

图 2-10　城市污水厂典型处理流程

(2) 工业废水处理流程

各种工业废水的水质千差万别,水量不恒定,并且处理的要求也不相同,因此,对工业废水一般采用的处理流程为:污水→澄清→回收有毒物质处理→再用或排放。

具体工艺流程,应考虑具体情况而定。

任务 2.4　相关法规和标准

一、环境保护立法

我国 1979 年颁布《中华人民共和国环境保护法(试行)》,1989 年 12 月 26 日通过《中华人民共和国环境保护法》,2014 年 4 月 24 日修订通过《中华人民共和国环境保护法》(简称《环境保护法》),新的《环境保护法》自 2015 年 1 月 1 日起施行。新的《环境保护法》明确了新世纪环境保护工作的指导思想,加大了政府责任监督力度。与 1989 年颁布的相比,有了较大变化。主要表现在以下几方面。

(1) 新法增加规定"保护环境是国家的基本国策",并明确"环境保护坚持保护优先、预防为主、综合治理、公众参与、污染者担责的原则"。

(2) 新法首次将生态保护红线写入法律,规定每年 6 月 5 日为环境日。

(3) 突出强调政府监督管理责任。

(4) 新法增加规定公民应当采用低碳节俭的生活方式。

(5) 设信息公开和公众参与专章,加强公众对政府和排污单位的监督。

(6) 新的《环境保护法》在发挥人大监督作用方面作出新规定,要求县级以上人民政府应当每年向本级人大或者人大常委会报告环境状况和环境保护目标的完成情况,对发生重大环境事件的,还应当专项报告。

(7) 增加了要求科学确定符合我国国情的环境基准的规定,国家现已建立了重点工程试验中心,建立国家环境基准已具备基本框架。

(8) 建立健全环境监测制度，新法通过规范制度来保障监测数据和环境质量评价的统一。

(9) 完善跨行政区域污染防治制度。

(10) 重点污染物排放实行总量控制制度。

(11) 针对目前农业和农村污染问题严重的情况，进一步强化对农村环境的保护。

(12) 规定"未依法进行环境影响评价的建设项目，不得开工建设"。

(13) 明确规定环境公益诉讼制度。

(14) 针对目前环保领域"违法成本低、守法成本高"的突出问题，进一步加大了对违法行为的处罚力度，情节严重者将使用行政拘留。

二、水污染防治立法

为了防治水污染，保护和改善环境，保障人体健康，保证水资源有效利用，我国于1984年5月颁布《水污染防治法》。2008年2月28日进行修订，于2008年6月1日起实施。这部法律加强了水污染源头控制，完善了水环境监测网络，强化了重点水污染物排放总量控制制度，全面推行排污许可制度，完善饮用水水源保护区管理制度，增加了农村面源污染防治和内河船舶的污染防治，增加了水污染应急反应要求，加大了对违法行为的处罚力度，完善了民事法律责任。

三、污水排放标准

1. 《污水综合排放标准》GB 8978—1996

污水综合排放标准按照污水排放去向，规定了 69 种水污染物最高允许排放浓度及部分行业最高允许排水量。该标准适用于现有单位水污染物的排放管理、建设项目的环境影响评价、建设项目环境保护设施设计、竣工验收及其投产后的排放管理。标准将排放的污染物按其性质及控制方式分为两类：

(1) 第一类污染物，如总汞、烷基汞、总镉、总砷、总铜、苯并〔α〕芘、总铍、总银、总 α 放射性和总 β 放射性等毒性大、影响长远的有毒物质。含有此类污染物的废水，不分行业和污水排放方式，也不分受纳水体的功能类别，一律在车间或车间处理设施排放口采样，其最高允许排放浓度必须达到该标准要求（采矿行业的尾矿坝出口不得视为车间排放口）。

(2) 第二类污染物，如 pH 值、色度、悬浮物、BOD_5、COD、石油类等。这类污染物的排放标准，按污水排放动向分别执行一、二、三级标准。

该标准按年限规定了第一类污染物和第二类污染物最高允许排放浓度及部分行业最高允许排水量。为适应地面水环境功能区和海洋功能区保护的要求，国家将污水综合排放标准划分为三级。对排入Ⅲ类水域和排入二类海域的污水执行一级标准；排入Ⅳ、Ⅴ类水域和排入三类海域的执行二级标准；对排入设置二级污水处理厂的城镇排水系统的污水，执行三级标准；对排入未设立二级污水处理厂的城镇排水系统的污水，按其受纳水域的功能要求，分别执行一级排放标准或二级排放标准。

2.《城镇污水处理厂污染物排放标准》GB 18918—2002

该标准根据污染物的来源及性质，将污染物控制项目分为基本控制项目和选择控制项目两类。基本控制项目主要包括影响水环境和污水处理厂、一般处理工艺可以去除的常规污染物和部分一类污染物共 19 项。选择控制项目包括对环境有较长影响或毒性较大的共 43 项。基本控制项目必须执行，选择控制项目由地方环境保护行政主管部门根据污水处理厂接纳的工业污染物的类别和水环境质量要求选择控制。

3. 行业水污染物排放标准

为控制水污染物排放，除污水综合排放标准外，国家根据行业的特点，还制定了一系列行业污染物排放标准，如造纸工业、钢铁工业、啤酒工业、船舶工业等。

4.《污水排入城镇下水道水质标准》CJ 343—2010

污水排入城镇下水道水质标准一般规定：

（1）严禁向城镇下水道排入具有腐蚀性污水或物质。

（2）严禁向城镇下水道排入剧毒、易燃、易爆、恶臭物质和有害气体、蒸汽或烟雾。

（3）严禁向城镇下水道倾倒垃圾、粪便、积雪、工业废渣等物质和排入易凝聚、沉积造成下水道堵塞的物质。

（4）本标准未列入的控制项目，包括病原体、放射性污染物等，根据污染物的行业来源，其限值按相关行业标准执行。

（5）水质超过本标准的污水，应进行预处理，不得用稀释法降低浓度后排入城镇下水道。

四、其他水环境标准

1.《地表水环境质量标准》GB 3838—2002

该标准按照地表水环境功能分类和保护目标，规定了水环境质量应控制的项目及限值，以及水质评价、水质项目的分析方法和标准的实施与监督。标准适用于我国领域内江河、湖泊、运河、渠道、水库等具有使用功能的地表水水域。

2.《海水水质标准》GB 3097—1997

该标准对海水水质的分类、海水水质要求、标准的监督与执行作出了规定。

3.《渔业水质标准》GB 11607—1989

该标准适用于鱼虾类的产卵场、索饵场、越冬场、洄游通道和水产增养殖区等海、淡水的渔业水域。标准对渔业水质要求、渔业水质保护标准实施、水质监测等作出了规定。

4.《地下水质量标准》GB/T 14848—1993

该标准适用于一般地下水。该标准对地下水质量分类及分类指标、水质监测、地下水质量评价、地下水质量保护等作出了规定。

5.《农田灌溉水质标准》GB 5084—2005

该标准适用于全国以地表水、地下水和处理后的养殖业废水及以农产品为原料加工的工业废水作为水源的农田灌溉用水。

6. 污水再生利用水质控制指标

污水再生利用是指污水回收、再生和利用的统称，包括污水净化再用、实现水循环的全过程。

城市污水再生利用按用途分为农林牧渔业用水、工业用水、环境用水和水源水等。在《污水再生利用工程设计规范》GB 50335—2002 中对水质控制指标作出了规定。

复习题

1. 填空题

(1) 污水的来源主要有_____、_____、_____，其主要污染包括_____和_____。

(2) 污水中的污染物质，按物理形态可分为_____、_____及_____，按化学成分可分为_____和_____两大类。

(3) 水体富营养化主要是由_____和_____大量进入水体造成的。

(4) 排水体制分为_____和_____两种类型，在城市情况比较复杂时，也可以采用_____的排水系统。

(5) 城市污水根据其处理程度可划分为_____、_____和_____。

2. 不定项选择题

(1) 污水经净化处理后，最后的出路有（　　）。

A. 排放水体　　　B. 灌溉农田　　　C. 好氧处理　　　D. 回用

(2) 城市污水排水系统的基本组成包括（　　）。

A. 室内排水系统及设备　　　　B. 室外污水管渠系统

C. 污水泵站及压力管道　　　　D. 污水处理厂

E. 排出口及事故排出口

(3) 可以减少废水量的途径是（　　）。

A. 节约用水　　　　　　　　B. 推行清洁生产工艺

C. 雨污分流　　　　　　　　D. 减少生产废水重复利用率

(4) 以下表征有机物的指标中，数值最大的是（　　）。

A. COD　　　B. TOC　　　C. BOD　　　D. TOD

(5) 我国 2015 年 1 月 1 日开始实施的《环境保护法》中描述正确的是（　　）。

A. 首次将生态保护红线写入法律，规定每年 6 月 5 日为环境日。

B. 规定公民应当采用低碳节俭的生活方式。

C. 设信息公开和公众参与专章，加强公众对政府和排污单位的监督。

D. 规定"未依法进行环境影响评价的建设项目，不得开工建设"。

3. 简答题

(1) 你认为用什么方法控制水体污染最有效？

(2) 水中的有机物质是指什么？对水体有什么危害？

(3) 我国颁布过哪些与水体环境保护有关的法规和标准？

(4) 生化需氧量有多少种表示方法？生化需氧量与水质的好坏有什么关系？

(5) 根据我国新的《环境保护法》，说明我国在水体环境保护方法的措施有哪些？

项目 3
预处理工段

【项目概述】

污水处理厂预处理和初级处理通常采用格栅拦截或沉淀等简单的物理方法，预处理工段主要包括格栅、污水提升泵房、沉砂池及初次沉淀池等单元。设置预处理工段可以大大减轻后续处理构筑物的负荷，在保证污水处理厂正常运转方面起到了重要作用。本项目主要介绍预处理工段的作用及运行管理方面的知识。

【学习目标】

通过本项目的学习，使学生能够说出污水处理预处理工段的基本内容；分析预处理工段的重要性及其对后续处理单元的影响；能够对预处理工段进行日常运行管理、维护设备正常运行等工作，对常见故障进行分析和解决，保证预处理工段的处理效果。

【学习支持】

污水水质指标，水中杂质的分类，泵站的作用及分类。

【课前思考】

（1）污水处理厂的进水水质如何，主要含有哪些污染物？

（2）污水处理厂预处理段主要去除哪些污染物质？

预处理概述

一、生活污水的预处理

生活污水中含有大量的悬浮物质，按性质可分为无机和有机两类。生活污水来源广泛，其悬浮物含量的变化幅度也很大，成分也较为复杂，从砂粒等无机物到油脂、毛发、果皮等有机物，这些物质进入生物处理系统前若不去除，将会对系统中的生物及设备产生影响，因此需要对进入生物处理前的污水进行预处理。

预处理的对象是生活污水中的悬浮物质，采用的主要处理方法与设备如下：

（1）筛滤截留法：筛网、格栅、微滤机等。

（2）重力分离法：沉砂池、初次沉淀池、隔油池等。

（3）离心分离法：离心机等。

二、预处理的重要性

污水的预处理包括筛分、沉砂、异味控制以及流量调节。预处理环节中能否将漂浮物、泥砂等无机物有效去除对于保证整个污水处理厂的正常运转起到至关重要的作用。据有关专家统计，约有 50% 的污水处理厂因预处理单元出现问题而严重影响了后续处理设施的正常运转，主要原因如下：

（1）运行人员没有及时清除预处理单元的沉砂、棉纱、头发及塑料橡胶制品，给后续各个处理单元或水泵机组造成困难和事故。

（2）运行人员没有认真评价和分析预处理单元的运转效果，只顾解决表面问题，如修理损坏的设备、设施，而没有考虑产生这些问题的根源所在。

三、预处理对后续处理单元的影响

预处理对后续处理单元的影响主要有以下几点：

（1）若从格栅流过的栅渣太多，会使初沉池、曝气沉砂池及曝气池、二次沉淀池的浮渣增多，难以清除，进而挂在出水堰板上影响出水均匀性，不美观，增加恶臭气味。

（2）如果从沉砂池流走的砂粒太多，砂粒有可能在初沉池配水渠道内沉积，影响配水均匀；若砂粒进入初沉池内使污泥刮板过度磨损，缩短更换周期；进入泥斗后会干扰正常排泥或堵塞排泥管路；进入泥泵后将使泥泵过度过快磨损，降低泵的使用寿命；砂粒进入曝气池会沉在曝气池底部逐渐积累妨碍曝气头出气，甚至覆盖曝气头，大大降低曝气效率。

（3）从预处理向后漂移的塑料条、铁丝、头发等杂物会在表曝机或水下搅拌设备、桨板上缠绕，增大阻力，损坏设备；有些还会缠绕在水下电缆上扯坏电缆；若进入二次沉淀池可能会造成浮渣挂在出水堰板上，而影响出水均匀性；进入生物滤池会堵塞配水管、滤料，甚至堵塞出水滤头、滤板等。

（4）从预处理单元漏出的杂物进入浓缩机后会在栅条上缠绕，影响浓缩效果；并可能在上清液出流堰板上漂浮结块,影响出流均匀;进入消化池前后会堵塞排泥管道或送泥泵,还会在消化池内上浮结成大的浮壳。这些杂物进入离心脱水机,会使高速旋转的叶轮失去平衡,从而产生振动或严重噪声,导致密封破漏,损坏水泵。一些棉纱、毛发有时会塞满叶轮与涡壳之间的空间,使设备过载,烧坏电机。

(5) 从水处理设施进入浓缩池的细砂,可能堵塞排泥管路,使排、送污泥泵过度磨损;进入消化池,将沉在底部,影响排泥,减小有效容积;进入离心机,将严重磨损进泥管的喷嘴以及螺旋外缘和叶轮,增加维修更换次数;进入带式压滤脱水机,将大大降低污泥成饼率,使搅拌机容易磨坏,滤布过度磨损,转辊之间磨损和不均匀。

对于城市污水集中处理厂和污染源内分散污水处理厂,预处理主要包括格栅、筛网、沉砂等处理设备。

任务 3.1 格栅的操作与管理

一、格栅的作用

格栅是后续处理构筑物或水泵机组的保护性处理设备,它由一组或多组平行的金属栅条制成的框架组成,斜置或直立在进水渠道中、泵站集水井的进口处或水处理厂的端部,用以拦截较粗大的悬浮物或漂浮杂质,如木屑、碎皮、纤维、毛发、果皮、蔬菜、塑料制品等,以便减轻后续处理设施的处理负荷,并使之正常运行。被格栅拦截的物质称为栅渣,栅渣的含水率约为 $70\%\sim80\%$,容重约为 750kg/m^3,经过压榨,可将栅渣的含水率降至 40% 以下,便于运输和处置。

二、格栅的分类

格栅除污设备的形式多种多样,格栅按形状可分为平面格栅和曲面格栅两种。按照格栅的栅条间距,分为粗格栅($50\sim100\text{mm}$)、中格栅($10\sim40\text{mm}$)、细格栅($3\sim10\text{mm}$)三种。按照清渣方式分为人工格栅和机械格栅两类。按照结构形式,机械格栅又可以分为回转式、旋转式、齿耙式机械格栅等多种形式。

三、过栅流速的控制

合理控制格栅流速,能够使格栅最大限度地发挥拦截作用,保持最高的拦污效率。污水在栅前渠道流速一般应控制在 $0.4\sim0.9\text{m/s}$,可保证水中粒径较大的颗粒不会在栅前渠道内沉积。过栅流速,即污水通过格栅的流速,一般应控制在 $0.6\sim1.0\text{m/s}$,过大则会使拦截在格栅上的软性栅渣冲走,若流速小于 0.6m/s,会造成栅前渠道发生淤积。

过栅流速过大或过小,有时是由于进入各个渠道的流量分配不均引起的。流量大的渠道,对应的过栅流速必然高,反之,流量小的渠道,过栅流速则较低。应经常检查并调节栅前的流量调节阀门或闸门,保证过栅流量的均匀分配。

四、栅渣的清除

及时清除栅渣，是保证过栅流速在合理范围内的重要措施。清污次数太少，栅渣将在格栅上长时间附着，使过栅断面减少，造成过栅流速增大，拦污效率下降。如果清污不及时，由于阻力增大，会造成流量在每台格栅上分配不均匀，同样降低拦污效率。因此，应将每一台格栅上的栅渣都及时清除。

五、格栅的运行

1. 回旋式格栅除污机的运行管理

（1）工作原理

回转式格栅除污机（图 3-1）是由一种独特的耙齿装配成一组回转格栅链，在电机减速器的驱动下，耙齿链进行逆水流方向回转运动。耙齿链运转到设备的上部时，由于槽轮和弯轨的导向，使每组耙齿之间产生相对自清运动，绝大部分固体物质靠重力落下。另一部分则依靠清扫器的反向运动把粘在耙齿上的杂物清扫干净。按水流方向耙齿链类同于格栅，在耙齿链轴上装配的耙齿间隙可以根据使用条件进行选择。当耙齿把流体中的固态悬浮物分离后可以保证水流畅通流过。整个工作过程是连续的，也可以是间歇的。

（2）主要特点

1）耙齿材料为 ABS 工程塑料或尼龙，耐腐蚀能力强。

2）分离效率高，动力消耗小，噪声低。

3）设备自身具有较强自净能力，不会产生堵塞现象。

4）如果城市污水中有太大的固体时，会将耙齿损坏，故此类格栅适宜作为中细格栅。

（3）回转式格栅机的结构

回转式格栅机是目前污水处理行业应用最普遍的一种格栅机，其结构组成部分有：拦污栅体、回转齿耙、驱动传动机机构和过载保护机构等。如图 3-2、图 3-3 所示。

图 3-1 回转式格栅除污机

图 3-2 回转式格栅机现场实物图

（4）回转式格栅机的工作过程

1）运行前检查

检查电源控制箱各元器件接线情况，桩头应连接牢固，无锈蚀；检查机械是否堵塞；

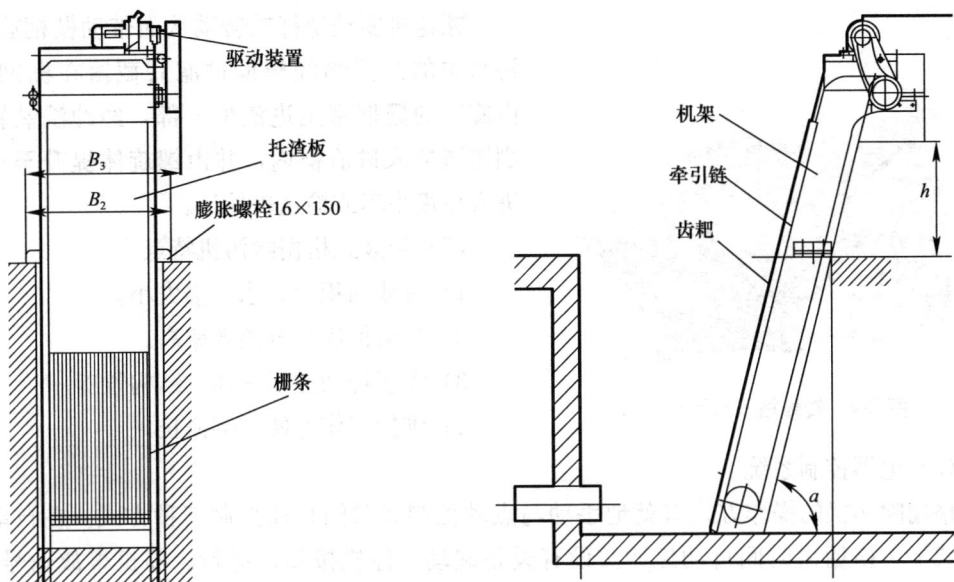

图 3-3 回转式格栅机结构组成

检查机械各部是否润滑良好，有足够的油脂；检查是否有人在机械上工作；是否有其他干扰；保护盖板是否已盖；检查滤渣收集箱中是否有足够的空间；检查各限位开关是否正常。

2）运行操作

格栅除污机控制柜提供自动和手动两种控制模式：

① 手动控制：合上电源，检查电源电压，应符合要求，发现故障应立即停车检修；有转换开关的机组应将"状态按钮"置于手动位置；启动后观测机组各部分运转情况，应无异常声响、振动；手动状态下正常运转 10min 以上，方可转入自动状态。

② 自动控制：自动控制可设定时间和格栅前后的水位差来进行控制，在自动状态中，操作者应观察 10min 以上，方可离开。

（5）常见故障分析

1）耙片可用不锈钢或工程塑料制造，工程塑料类耙片使用数年后，会发生老化现象，断裂较多。不锈钢耙片不易断裂，但容易变形，引起卡阻。

2）耙片系统实际是通过横轴把多级耙片连在一起，耙齿链带动横轴转动，该横轴在运行一段时间后可能会出现节状断裂，发现问题应及时更换。

3）回转式链条回转部件现大多采用回转链轮，少数采用导板，导板易产生"多边"效应，引起振动或脱链，影响整机的平衡运行和使用寿命。

2. 转鼓格栅除污机的运行管理

（1）结构及工作原理

转鼓式格栅除污机主要用于市政污水处理及工业废水处理工程中去除水中较小的漂浮物，该机需安装在粗格栅之后，是典型的细格栅。适用于水深较浅，并宽不大于 2m 的场合。转鼓格栅除污机主要由减速机、螺杆轴总成、导渣槽、冲洗装置、进渣框、栅框总成、底支架、边支架和后支撑等组成。如图 3-4 所示。

图 3-4 转鼓格栅除污机

减速机驱动螺杆轴转动从而带动栅框旋转，污水中的漂浮物经栅框过滤后截留在栅网上，由旋转的栅框带至进渣框上部，经冲洗装置冲刷栅渣掉入进渣框内，并由螺旋体提升至地面进入垃圾小车或输送机外运。

（2）转鼓式格栅除污机特点

1）过滤面积大，水力损失小。

2）清渣彻底，分离效率高。

3）集多种功能于一体，结构紧凑。

4）维护工作方便，寿命长。

（3）电器控制系统

格栅除污机的操作方式有就地手动与点动控制和时间自动控制三种方式。在自动操作方式下，格栅由时间自动控制。设有设备起动、停机按钮；运行、停机事故信号灯，信号灯采用节能型；控制选择开关及急停按钮，在电控箱内设有电动机保护器、辅助继电器；并可加设 PLC 控制的输入接口，输出给 PLC 的运行、自动、事故状态信号的接口。

六、格栅除污机运行中的注意事项

（1）及时清除栅渣。当格栅内外水位差大于 0.2m，应进行清渣。

（2）定期检查渠道的沉砂情况。格栅前后渠道内沉积的砂量主要和流速有关，同时还与渠道底部流水面的坡度和粗糙度等因素有关，应及时清砂并排除积砂原因。

（3）巡检时应注意有无异常声音，耙齿有无插入栅条的位置或掉落，栅条有无变形，钢丝绳有无错位、断股与损伤，发现问题及时处理。

（4）对机内需要加注润滑油的部位，应经常检查和加油。

（5）经常检查电器限位开关是否失灵。

（6）格栅清除的栅渣应及时清理、运走，防止栅渣腐败产生恶臭。

（7）格栅应每两年油漆一次。

任务 3.2 污水泵站的运行管理

泵站在污水处理系统中常被称为污水提升泵站，它是污水处理系统，特别是预处理工段的重要环节，其作用主要是将上游来水提升至后续处理单元所需的高度，使其实现重力流。泵站一般由水泵、集水池和泵房组成。

一、集水池的作用与维护

集水池的作用是调节来水量与抽升量之间的不平衡，避免水泵启动过于频繁。

污水进入集水池后速度放慢，一些泥砂可能沉积下来，因此集水池要根据具体情况定期清理。清池工作时要注意加强人身安全问题，集水池内干管遗留的污水发生腐败可能产生有毒气体，池内沉积的污泥也会厌氧分解产生有毒气体，甚至会产生甲烷等可燃气体。清池时，先停止进水，用泵排空池内存水，然后强制通风。在通风最不利点检测有毒气体的浓度及亏氧量，达到安全部门规定的要求后，人方可下池工作。操作人员下池工作以后，强制通风可适当减小，但绝不能停止通风。每个操作人员在池下工作时间不可超过 30min。

二、水泵

1. 水泵的分类

由于输送的水量不同、输送的距离与扬程不同、介质不同，污水厂水泵类设备有各种不同的形式。主要可分为三大类：叶片式、容积泵和其他类型泵，如螺旋泵等。

叶片式水泵是利用工作叶轮的旋转运动来输送液体。按照工作原理可分为离心泵、轴流泵、混流泵和旋流泵。在现有的污水处理系统多采用离心泵。

2. 离心泵工作原理

离心泵是利用叶轮的高速旋转而使水产生离心力来工作的。离心泵在启动前，先向泵体内充满被输送的液体，叶轮在泵轴的带动下高速旋转，使被输送的液体从叶轮中心被甩到叶轮外缘，这时叶轮中心产生负压，液体从泵的吸入口流向叶轮中心。泵轴不停地转动，叶轮就会连续地吸入液体和排出液体。

3. 离心泵的构造和分类

离心泵的主要部件包括叶轮、泵体、轴、轴承、吸入室、压出室、密封装置和平衡装置等。离心泵可分为很多种类，按泵轴方位分为卧式泵和立式泵；按叶轮的多少分为单级泵和多级泵；按扬程的大小分为低压泵、中压泵和高压泵；按工作介质分为清水泵、污水泵和泥浆泵等。卧式单级离心泵的剖面图如图 3-5 所示。

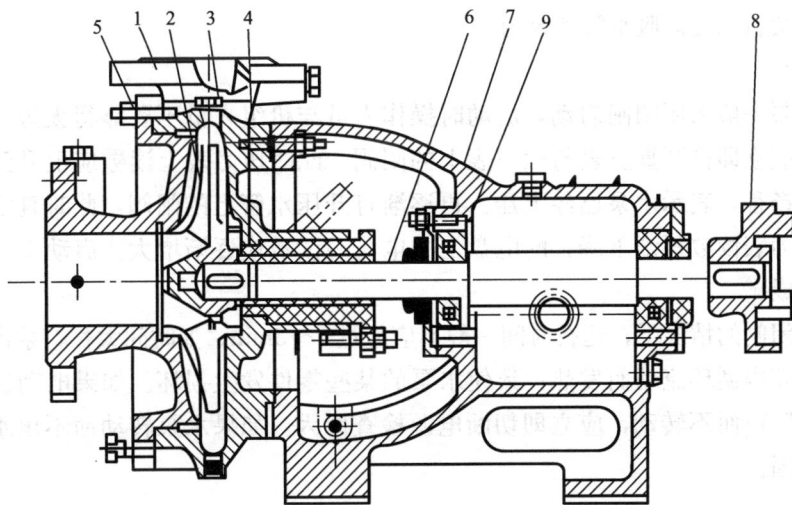

图 3-5　卧式单级离心泵的剖面图

1—泵体；2—叶轮；3—密封环；4—轴套；5—泵盖；6—泵轴；

7—托架；8—联轴器；9—轴承

三、水泵的安全操作

离心泵是大型电气设备，也是污水厂预处理工艺的最重要环节之一，保证离心泵安全、高效运行，精心保养维护是水厂值班人员最重要的工作内容之一。

1. 启动前准备

为保证水泵的安全运行，水泵启动前应对机组作全面仔细检查，尤其是对于新安装的水泵和大修后的水泵，更要注意做好检查工作，以便及时发现问题并解决问题，主要检查内容如下：

（1）检查机组转子是否灵活轻便，泵内是否有金属摩擦声，如有，应检查原因。

（2）检查轴承中的润滑油是否正常，油质是否干净。

（3）检查出水管上的启闭是否灵活。

（4）检查水泵电机的地脚螺栓及其他连接螺栓是否有松动或脱落。

（5）清除水泵进口上的杂物，以防止开机后吸入杂物破坏叶轮。

（6）检查电机和水泵的转向是否一致，供配电设备是否固定好，对于新安装的水泵或者大修后的水泵检查电机转向是一项必不可少的工作。

（7）检查控制系统是否正常，各仪表显示是否准确，有远程监控的还要检查远程监控是否准确有效。

2. 引水与启动

（1）引水

离心泵启动前必须引水，一般小型离心泵大多采用灌水排气的方法，此时吸水管下应装有底阀。引水的方法有用自来水灌水、高架水箱灌水等。大中型离心泵大多采用水环式真空泵抽气引水的方法。抽气时，当排气管中有水涌出时，就表示吸水管和泵内已充满水，可以启动水泵开始工作。对于水泵安装低于吸水池平面的自灌式水泵，打开进水闸门后就会自动充满吸水管和泵内。

（2）启动

离心水泵一般采用闭闸启动，启动时操作人员与机组人员不要靠得太近，待水泵转速稳定后，应立即打开真空表与压力表上的闸阀，此时压力表上读数应上升到水泵零流量时的空转扬程，表示水泵已经上压。再逐渐打开压水管上的闸阀，此时真空表读数逐渐增加，压力表读数逐渐下降，配电盘上的电流表读数应逐渐增大。启动工作在闸阀全开时即告完成。

水泵在闭闸的情况下，运行时间一般不应超过2~3min。如时间太长，泵内水流会因不断地在泵壳内循环流动而发热，致使水泵的某些零件发生损坏。如果电动机合闸后发现只有"嗡"声而不转动，应立即切断电源检查原因。如果水泵转动而不出水，应立即停泵检查原因。

3. 运行

（1）每台水泵机组投入运行后应及时填写运行日报表上的相关记录项目。

（2）注意机组有无不正常的响声和振动。

（3）注意机组轴承温度及油量的检查。

（4）新机组使用润滑脂（黄油）的滚珠轴承，第一次换油时间在机组运行 80～100h 之后，以后每隔 2400h 换油一次（使用二硫化钼润滑剂，时间可延长 1 倍）。凡采用机械油润滑的轴承，每 240h 换油一次，并应随时注意油面应在油标尺的两刻度之间，不足时应随时加注。

（5）填料盒正常滴水程度，一般只要控制在能分滴而下，不连续成线即可，即每分钟 20～150 滴。

（6）定期检查联轴器和机组上各地脚螺栓，如发现有偏移或松动，应及时纠正加固。

（7）注意仪表指针的变化。

（8）大型泵组如采用水冷却轴承或者循环油冷却电机，应保持水路及油路的通畅，如循环冷却系统出了故障，应立即停泵检修。

（9）注意吸水井水位的变化，如吸水井水位低于最低设计水位，应适当关掉一两台机组，以免发生气蚀，损坏叶轮。

（10）无保温措施的水泵机组，在冬季水泵不运行时，应从水泵底部螺纹管堵处放去存水，以防水泵冻裂。长时间不用水泵也应放去存水。

4. 停车

离心泵停车前，对离心泵应先关闭真空表和压力表阀，再慢慢关闭压力管上的闸阀，实行闭闸停车。停车后，应注意把泵和电动机表面的水和油泥擦净。水泵较长时间不用或冬季停车后，应立即将泵壳内的水放净。对一些在运行中无法处理的问题，停车后应及时处理。对于有较高扬程的水泵，在停泵时应注意停泵水锤可能造成的破坏。

5. 紧急情况处理

（1）停电后应急处理

泵站发生停电后，须立即前往溢流井，将进水闸阀转为手动，迅速手摇关闭进水闸阀，并及时开启溢流闸阀，观察溢流井及粗格栅前水位变化，作出相应处理。

待来电后，首先关闭停电前处于开启位置的出水蝶阀，确定供电正常后，打开进水闸阀，并检验电动开关是否正常，按规程开启泵；并视情况关闭溢流闸阀，检验电动是否正常。调整阀门，保证溢流井及粗格栅前水位正常。

（2）溢流井水位过高的应急措施

经过查阅工程图纸，确定水位变化的最不利点——即易涌水的最低点，在溢流井壁经过测定后，确定警戒水位，可以采取以下两种措施：①打开溢流阀，将来水溢流；②开进水阀，开启一台或多台水泵，开启超越阀而非出水阀，利用超越管路将进水溢流走。

两种措施应分清主次，以打开溢流阀为主，在溢流阀无法打开的情况下采取第二条措施。而且在开泵时应注意先大后小，一台变压器上不能同时开启三台泵。采取措施视溢流井水位下降速度，溢流阀、进水阀开启是否正常，水泵及供电是否正常等情况而定，直到降到警戒水位以下为止。

四、维护保养

1. 离心泵的维护与检修

离心泵一般一年大修一次，累计运行时间未满2000h，可视具体情况适当延长，一般维修项目如下：

（1）泵轴弯曲超过原直径的0.05％时，应校正；泵轴和轴套间的不同心度不应超过0.05mm，超过时要重换套；水泵轴锈蚀或磨损超过原直径的2％时，应更换新轴。

（2）轴套有规则磨损超过原直径的3％或不规则磨损超过原直径的2％时，均需换新，同时，检查轴接触面有无渗水痕迹，轴套与叶轮间纸垫是否完整，不合要求应修正或更换。

（3）叶轮及叶片若有裂纹、损伤及腐蚀等情况，轻者可采用环氧树脂等修补，严重者要更换新叶轮。

（4）检查密封环有无裂纹及磨损，它与叶轮的径向间隙不宜超过表3-1规定的最大允许值，超过时应更换新叶轮。

（5）滚珠轴承及轴承盖要清洗干净，如轴承有点蚀、裂纹或者游隙超标，要及时更换。

（6）填料函压盖在轴或轴套上应移动自如，压盖内孔的轴或轴套的间隙保持均匀磨损不得超过3％，过大要嵌补或者更新。水封管路要保持通畅。

密封环与叶轮径向间隙配合　　　　　　　　　　表 3-1

密封环内径（mm）	密封环和翼轮的装配间隙（mm）		允许磨损的最大间隙（mm）
80～120	0.18	0.44	0.96
120～150	0.21	0.51	1.20
150～180	0.24	0.56	1.20
180～220	0.27	0.63	1.40
220～260	0.32	0.68	1.40
220～290	0.32	0.70	1.60
290～320	0.35	0.75	1.60
320～360	0.4	0.80	1.60

（7）清理泵壳内的铁锈，如有较大凹坑应修补，清理后重新涂刷防锈漆。

（8）对吸水底阀要予以检修，动作要灵活，密封要良好。采用真空泵引水时要保证吸水管阀无漏气现象，真空泵要保持完好。

（9）检查止回阀门的工作状况，密封圈是否密封，销子是否磨损过多，缓冲器及其他装置是否有效，如有损坏应及时维修或更换。

（10）出水控制阀门要及时检查和更换填料，以防漏水。

（11）水泵上的压力表、真空表，每年应由计量权威部门校验一次，并清理管路及阀门。

（12）检查与电机相连的联轴器是否连接良好，键与键槽的配合有无松动现象，并及时修正。

（13）电动机的维修应由专业电工维修人员进行，禁止不懂电的人员拆修电机。

（14）如遇灾难性情况，如大水将地下泵房淹没等，应及时排除积水，清洗、烘干电机及其他电器，并证明所有电器及机械设施完好后方可试运行。

2. 离心泵运行常见故障及排除方法

离心泵常见故障及排除方法见表 3-2 所示。

离心泵使用过程中常见故障、产生原因及解决方法　　　　　　　　　　表 3-2

常见故障	产 生 原 因	排 除 方 法
启动后水泵不出水或出水量少	1. 启动前没有引水或引水不足 2. 底阀堵塞或漏水 3. 吸水管路及填料函漏气 4. 水泵转向不对 5. 水泵转速太低 6. 叶轮吸入口或流道堵塞 7. 叶轮及减漏环磨损 8. 水面产生旋涡，空气带入泵内 9. 水泵安装高度过高 10. 吸水管路安装不当积存空气	1. 重新引水 2. 清除杂物或修理 3. 检修漏气，压紧填料或清通水封管 4. 检查接线，改变转向 5. 检查电压是否太低 6. 打开泵盖，清除杂物 7. 更换磨损零件 8. 加大吸水口淹没深度或采取防止措施 9. 调整水泵安装高度 10. 改装吸水管路，消除隆起部分
水泵开启不动或启动后轴功率过大	1. 填料压得太紧，泵轴弯曲，轴承磨损 2. 联轴器间隙太小 3. 电压太低 4. 流量太大，超过使用范围过多	1. 松动压盖，矫直泵轴，更换轴承 2. 调整联轴器间隙 3. 与电工联系，检查电路 4. 减小出水阀门
水泵机组振动或者噪声较小	1. 地脚螺栓松动或没有填实 2. 基础松软 3. 安装不良，联轴器不同心或泵轴弯曲 4. 水泵发生气蚀 5. 轴承损坏或润滑不良 6. 叶轮损坏或不平衡 7. 泵内有严重摩擦	1. 拧紧并填实地脚螺栓 2. 加固基础 3. 检查调整同心度，矫直或换轴 4. 降低安装高度，减少水头损失 5. 更换或修理轴承，加注润滑油 6. 修理、更换轴承，或对叶轮进行静平衡试验 7. 检查摩擦部位
轴承发热	1. 轴承损坏 2. 轴承润滑不良（润滑油过多或过少） 3. 油质不良，有杂质 4. 轴弯曲或联轴器未调整 5. 滑动轴承的甩油环不起作用	1. 更换轴承 2. 按规定加油 3. 更换合格润滑油 4. 矫直可更换泵轴，调整联轴器 5. 放正油环位置或更换油环
电机过载	1. 转速高于额定转速 2. 水泵流量过大 3. 电动机或水泵发生机械损坏	1. 检查电路及电动机 2. 关小阀门 3. 检查电动机及水泵
填料函发热，漏水过少或过多	1. 填料压得太紧 2. 水封环位置不对 3. 水封管堵塞 4. 填料函与泵轴不同心 5. 劣质填料损坏 6. 填料磨损过大或轴套磨损	1. 调整松紧度，使滴水呈滴状连续渗出 2. 调整水封环位置，使其对准水封管口 3. 疏通水封管 4. 检修调整，使其同心 5. 更换合格填料 6. 更换填料或轴套

常见故障	产生原因	排除方法
泵轴被卡住泵转不动	1. 叶轮和密封环间隙太小或不均匀 2. 叶轮和密封环间隙被杂物卡住 3. 泵轴弯曲 4. 水泵长期未用，泵轴被锈住 5. 轴承损坏	1. 修理或更换密封环 2. 清除杂物并修理密封环 3. 校正泵轴 4. 除锈加油 5. 更换轴承

任务 3.3　沉砂池的运行管理

沉砂池的作用是去除污水中比重较大的无机颗粒，如泥砂、煤渣等，以免这些杂质影响后续处理构筑物的正常运行。沉砂池去除砂粒比重 $2.65g/cm^3$，粒径 $0.2mm$ 以上。沉砂池一般设于泵站、倒虹管或初次沉淀池前，用来减轻机械、管道的磨损，减轻沉淀池负荷，缩小污泥处理构筑物的容积，提高污泥有机组分的含量，改善污泥处理条件。如果废水中的砂粒不去除，进入后续处理单元，将会引起以下危害：

(1) 砂粒进入初沉池会加速污泥刮板的磨损，缩短使用寿命。

(2) 排泥管道中沉积的砂粒易导致管道堵塞，进入污泥泵后会加剧叶轮磨损。

(3) 对于不设初沉池的废水处理工艺（如氧化沟等）或实际运行中由于进水负荷过低而超越初沉池的工艺，大量砂粒将直接进入生化池沉积，形成死区，导致生化池有效容积的减少，同时还会对曝气装置产生不利影响。

(4) 污泥中含砂量的增加会大大影响污泥脱水设备的运行。砂粒进入带式脱水机会加剧滤布的磨损，缩短使用周期，同时会影响絮凝效果，降低污泥成饼率。

沉砂池是采用物理原理将砂从污水中分离出来的一个预处理单元。按其结构形式沉砂池分为平流沉砂池、曝气沉砂池、竖流沉砂池和涡流沉砂池。

一、沉砂池分类

1. 平流沉砂池

(1) 基本构造

平流沉砂池由入流渠、出流渠、闸板、水流部分、沉砂斗和排砂管组成，如图 3-6 所示。平流沉砂池的水流部分实际上是一个加宽了的明渠，污水经消能或整流后进入池子，沿水平方向流至末端，经堰板流出沉砂池。在池子两端设有闸板，以控制水流。平流沉砂池宽度一般不小于 $0.6m$，有效水深一般不大于 $1.2m$。

平流沉砂池的工艺参数主要是污水在池内的水平流速和停留时间。水平流速决定沉砂池所能去除的砂粒粒径大小。水平流速不能太低，否则本应在沉淀池去除的一些有机污泥也将在沉砂池内沉淀下来，使沉砂池排出物极易腐烂，难以处置。污水在池内的停留时间决定砂粒去除效率。沉砂池的底部设有两个贮砂斗，下接排砂管，开启贮砂斗的闸阀将砂排出。

平流沉砂池工作稳定，构造简单，截留无机颗粒效果较好，排砂方便。平流沉砂池最大的缺点，就是尽管控制了水流流速和停留时间，但废水中仍有一部分有机物沉积下

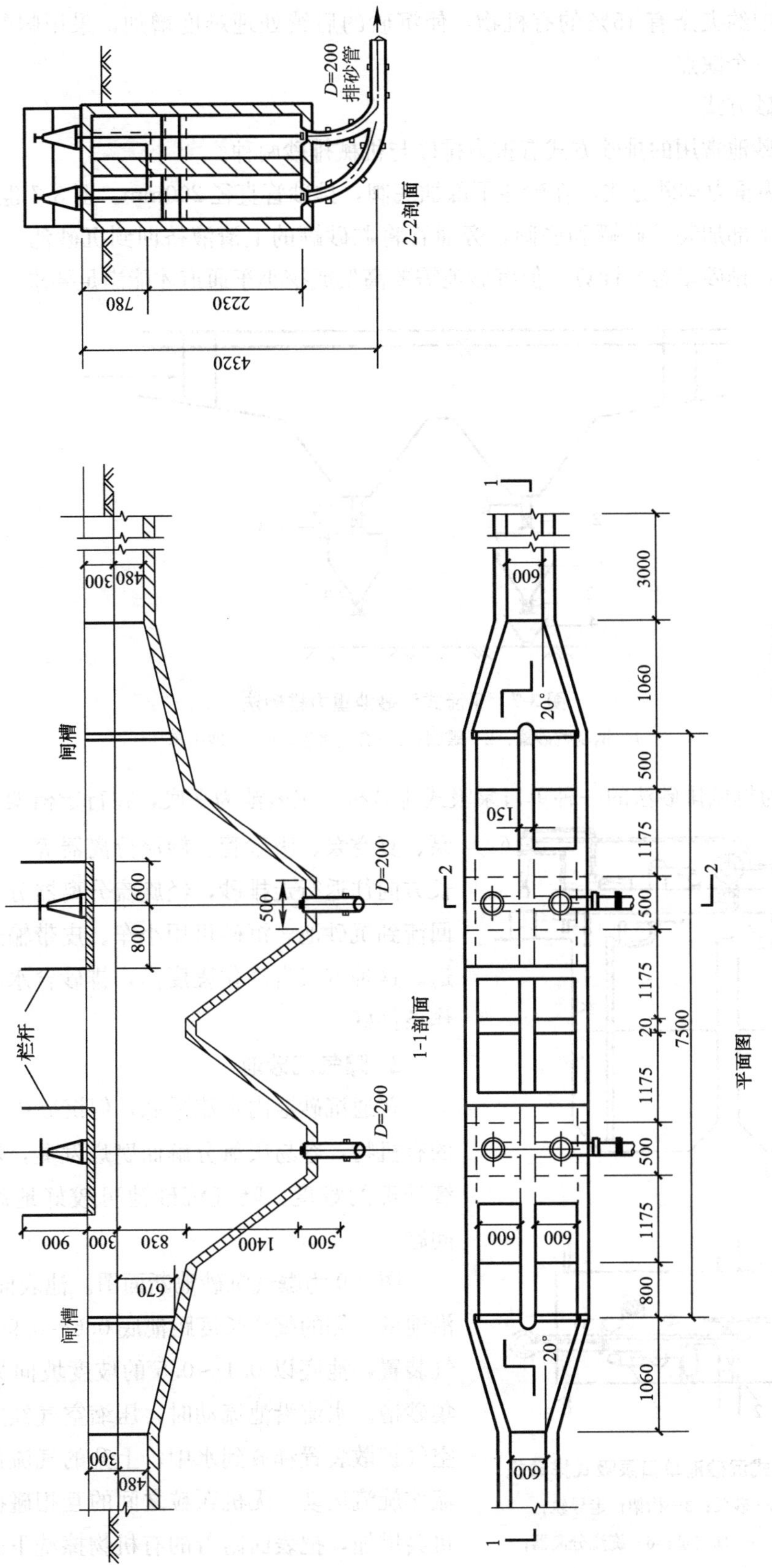

图3-6 平流式沉砂池工艺布置图

来，在沉砂中约夹杂有 15% 的有机物，使沉砂的后续处理难度增加，采用曝气沉砂池，可以克服这一个缺点。

（2）排砂方式

平流沉砂池常用的排砂方式有重力排砂与机械排砂两种。

图 3-6 为重力排砂方式，在砂斗下部加底阀，排砂管直径 200mm。图 3-7 也是重力排砂，在砂斗下部加装贮砂罐和底阀，旁通管将贮砂罐的上清液挤回到沉砂池，所以排砂的含水率低，排砂量容易计算，但沉砂池需要高架或挖小车通道才能满足要求。

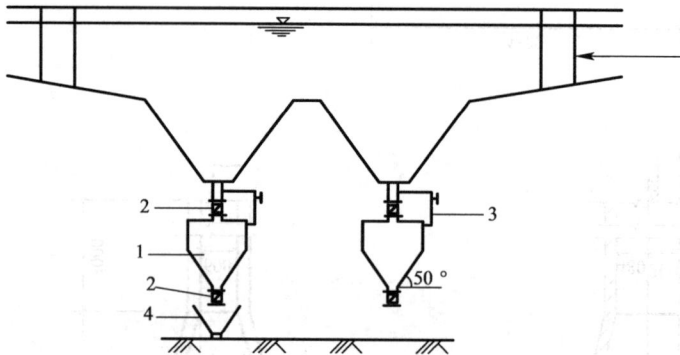

图 3-7　平流式沉砂池重力排砂法

1—钢制贮砂罐；2—蝶阀；3—旁通水管；4—运砂小车

图 3-8 为机械排砂法的一种单口泵吸式排砂机。沉砂池为平底，在行走桁架上安装砂泵、真空泵、吸砂管、旋流分离器等。桁架沿池长方向往返行走排砂，经旋流分离器分离的水又回流到沉砂池。沉砂可用小车、皮带输送器等运送。这种方式自动化程度高，排砂含水率低，工作条件好。

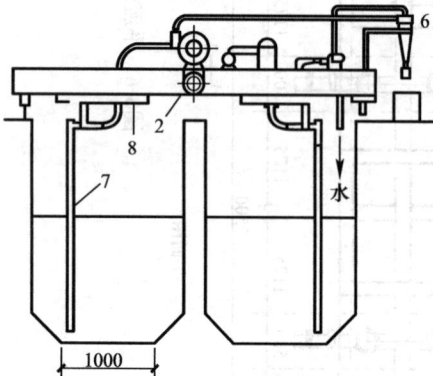

2. 曝气沉砂池

普通沉砂池内水流平稳，但沉砂中含一定量的有机物，容易厌氧分解而腐烂发臭，增加了后续处理的难度，曝气沉砂池可较好地解决这一问题。

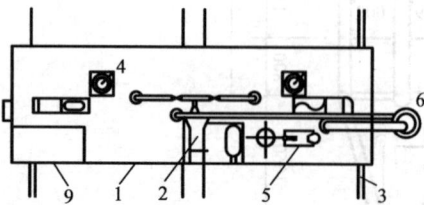

图 3-9 为曝气沉砂池断面图。池表面呈矩形，沿池壁一侧的整个长度距池底 0.6～0.9m 处设曝气装置，池底以 0.1～0.5 的坡度坡向另一侧的集砂槽。水流沿池流动时，压缩空气经空气管和空气扩散装置释放到水中，上升的气流使池内水流作旋流运动，无机颗粒之间的互相碰撞与摩擦机会增加，把表面附着的有机物擦洗下来。由于旋流产生的离心力，把密度较大的无机物颗粒甩

图 3-8　平流式沉砂池单口泵吸式排砂机

1—桁架；2—砂泵；3—桁架行走导轨；

4—回转装置；5—真空泵；6—旋流分离器；

7—吸砂管；8—齿轮；9—操作台

向外层而下沉，相对密度较轻的有机物始终处于悬浮状态，当旋至水流的中心部位时随水带走。沉砂中的有机物含量低于 10%，有利于后续处理。同时，由于曝气的气浮作用，污水中的油脂类物质会上升至水面，随浮渣去除。

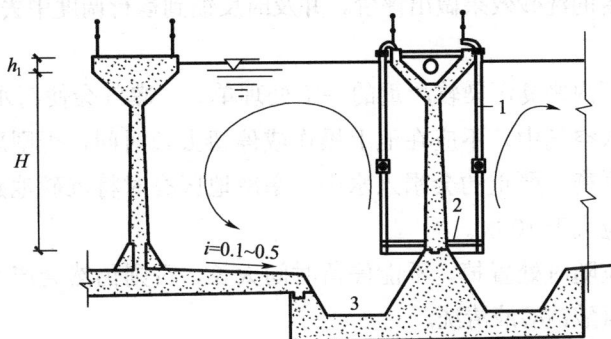

图 3-9　曝气沉砂池断面图
1—压缩空气管；2—空气扩散板；3—集砂槽

曝气沉砂池的旋流速度为 $0.25\sim0.3\mathrm{m/s}$，水平流速为 $0.1\mathrm{m/s}$，曝气量与污水量的比例控制在 1∶5。旋转速度和旋转圈数直接决定砂粒沉降效果。砂的粒径越小，所需的旋流速度越大，但旋转速度不能太大，否则沉淀下来的砂粒将重新泛起。旋转圈数与曝气强度和污水在池中的水平流速有关：曝气强度越大，旋转圈数越多，沉淀效率越高；水平流速越大，旋转圈数越少，沉淀效率越低。

二、沉砂池的运行管理

1. 配水与气量分配

每条沉砂池一般都有入流调节闸门或阀门，应经常调节这些闸门，使进入每一条沉砂池的水量均匀。对于曝气沉砂池来说，配水均匀，使每条池处于同一工作液位，才有可能实现配气均匀。

2. 排砂操作

排砂操作要根据沉砂量的多少及变化规律，合理安排排砂次数，保证及时排砂。用阀门控制的重力排砂方式，如排砂间隙过长经常会堵塞排砂管，此时可用氯泵反冲洗疏通排砂管；反之，如排砂间隙太短会使排砂含水率增大，增加处置难度。砂泵排砂方式也存在同样的问题，如排砂间隙过长会堵塞砂泵，排砂间隙太短会使排砂量增大，链条式刮砂机经常会出现刮板被卡住的问题。

3. 清除浮渣

沉砂池上的浮渣应定期清除，否则既不美观，又易产生臭味。行车式的除砂设备一般带有浮渣刮板，链条式刮砂机的刮板在回程通过液面时也会将浮渣刮走。由于曝气沉砂池液面处于涡旋状态，它除渣效果不如平流沉砂池好，但沉砂池尺寸相对来说较小，运转人员可将机械无法清除的浮渣人工清除掉。

4. 分析测量与记录

应连续测量并记录每天的除砂量，可以用重量法或容量法，但以重量法较好，应定期测量初沉池排泥中的含砂量，以干污泥中砂的百分含量表示，这是衡量沉砂池排除砂效果的一个重要因素。

对曝气沉砂池，应准确记录每天的曝气量。应根据以上测量数据，经常对沉砂池的除砂效果和洗砂设备的洗砂效果做出评价，并及时反馈到运行调度中去。

5. 卫生与安全

沉砂池是污水厂内恶臭污染较严重的一个处理单元，曝气会使污水中的 H_2S 和硫醇类恶臭物质加速通入空气中。不应在池上操作或停留太长时间，否则恶臭类物质会麻痹神经，使身体失去平衡，严重的会溺入水中。寒冷地区有时将沉砂池建在室内，应注意通风，每小时换气应大于 10 次。

洗砂间的沉砂应随时处置掉，不能停留时间太长，否则仍然会产生恶臭。堆砂处应定期用双氧水或次氯酸钠溶液清洗。

复习题

1. 填空题

(1) ＿＿＿＿＿＿的作用是用来截留较粗大的悬浮杂质，以减轻后续处理构筑物的处理负荷，保护水泵机组正常运行。

(2) ＿＿＿＿＿的作用是调节来水量与抽升量之间的不平衡，避免启动过于频繁。

(3) 沉砂池的作用是去除＿＿＿＿＿＿＿＿＿，粒径在＿＿＿＿＿。

(4) 离心泵停车前，对离心泵应先关闭＿＿＿＿＿和＿＿＿＿＿，再慢慢关闭压力管上的闸阀，实行闭闸停车。

2. 选择题

(1) 细格栅的栅条间距为（　　）mm。

A. 10～25　　　　B. 15～30　　　　C. 3～10　　　　D. 3～15

(2) 预处理阶段主要构筑物包括（　　）。

A. 格栅间　　　　B. 沉砂池　　　　C. 污水提升泵房　　D. 初次沉淀池

(3) 控制格栅除污机的间歇运行的方式有（　　）。

A. 人工控制　　　B. 自动定时控制　　C. 液位控制　　　D. 浓度控制

(4) 水泵在闭闸的情况下，运行时间一般不超过（　　）min。

A. 1～2　　　　　B. 2～3　　　　　C. 3～4　　　　　D. 4～5

(5) 曝气沉砂池的旋流速度为（　　）m/s，曝气量与污水量的比例控制在（　　）。

A. 0.1～0.3　1：3　　　　　　　　B. 0.25～0.3　1：5

C. 0.1～0.3　1：5　　　　　　　　D. 0.25～0.3　1：3

3. 简答题

(1) 污水处理厂预处理工段的主要作用是什么？

(2) 格栅除污机在运行中的注意事项有哪些？

(3) 曝气沉砂池的特点是什么？

项目4
生物处理工段——活性污泥法

【项目概述】

污水处理厂二级生物处理包括曝气池、二沉池、污泥回流系统、鼓风曝气系统等单元组成，目前应用较为普遍的处理工艺是活性污泥法。活性污泥法主要利用活性污泥微生物对污水中的有机污染物及部分无机污染物进行吸附降解，在保证污水处理厂正常运转方面起到了非常重要的作用。本项目主要介绍活性污泥的组成、生长过程、净化机理及评价指标，活性污泥法的常用工艺的特点及运行管理方面的知识。

【学习目标】

通过本项目的学习，使学生能够说出污水处理中生物处理工段的基本内容；并分析生物处理工段——活性污泥法的重要性及其对后续处理单元的影响；能够对生物处理工段进行日常运行管理、维护设备正常运行等工作，对常见故障进行分析和解决，保证生物处理工段的处理效果。

【学习支持】

污水处理水质指标，水中污染物的分类，预处理的作用及分类。

【课前思考】

(1) 污水处理的核心工艺是什么，主要有哪几种形式？
(2) 污水处理厂生物处理段主要工艺控制指标是什么？

生物法概述

生物处理是利用微生物的特征在溶解氧充足和温度适宜的情况下，对污水中的易于被微生物降解的有机污染物质进行转化，达到无害化处理的目的。

微生物根据生化反应中对氧气的需求与否，可分为好氧微生物、厌氧微生物和兼性微生物三类。

一、好氧生物处理

污水的好氧生物处理，是利用好氧微生物，在有氧的条件下，将污水中的污染物质，一部分分解后被微生物吸收并氧化分解成简单且稳定的无机物，同时释放出能量，用来作为微生物自身生命活动的能源，这一过程称为分解代谢。另一部分有机物被微生物所利用，作为本身的营养物质，通过一系列生化反应合成新的细胞物质，这一过程称为合成代谢。在微生物的生命活动过程中，分解代谢与合成代谢同时存在，二者相互依赖；分解代谢为合成代谢提供物质基础和能量来源，而通过合成代谢又使微生物本身不断增加，两者存在使得生命活动得以延续。

二、厌氧生物处理

污水中有机污染物质的厌氧生物分解可分为三个阶段。第一阶段是在厌氧细菌（水解细菌与发酵细菌）作用下，将碳水化合物、蛋白质、脂肪水解并发酵转化成单糖、氨基酸、甘油、脂肪酸以及低分子无机物（二氧化碳和氢）等；第二阶段是在厌氧细菌（产氢、产乙酸菌）的作用下，把第一阶段的产物转化成氢、二氧化碳和乙酸；第三阶段是通过两组生理上完全不同的产甲烷菌的作用，一组能把氢和二氧化碳转化成甲烷，另一组厌氧菌能对乙酸进行脱去羧基产生甲烷。

由于产甲烷阶段产生的能量，大部分用于维持细菌生命活动，只有很少部分能量用于细菌繁殖，所以，细菌的增殖量很少；再则，由于在厌氧分解过程中，溶解氧缺乏，对有机物分解不彻底，代谢产物中含有许多的简单有机物。

任务 4.1　认知活性污泥法

活性污泥法是一种污水的好氧生物处理方法，目前在世界上使用已有百年的历史。如今，活性污泥法及其衍生改良工艺是城市污水处理最广泛使用的方法。

一、活性污泥的组成

正常的活性污泥在外观上呈黄褐色的絮绒颗粒状，在微观形态上称为"菌胶团"，如图 4-1 所示。无数的菌胶团构成了活性污泥，其主要是由细菌、真菌、原生动物、后生动物等微生物组成。此外，活性污泥内还夹杂着一些微生物自身氧化残留物、惰性有机物及一定数量的无机物。活性污泥的含水率为99%，活性污泥中的固体物质占1%，这些固体物质由有机污染物和无机污染物组成，其比例因原水的性质而异，城市污水中有机物成分约占75%～85%，其余为无机成分。

活性污泥中固体物质的有机成分主要由栖息在活性污泥上的微生物群体所构成。此外，微生物自身氧化残留物，难于被微生物降解的有机物也存在于活性污泥的固体物质中。

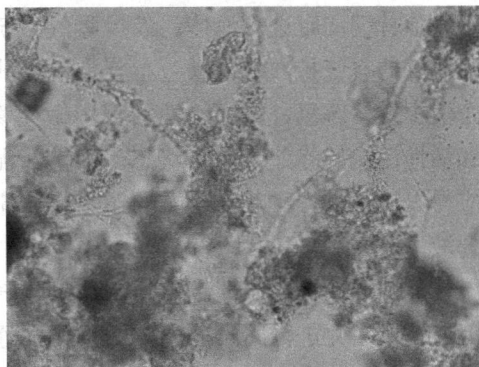

图 4-1　菌胶团

二、活性污泥的反应原理

1. 活性污泥产生过程

向生活污水中注入空气进行曝气，每天更换新鲜的污水，保持反应池中的沉淀物不随水流流出，经过一段时间的运行后，在反应池内的污水中形成了呈黄褐色的絮凝体。这种絮凝体主要由大量繁殖的微生物群体构成，其结构疏松、表面积大，对有机污染物有着较强的吸附凝聚和氧化分解能力，并易于沉淀分离，使得污水水质得以净化、澄清。这种絮凝体就被称为"活性污泥"，如图 4-2 所示。

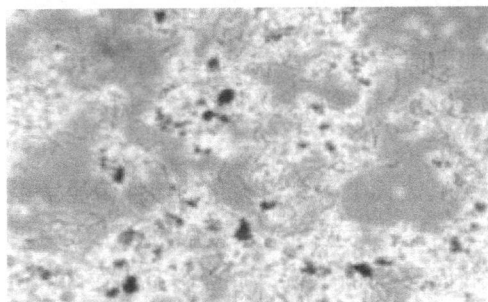

图 4-2　活性污泥絮凝体

2. 活性污泥法的基本流程

图 4-3 为活性污泥法基本流程。该系统以活性污泥反应器——曝气池为核心处理设施，由二沉池、污泥回流系统、鼓风曝气系统组成。

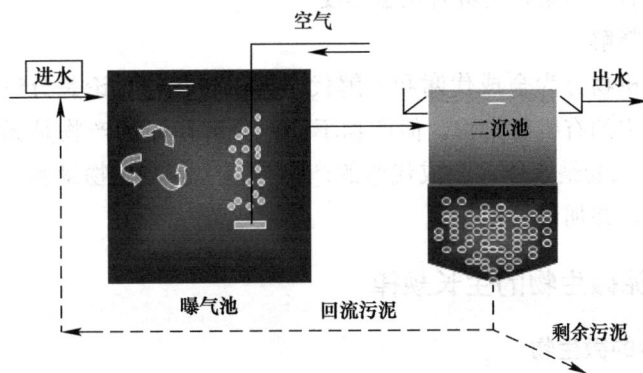

图 4-3　活性污泥法基本流程

污水经过预处理工段去除大部分的漂浮物和无机污染物后，进入活性污泥处理系统内。与此同时，从二沉池回流的活性污泥连续回流到曝气池，作为接种污泥，二者均在曝气池首端同时进入池体。鼓风曝气系统的鼓风机将压缩空气，通过管道和铺设在曝气池底部的空气扩散装置以微小气泡的形式进入污水与活性污泥的混合液中，向曝气池混合液提供溶解氧，保证活性污泥中微生物的正常代谢反应。另外，曝气能使池内的污水和活性污泥始终处于混合状态。活性污泥与污水充分混合接触，使得池内的生物化学反应得以正常进行。曝气池内的污水、回流污泥和空气相互混合形成的液体称为曝气池混合液。

经过活性污泥处理后的污水，以曝气池混合液的形式从曝气池的末端流出进入二次沉淀池，在此进行固液分离，活性污泥通过沉淀与污水分离，澄清后的污水作为处理水排放。二次沉淀池是活性污泥法处理污水的重要组成部分，它的主要作用是使曝气池混合液固液分离。在二沉池底部的污泥斗可以将活性污泥浓缩，经浓缩后的活性污泥一部分作为接种污泥回流到曝气池，其余部分则作为剩余污泥排出系统。剩余污泥与在曝气池内增长的污泥，在数量上保持平衡，使曝气池内污泥浓度保持相对恒定。

在曝气池内，活性污泥和污水进行生化反应，反应结果是污水中的有机污染物得到降解、去除，污水得到净化，同时，微生物得以繁殖增长，活性污泥量也在增加，活性污泥处理系统实质上是水体自净的人工强化过程。

3. 活性污泥净化反应过程

（1）初期吸附去除

在活性污泥系统中，污水与活性污泥在曝气池的前端开始充分混合接触，在较短的时间内（通常为5～10min），污水中呈悬浮和胶体状态的有机污染物即被大量去除。产生这种现象主要是由活性污泥具有很强的吸附性所致。

活性污泥的比表面积为2000～10000m^2/m^3，在其表面上聚集着大量的活性污泥微生物，这些微生物表面覆盖着一种多糖类的黏质层。当活性污泥与污水接触时，污水中呈悬浮和胶体状态的有机污染物即被活性污泥所吸附和凝聚而被去除。此吸附过程在30min内即可完成，污水中的BOD的去除率可达70%左右。吸附速度的快慢取决于微生物的活性和反应器内水力扩散程度，前者决定于活性污泥对有机污染物的吸附凝聚能力，后者决定于活性污泥与有机污染物的混合接触程度。

（2）微生物的降解

微生物降解有机物分为合成代谢和分解代谢两个过程，无论是分解代谢还是合成代谢，都能去除污水中的有机污染物，但产物不同。分解代谢的产物是无机小分子的CO_2和H_2O，可直接排入受纳水体；合成代谢的产物是新生的微生物细胞，应以剩余污泥的方式排出处理系统，并加以处置。

三、活性污泥微生物的生长规律

1. 活性污泥中的微生物

活性污泥微生物主要有细菌、真菌、原生动物和后生动物组成。其中细菌是降解有机物的主体，以异养型原核生物（细菌）为主，数量10^7～10^8个/mL，自养菌数量略低。这些细菌都具有较高的增殖速率，在环境适宜的条件下，其世代时间一般为20～30min，并且都有较强的分解有机物并将其转化为无机物的功能，图4-4为活性污泥法微生物细菌。

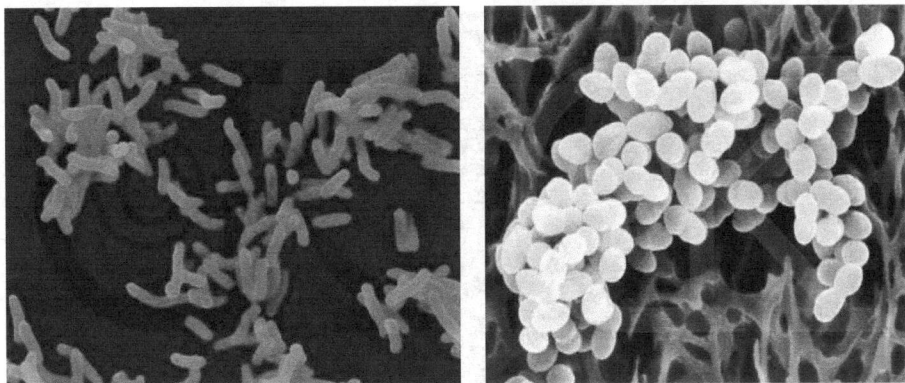

图 4-4　活性污泥法微生物细菌

真菌主要由细小的腐生或寄生菌组成，有分解碳水化合物、脂肪、蛋白质的功能，在正常的活性污泥系统中不占优势，当细菌在受到抑制的环境里，替代细菌而繁殖，但丝状菌大量增殖会引发污泥膨胀。

活性污泥中的原生动物有肉足类、鞭毛类和纤毛类。原生动物摄食对象是细菌，因此，原生动物能够起到进一步净化水质的作用，是表征处理水质是否良好的指示性生物。原生动物（例如钟虫、楯纤虫）的出现往往意味着活性污泥培养驯化的初步成形，如图 4-5 所示。

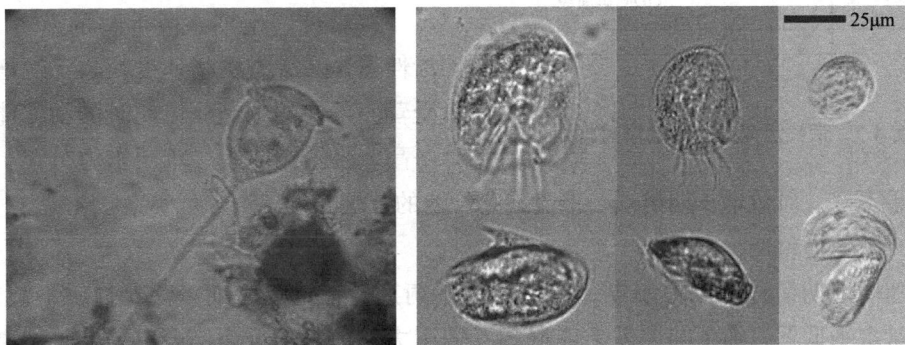

图 4-5　活性污泥系统中的原生动物

后生动物在活性污泥系统中不经常出现，一般出现在完全氧化型的活性污泥系统，轮虫和线虫是后生动物的代表。后生动物捕食菌胶团和原生动物，个数不多，后生动物的出现，标志着处理水质非常稳定，如图 4-6 所示。

2. 微生物的生长规律

活性污泥微生物的增殖曲线可分为四个阶段，即适应期、对数增殖期、减数增殖期和内源呼吸期，如图 4-7 所示。在温度适宜、溶解氧充足，而且不存在抑制物质的条件下，活性污泥微生物的增殖速率主要取决于有机物量（F）与微生物量（M）的比值（F/M）。

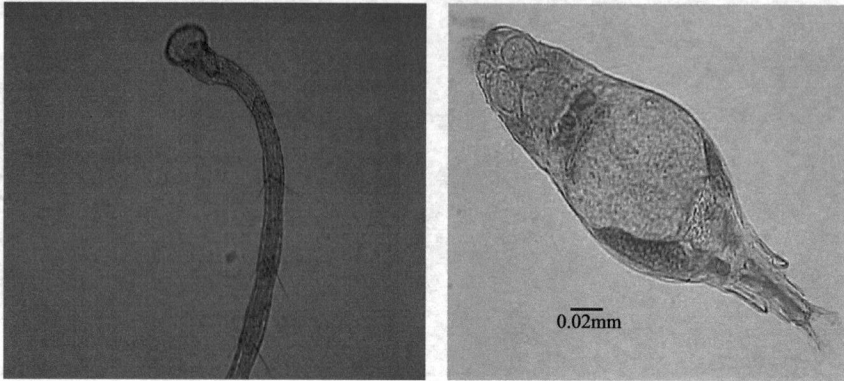

图 4-6　活性污泥系统中的后生动物

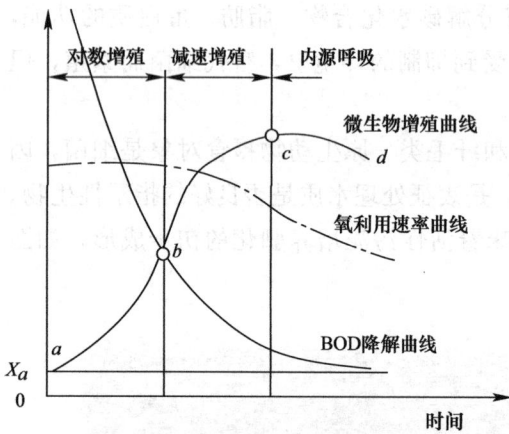

图 4-7　活性污泥微生物的增殖规律

（1）适应期

适应期，也称延迟期、调整期，是微生物培养的初始阶段。在此阶段微生物不繁殖，数量不增加，生长速度接近于零。这一过程一般出现在活性污泥培养和驯化阶段，能够适应污水水质的微生物就能生存下来，不能适应的微生物则被淘汰。

（2）对数增殖期

在对数增殖期，微生物的营养丰富，活性强，降解有机物速度快，污泥增长不受营养条件的限制，但此时的污泥能量水平高、凝聚性能差、难于重力分离，因而处理效果不好。对数增长期出现在推流式曝气池的首端。

（3）减速增殖期

减速增殖期又称减衰增殖期、稳定期和平衡期。在这一时期，营养物质不甚丰富，污泥能量水平低下，细菌间因缺乏克服相互间引力的能量而开始结合在一起，絮凝体开始形成，凝聚、吸附及沉淀的性能都有所提高，污水处理水质改善并行稳定。

（4）内源呼吸期

内源呼吸期又称衰亡期，F/M 比值随之降至很低的程度。污泥能量水平极低，活动能力极其低下，絮凝体形成速率提高，絮凝、吸附、沉降性能大为提高，游离细菌被栖息于污泥表面的原生动物所捕食，出水水质好，稳定度大为提高。

四、活性污泥法的工艺控制指标

1. 混合液悬浮固体浓度（Mixed liquor suspended solids，简写 MLSS）

MLSS 表示在曝气池单位容积混合液内所含有的活性污泥固体物的总重量，单位 mg/L。

2. 混合液挥发性悬浮固体浓度（Mixed liquor volatile suspended solids，简写 MLVSS）

MLVSS 表示在曝气池混合液活性污泥中有机性固体物质的浓度，单位 mg/L。

3. 污泥沉降比 (SV)

污泥沉降比是指混合液在量筒中静止沉淀 30min 后所形成沉淀污泥的容积占原混合液容积的百分率，以％表示，简写为 SV。

4. 污泥容积指数 (SVI)

污泥容积指数简称污泥指数，本项指标的物理意义是从曝气池出口处取出的混合液，经过 30min 静沉后，每克干污泥形成的沉淀污泥所占有的容积，以 mL 计，简写为 SVI。

对于生活污水和城市污水，SVI 值介于 70～100 为宜。当 SVI 值过低，说明泥粒细小，无机物质含量较高，活性差；当 SVI 值过高，说明污泥的沉降性能较差，可能产生污泥膨胀现象。活性污泥微生物群体处在内源呼吸期，其含能水平较低，其 SVI 值较低，沉淀性能好。

5. 污泥龄

在工程上称污泥龄，又称生物固体平均停留时间 (SRT)、是指在曝气池内，微生物从其生成到排出的平均停留时间，也就是曝气池内的微生物全部更新一次所需要的时间。从工程上来说，在稳定条件下，就是曝气池内活性污泥总量与每日排放的剩余污泥量之比。

为了使反应器内经常保持具有高度活性的活性污泥和保持恒定的生物量，每天都应从系统中排出相当于增长量的活性污泥量。

五、活性污泥法的影响因素

1. 溶解氧 (DO)

在曝气池中必须有足够的溶解氧，一般控制曝气池出口不低于 2mg/L。溶解氧过高，能加快有机物的降解速度，使微生物营养不良，活性污泥易老化，密度变小，结构松散。另外，溶解氧过高，电耗高，运行管理造价高，不经济。

2. 水温

好氧生物处理的污水温度维持在 15～25℃ 范围最佳。温度适宜，能促进微生物的生理活动；反之，破坏微生物的生理活动。温度过高或过低，均可能导致微生物生理形态和生理特性的改变，甚至导致微生物死亡。

3. pH 值

在生物处理系统中，pH 值的大幅度改变会影响生化系统的处理效率，pH 值的范围为 6.5～8.5 为最佳。

4. 营养物质平衡

污水中各种营养物质的量及比例影响着微生物的生长、繁殖，从而影响好氧生物处理系统的处理效果。生活污水一般不需再投加营养物质；而某些工业废水则需要，一般对于好氧生物处理工艺，应按 BOD：N：P＝100：5：1 投加 N 和 P。

5. 有毒物质

有毒物质是指对微生物生理活动具有抑制作用的某些物质。主要毒物有重金属离子（如锌、铜、镍、铅、镉、铬等）和一些非金属化合物（如酚、醛、氰化物、硫化物等）。若被处理污水中含有有毒物质，应逐渐增加在反应器内的有毒物质浓度，以便使微生物得到变异和驯化。

6. 有机物负荷

有机物负荷也称污泥负荷，通常有两种不同的表示方法：

（1）污泥负荷（N_S）：指单位重量活性污泥在单位时间内所能承受的有机物污染物量，单位是 $kgBOD_5/(kgMLSS \cdot d)$。污泥负荷实质是混合液中有机物与微生物（F/M）的比值。其中 F 为营养量、M 为微生物量。

（2）容积负荷（N_V）：指单位曝气池有效容积在单位时间内所承受的有机污染物量，单位是 $kgBOD_5/(m^3 \text{ 曝气池} \cdot d)$。

任务 4.2 认知曝气池及曝气装置

曝气池内的溶解氧由曝气设备提供。曝气的作用除了向混合液供给氧气外，还能使混合液中的活性污泥与污水充分接触，起到搅拌混合作用，使活性污泥在曝气池内处于悬浮状态，污水和活性污泥充分接触，为好氧微生物降解有机物创造了良好的条件。

目前采用的曝气方法有鼓风曝气、机械曝气和两者联合的鼓风-机械曝气。衡量空气扩散装置技术性能的主要指标有：

1. 动力效率（E_p）：是指消耗一度电所能转移到液体中的氧量（$kgO_2/kW \cdot h$）；
2. 氧的利用效率（E_A）：是指鼓风曝气时转移到液体中的氧占供给氧的百分数（%）；
3. 氧的转移效率（E_L）：是指机械曝气时单位时间内转移到液体中的氧量（kgO_2/h）。

一、鼓风曝气系统

鼓风曝气系统由加压设备（鼓风机）、管道阀门系统及空气扩散装置等部分组成。鼓风机将空气通过管道输送到安装在曝气池底部的空气扩散装置。鼓风机安装在专用的鼓风机房中，为了减少管道系统的长度，减少空气压力损失，一般鼓风机房设置在曝气池附近。空气管路系统是用来连接鼓风机和空气扩散装置的，由于扩散装置易堵塞，一般在空气管路上设置空气过滤器。阀门是调节空气量的设备，亦可为检修管路系统提供方便。

鼓风曝气系统的空气扩散装置分为：微气泡、中气泡、大气泡和水力剪切等类型。对于空气扩散装置要求构造简单，运行稳定，效率高，便于维护管理，不易堵塞，空气阻力小。

1. 微孔空气扩散装置

一般是用多孔材料（陶粒、粗瓷），通过胶粘剂粘合后，经高温烧结而成，其外形多为板状、方状和钟罩状。这类扩散装置产生的气泡小，使得气、液接触面大，氧利用率（E_A）较高，一般都可达 10% 以上，其缺点是气压损失较大，易堵塞，送入的空气应预先通过过滤处理。

（1）扩散板

一般尺寸是正方形，见图 4-8。每个板匣有独立的进气管，便于维护管理、清洗和更换。扩散板的氧利用率（E_A）在 7%～14% 之间，动力效率（E_p）为 1.8～2.5$kgO_2/(kW \cdot h)$。

(a)   *(b)*

图 4-8 扩散板空气扩散装置

（2）扩散管

一般采用的管径为 60～100mm，长度多为 500～600mm。常以组装形式安装，以 8～12 根管组成一个管组，如图 4-9 所示，便于安装、维修。其布置形式同扩散板。扩散管的氧利用率约介于 10%～13% 之间，动力效率约为 $2kgO_2/(kW \cdot h)$。

图 4-9 扩散管组装图

（3）钟罩型微孔空气扩散器

目前为止，我国生产的这种扩散装置有 HWB-3 型和 BGW-Q 型等，如图 4-10 所示。其平均孔径为 100～200μm；服务面积 0.3～0.75m^2/个；动力效率（E_p）为 4～6$kgO_2/(kW \cdot h)$；氧利用率 E_A 为 20%～25%，但这种扩散装置易堵塞，空气管路系统应设净化装置。

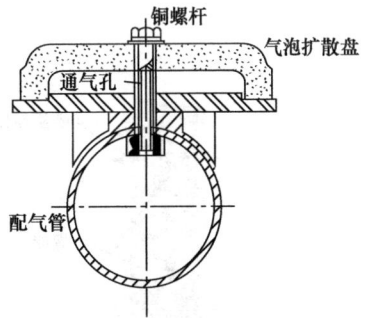

2. 中气泡空气扩散装置

（1）WM-180 型网状膜空气扩散装置

WM-180 型网状膜空气扩散装置属中气泡空气扩散

图 4-10 钟罩型微孔空气扩散器

装置，是由主体、螺盖、网状膜、分配器和密封圈所组成，如图 4-11 所示。该装置由底部进气，经分配器第一次切割并均匀分配到气室，然后通过网状膜进行二次分割，形成微小气泡扩散到混合液中。其特点是不易堵塞、布气均匀、构造简单，便于维护管理，氧的利用率较高；动力效率为 2.7～3.7$kgO_2/(kW \cdot h)$，服务面积为 0.5m^2，氧的利用

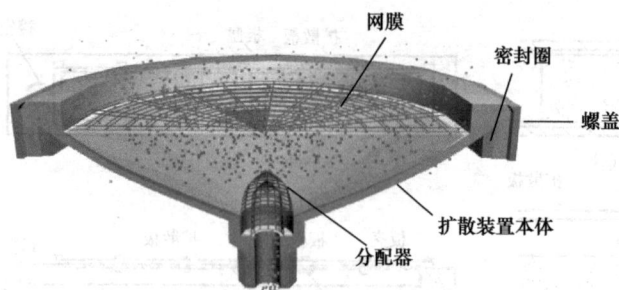

图 4-11　网状膜空气扩散装置

率为 $12\%\sim15\%$。

（2）穿孔管

穿孔管是穿有孔眼的钢管或塑料管。孔眼的直径一般采用 $3\sim5\text{mm}$，孔眼开于管的下侧与垂直面成 $45°$ 的夹角处，孔距为 $50\sim100\text{mm}$。这种扩散装置构造简单，不易堵塞，阻力小，但氧的利用率较低，只有 $4\%\sim6\%$ 左右，动力效率亦低，约 $1\text{kgO}_2/(\text{kW}\cdot\text{h})$。穿孔管扩散器多组装成栅格型，一般多用于浅层曝气池。

3. 水力剪切式空气扩散装置

利用装置本身的构造特性，产生水力剪切作用，在空气从装置吹出之前，将大气泡切割成小气泡。目前在我国，用于工程中的水力剪切式空气扩散装置有固定螺旋式和倒盆式。

（1）固定螺旋空气扩散装置

固定螺旋空气扩散装置由于其内部的螺旋叶片的数量不同，可分为固定单螺旋、固定双螺旋和固定三螺旋 3 种空气扩散装置，如图 4-12 及图 4-13 所示。

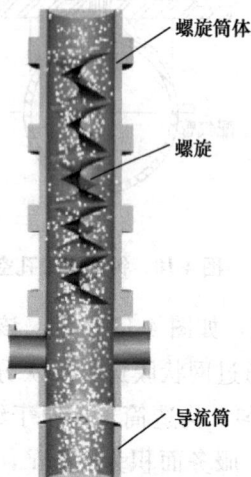

图 4-12　固定单螺旋空气扩散装置

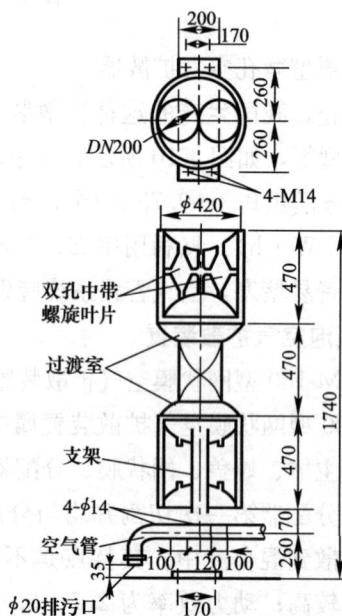

图 4-13　固定双螺旋空气扩散装置

其构造是由圆形外壳和固定在壳内的螺旋叶片组成，每个通道内均有 180°扭曲的固定螺旋叶片，相邻两节中的螺旋叶片旋转方向相反。空气从扩散装置底部进入，气泡经碰撞、径向混合、多次被切割，气泡直径不断变小，气液不断激烈掺混，接触面积不断增加，有利于氧的转移。

（2）倒盆式空气扩散装置

倒盆式空气扩散装置由盆形塑料壳体、橡胶板、塑料螺杆及压盖等组成。其构造如图 4-14 所示，空气由上部进气管进入，由盆形壳体和橡胶板间的缝隙向周边喷出，在水力剪切的作用下，空气泡被剪切成小气泡。停止供气，借助橡胶板的回弹力，使缝隙自行封口，防止混合液倒灌。

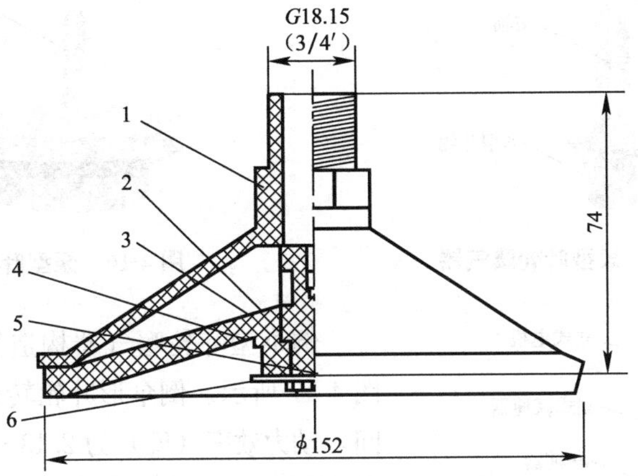

图 4-14 倒盆式空气扩散装置
1—倒盆式塑料壳体；2—橡胶板；3—密封圈；4—塑料螺杆；5—塑料螺母；6—不锈钢开口销

二、机械曝气系统

机械曝气可分为曝气叶轮、曝气转刷和盘式曝气器。机械曝气装置安装在曝气池的水面上下，在动力驱动下转动，通过以下三方面的作用使空气转移到污水中：①由于叶轮或转刷的转动作用，水面上的污水不断地以水幕状由曝气器周边抛向四周，形成水跃，液面呈剧烈的搅动状，使空气卷入；②曝气器转动，其后侧形成负压区，也能吸入部分空气；③机械曝气装置具有提升液体的作用，使混合液连续地上、下循环流动，气、液接触界面不断更新，不断地使空气中的氧向液体内转移。

按传动轴的安装方向，机械曝气器可分为竖轴（纵轴）式机械曝气装置和水平轴（横轴）式机械曝气装置两大类。

1. 叶轮曝气装置

叶轮曝气装置亦称叶轮曝气机。常用的有泵型、K 型、倒伞型和平板型四种。叶轮的充氧能力与叶轮的直径、线速度、池型和浸没深度有关。提高叶轮直径和线速度，充氧能力也将提高。

K 型叶轮曝气器由后轮盘、叶片、盖板及法兰所组成，如图 4-15 所示。最佳运行线速度在 4.0m/s 左右，浸没度为 0～1cm。叶轮直径与曝气池直径之比大致为 1：（6～10）。

泵型叶轮曝气器由叶片、上平板、上压罩、下压罩、导流锥顶以及进水口等部件组成，如图 4-16 所示。叶轮外缘最佳线速度应在 $4.5\sim5.0\text{m/s}$ 的范围内，如线速度小于 4m/s，在曝气池中有可能导致污泥沉积。对于叶轮的浸没度，应水大于 4cm，过深要影响充气量，而过浅易于引起脱水，运行不稳定，且叶轮不可反转。

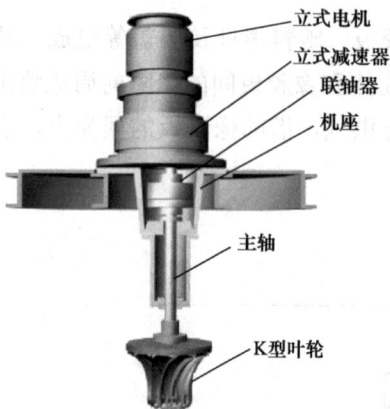

图 4-15　K 型叶轮曝气器

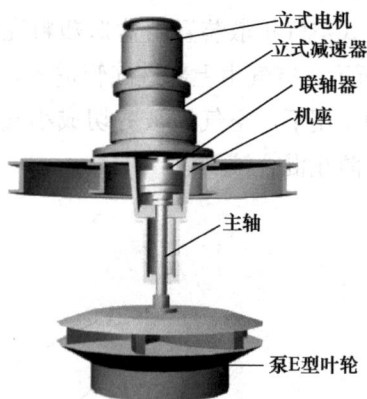

图 4-16　泵型叶轮曝气器

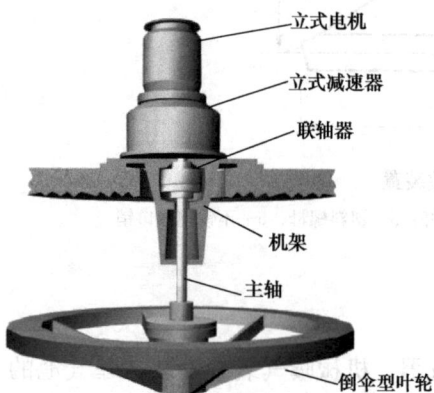

图 4-17　倒伞型曝气器

倒伞型叶轮曝气器构造简单，易于加工，如图 4-17 所示。倒伞形叶轮转速在 $30\sim60\text{r/min}$ 之间，动力效率（E_p）为 $2.13\sim2.44\text{kgO}_2/(\text{kW}\cdot\text{h})$。目前国内最大的倒伞形叶轮直径为 3m，转速为 33.5r/min，叶轮外缘线速度为 5.25m/s。

2. 水平轴式机械曝气装置

现在应用的水平轴式机械曝气器主要是转刷曝气器。转刷曝气主要用于氧化沟，它具有负荷调节方便、维护管理简单，动力效率高等优点。

曝气转刷由水平转轴和固定在轴上的叶片所组成，如图 4-18 所示，一般转速常在 $20\sim120\text{r/min}$ 左右，动力效率（E_p）在 $1.7\sim2.4\text{kgO}_2/(\text{kW}\cdot\text{h})$ 之间。

3. 盘式曝气器

盘式曝气器简称曝气转盘或曝气碟，转盘一般是由轻质高强、耐腐蚀的玻璃钢压制成型，转盘表面有梯形的凸块、圆形的凹坑，借此来增大带入混合液中的空气量，增强切割气泡，推动混合液的能力。曝气器由曝气转盘、水平轴及两端的轴承、电动机及减速器构成，如图 4-19 所示。

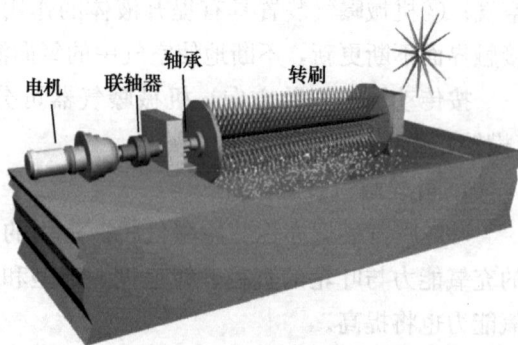

图 4-18　转刷曝气机

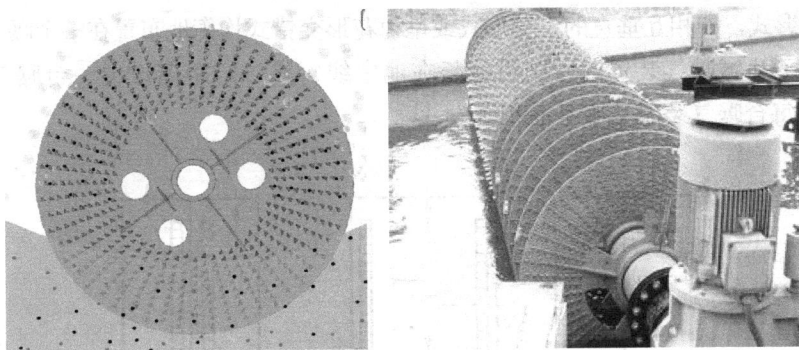

图 4-19   曝气转盘

三、曝气设备的运行管理

1. 鼓风曝气设备

(1) 安装或检修完成之后，运行前在曝气池内放入清水，水面距离设备 300～500mm，通气检查设备调度是否在同一水平面上，检查管道及接口是否漏气，气泡是否均匀，根据检查情况进行调整。

(2) 微气泡曝气装置的扩散板、扩散管内易堵塞，因此鼓风机送入的空气必须经过过滤，滤料可以采用玻璃纤维、尼龙纤维、无纺布等，保证空气洁净。

(3) 曝气池停止运行时，为防止堵塞，可用正常气量的 1/6～1/4 维持曝气。

2. 机械曝气设备

(1) 启动前检查减速箱油位应在油标的 1/2 以上；检查各部分螺栓和连接件是否坚固；表面曝气机需检查液位高度是否符合设备要求的浸没深度。

(2) 运转过程中应经常检查曝气机的轴承处有无温升过高或异常振动、漏油和连接螺栓松动等异常现象。

四、曝气池的构造

曝气池是活性污泥法的反应器，也是活性污泥处理系统的核心设备，活性污泥系统的净化效果，在很大程度上取决于曝气池的功能是否能够正常发挥。

（一）推流式曝气池

推流式曝气池的平面尺寸通常为长方形，混合液的流型为推流式。所谓推流是指污水（混合液）从池的一端流入，在后继水流的推动下，沿池长流动，经过一定的时间和流程从池的另一端流出。

1. 曝气系统与空气扩散装置

推流式曝气池，通常采用鼓风曝气，但也可以考虑采用表面机械曝气装置。

采用鼓风曝气时，传统做法是将空气扩散装置安装在曝气池廊道底部的一侧，池中的水除沿池长方向流动外，还有侧向旋流，为此廊道的宽深比要在 2 以下，多介于 1.0～1.5 之间。如果曝气池的宽度较大，则应考虑将空气扩散装置安设在廊道的两侧（如图 4-20（b），也可按一定形式，如相互垂直的正交形式或呈梅花形交错式均衡地布置在整个曝气池底。

采用表面机械曝气装置时，则沿池长在池中线每隔一定距离设置一台曝气装置，其间距取决于每台曝气装置的服务面积。

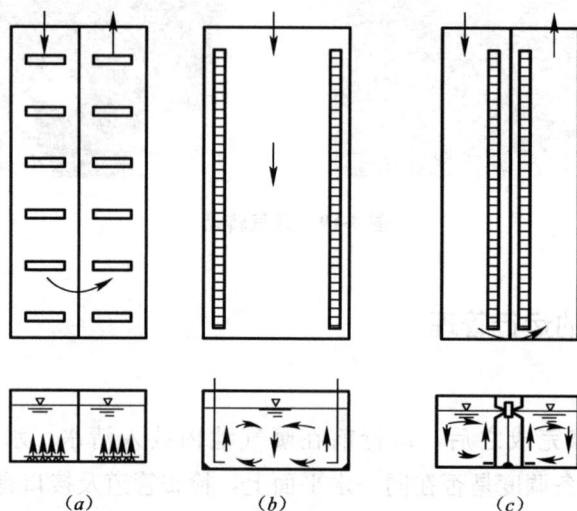

图 4-20　鼓风曝气池扩散设备布置形式

2. 曝气池的数目及廊道的排列与组合

推流式曝气池的结构一般为钢筋混凝土浇筑而成，与二次沉淀池分建。

图 4-21　曝气池廊道组合方式

曝气池的数目随污水处理厂的规模而定，一般在结构上分若干单元，每个单元包括一座或几座曝气池。由于曝气池长度较大，可达 100m，因此，当污水处理厂的场地受限时，曝气池可以拆成多组廊道，每座曝气池常由 1 个廊道或 2~5 个廊道组成，如图 4-21 所示。当廊道数为单数时，入口和出口分设在池的两端；用双数廊道时，入口和出口则设在池的同一端。

如果在曝气池的进水与出水两侧，增设污水配水渠道，并用中间渠道连通，则可以采用多种运行方式，进出口的设置灵活多样。

3. 曝气池廊道的长度、宽度和深度

曝气池廊道的长度，主要根据污水处理厂所在地的地形条件与总体布置而定。在水流运动方面则应考虑不产生短流，就此，长度可达 100m，但以 50~70m 为宜。廊道长度（L）与宽度（B）之比应大于 10，池宽常在 4~6m，当空气扩散装置安设在廊道底部的一侧时，池宽度（B）与池深度（H）之比应介于 1~2 之间。一般选择池深在 3.0~5.0m 之间。

4. 曝气池的顶部与底部

在曝气池水面以上，应在墙面上考虑 0.5m 的超高。在池顶部隔墙上可考虑建成渠道状，此渠道可作为配水渠道使用，也可充作空气干管的管沟，渠道上安设盖板，作为人行道。

在池底部应考虑排空措施，按纵向留 0.2% 左右的坡度，并设直径为 80～100mm 的放空管。此外，考虑到活性污泥培养、驯化时周期排放上清液的要求，根据具体情况在不同高度设置排水管，管径也是 80～100mm。

5. 曝气池的进水、进泥及出水设备

推流式曝气池的进水口与进泥口均设于水下，宜采用淹没入流方式，以免形成短路，并设闸门，以调节流量。出水一般采用溢流堰或出水孔的方式。通过出水孔的水流流速要小些（介于 0.1～0.2m/s 之间），以免污泥受到破坏。

(二) 完全混合曝气池

完全混合式曝气池多采用表面机械曝气装置。曝气叶轮安置在池表面中央。曝气池形状多为圆形，偶见多边形和方形。这种曝气池，污水和回流污泥一进入池中，即与池内原有混合液充分混合，参加池中混合液的大循环，故称之为完全混合曝气池。

完全混合式曝气池与二次沉淀池有合建式与分建式两种。合建式又称为曝气沉淀池。图 4-22 所示为一种采用表面曝气叶轮的圆形曝气沉淀池，它由曝气区、导流区、沉淀区、回流区 4 部分组成。这种合建式的曝气沉淀池，布置紧凑，流程短，有利于新鲜污泥及时回流，并省去一套污泥回流设备，但由于曝气和沉淀两部分合建在一起，池体构造复杂，需要较高的运行管理水平。

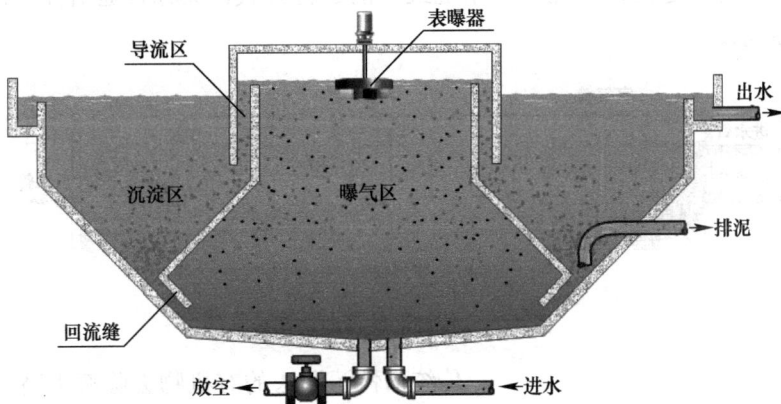

图 4-22　曝气沉淀池示意图

图 4-23 是另一种合建式完全混合曝气沉淀池，它的平面形状为方形，曝气区和沉淀区分两侧设置，两区之间设导流区。为达到完全混合的目的，污水和活性污泥沿曝气池长度均匀进入，并均匀排出混合液。

完全混合式曝气沉淀池具有结构紧凑、流程短、占地少等优点，广泛应用于工业废水和生活污水处理。

虽然曝气沉淀池有上述优点，但其沉淀区在构造上有局限性，沉淀池泥水分离，污泥浓缩等问题有待解决。因此，在工程实际中，完全混合式曝气池的曝气区与沉淀区分建，分建式完全混合曝气池如图 4-24 所示，采用表面曝气设备。

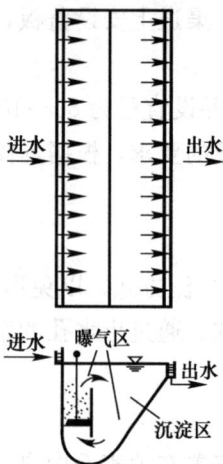

图 4-23 曝气沉淀池

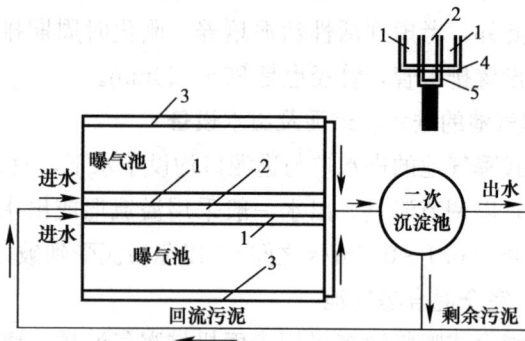

图 4-24 分建式完全混合曝气池

1—进水槽；2—进泥槽；3—出水；4—进水孔口；5—进水泥口

任务 4.3 活性污泥法的运行方式

一、传统活性污泥法

传统活性污泥法是活性污泥处理系统最早的运行方式，又称普通活性污泥法。其流程见图 4-25 所示。

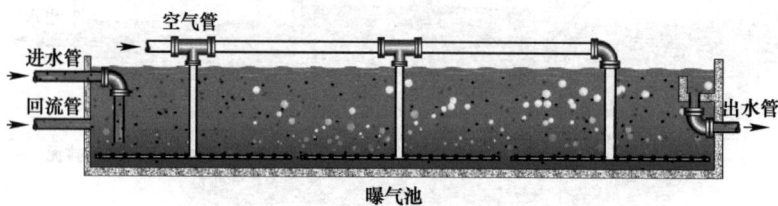

图 4-25 传统活性污泥法系统

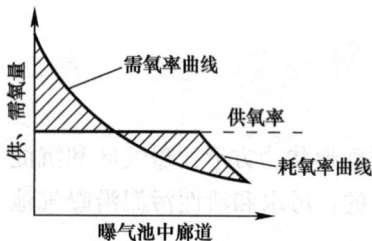

图 4-26 传统曝气中供氧速率
与需氧量曲线

传统活性污泥法的有机物去除率很高，可达 90%以上，但也存在下列问题：

（1）由于供氧往往是均匀的，所以在池内出现首端氧不足、末端氧过剩现象，如图 4-26 所示。

（2）曝气池首端耗氧速度高，为避免出现缺氧或厌氧状态，进水有机物不宜过高，即 BOD 负荷率较低，因此曝气池容积大，占用土地较多，基地费用高。

（3）有毒有害物质浓度不宜过高，不能抗冲击负荷。

二、阶段曝气法

阶段曝气法亦称分段进水活性污泥法、多段进水活性污泥法，如图 4-27 所示。阶段曝气法是为了克服传统活性污泥法的供氧不合理、体积负荷率低等缺点，而改进的一种运行方式。污水沿曝气池长度分散、均匀地进入曝气池内，由于分段多点进水，使有机物负荷分布较均匀，从而均化了需氧量，避免了前段供氧不足、后端供氧过剩的问题。同时，混合液中的活性污泥浓度沿池长逐渐降低，在池末端流出的混合液的浓度较低，减轻二次沉淀池的负荷，有利于二沉池固液分离。

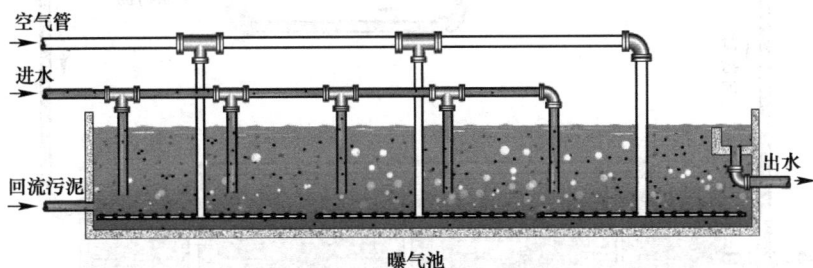

图 4-27 阶段曝气法工艺流程

三、渐减曝气活性污泥法

在推流式的传统曝气池中，混合液的需氧量在长度方向是逐步下降的。实际情况是：前半段氧远远不够，后半段供氧量超过需要。渐减曝气的目的就是合理地布置扩散器，使布气沿程变化，而总的空气量不变，这样可以提高处理效率。如图 4-28 所示。

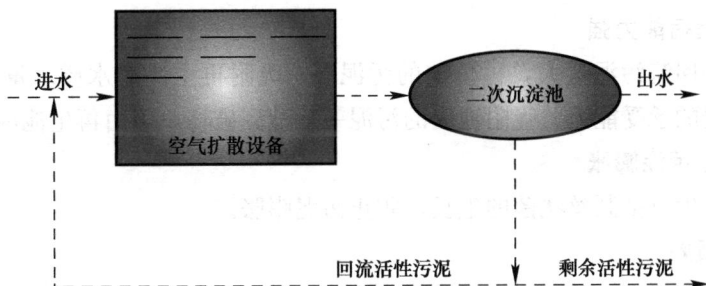

图 4-28 渐减曝气法工艺流程

四、吸附再生活性污泥法

吸附再生活性污泥法又称接触稳定法，如图 4-29 所示。此方法也是传统活性污泥法的一种改良形式，它最早出现在 20 世纪 40 年代的美国。这种运行方式的主要特点是将活性污泥对有机污染物的降解分为两个过程，即吸附与代谢过程。

吸附再生法具有如下特点。

1. 适于处理固体和胶体物质

吸附再生法主要利用活性污泥的吸附作用去除污染物，对固体和胶体物质的去除效果好，对溶解性有机物的去除效果差。

2. 池容小

由于在吸附池内污水与活性污泥的接触时间较短（30～60min），因此，吸附池的容

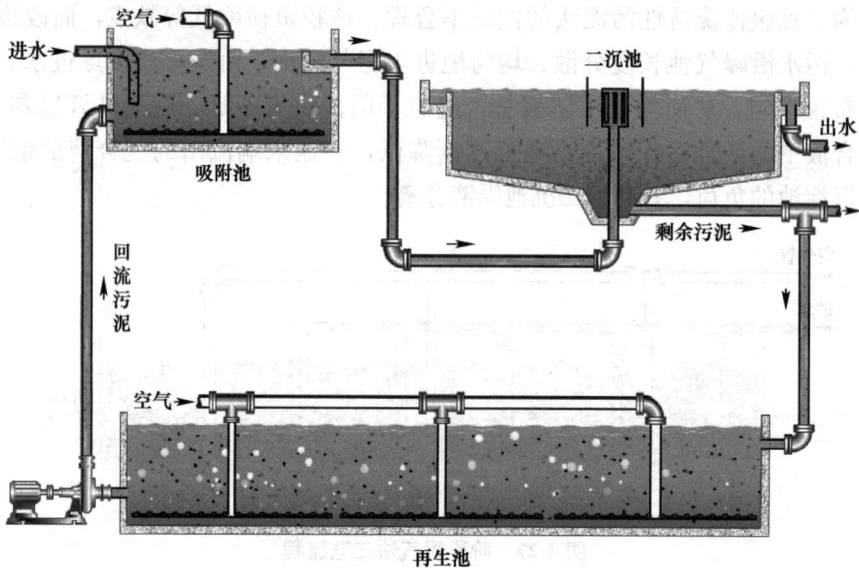

图 4-29　吸附再生活性污泥法工艺流程

积较小；再生池只接纳回流污泥，因此，再生池的容积也较小。二者容积之和，仍低于传统活性污泥法的曝气池容积。所以吸附再生法节省了生物反应器的基建投资。

3. 能耗低

剩余污泥的排放，带走一部分有机物，使需要稳定的有机物减少，动力能耗降低。

4. 耐冲击负荷能力强

吸附再生法回流污泥量大，再生池的污泥多，吸附再生法对水质水量变化较大的冲击负荷具有一定的承受能力。吸附池内的污泥一旦遭到破坏，可由再生池内的污泥补救。

5. 不易发生污泥膨胀

污泥曝气再生可抵制丝状菌的生长，防止污泥膨胀。

6. 出水水质差

污水曝气时间很短，不能有效地去除溶解性有机物，所以处理效果不如传统法，尤其是含溶解性有机物较多的污水，处理效果更差。

五、延时曝气法

延时曝气法又称完全氧化活性污泥法，最早出现在 20 世纪 50 年代。

延时曝气池的主要特征是：污泥负荷率很低，曝气时间长，一般多在 24h 以上，其微生物长时间处于内源呼吸期阶段，剩余污泥量少且稳定，不需要进行厌氧消化过程。因此，它是污水处理和污泥好氧处理的综合处理设备。

六、完全混合活性污泥法

完全混合法的主要特征是应用完全混合式曝气池，它与传统活性污泥法主要区别在于混合液的流型及曝气方法上。污水与回流污泥进入曝气池后，立即与池内混合液充分混合，可以认为池内混合液是已经处理而未经泥水分离的出水。完全混合曝气池可分为合建式和分建式。合建式曝气池一般采用圆形，分建式曝气池一般为矩形。

该工艺具有如下特点：

1. 适应冲击负荷的能力强

进入曝气池的污水很快被池内已存在的混合液所稀释均化，污水在水质、水量方面的变化，对活性污泥产生的影响降到最低程度，正因为如此，这种工艺对冲击负荷有较强的适应能力，适用于处理工业废水，特别是高浓度的有机工业废水。

2. 处理环境均衡

污水在曝气池内分布均匀，各部位的水质相同，污泥负荷相等，微生物群体的组成和数量几乎一致，各部位的污染物降解工况相同，因此，在处理效果相同的条件下，其负荷率高于推流式曝气池。

3. 动力消耗低

曝气池内混合液的需氧速度均衡，动力消耗低于推流式曝气池。

4. 存在的主要问题

①微生物对有机物的降解动力低下，活性污泥易发生污泥膨胀。②在一般情况下，完全混合式曝气池的出水水质低于推流式曝气池。③曝气池形状、曝气方法受到限制。

七、深井曝气活性污泥法

深井曝气活性污泥法也称超水深曝气活性污泥法。本工艺是英国化学工业有限公司于 20 世纪 70 年代开发的一种活性污泥法，首建于英国的皮林翰姆市，效益显著，该工艺适于用处理高浓度有机废水。

如图 4-30 所示，深井曝气池直径介于 1～6m 之间，深度可达 40～150m，深井被分

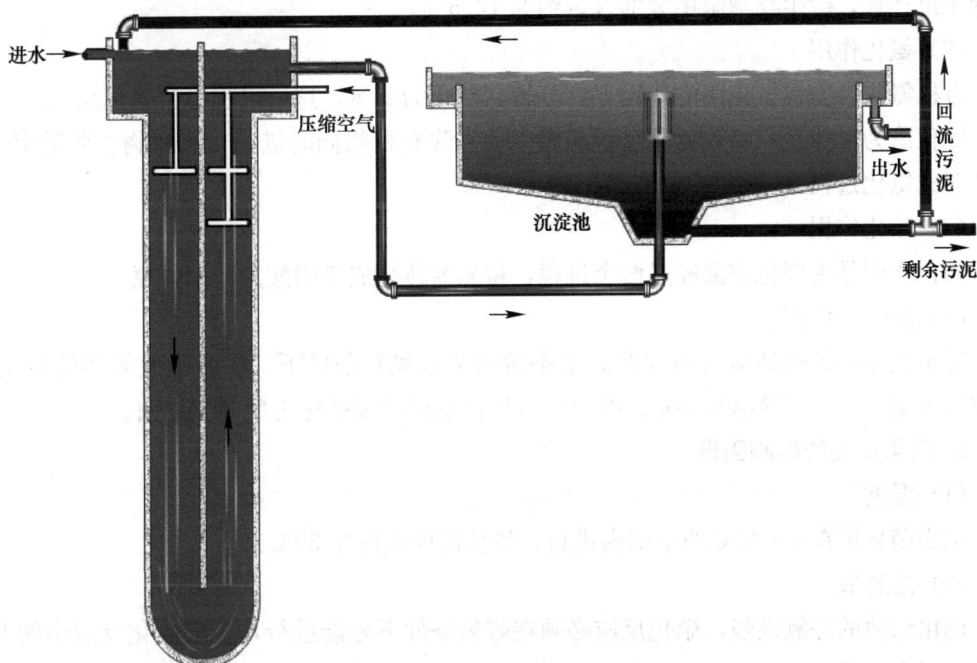

图 4-30　深井曝气活性污泥法

隔为下降管和上升管两部分。混合液沿下降管和上升管反复循环流动，使得有机污染物被降解，污水得到处理。

任务 4.4　生物脱氮除磷工艺

普通活性污泥法主要是以去除污水中可降解的有机物和悬浮物为目的，氮、磷的去除量仅是微生物细胞合成过程中从污水中所摄取的量，因此去除率低，氮为 20%～40%，磷仅为 5%～20%。随着对水体环境质量要求的提高，对污水处理厂出水的氮、磷有越来越严格的控制要求。污水中氮、磷的处理方法有物化法和生物法两种。其中生物脱氮除磷的效率高、成本低，是城市污水处理的首选方法。

一、生物脱氮原理

在自然界中，氮以有机氮和无机氮两种形态存在。前者有蛋白质、多肽、氨基酸和尿素等，主要来源于生活污水、农业废弃物和某些工业废水。无机氮包括氨氮（NH_4^+-N）、亚硝酸氮（NO_2^--N）和硝酸氮（NO_3^--N），这三者又称之为氮化合物。无机氮一部分是由有机氮经微生物的分解转化后形成的，还有一部分来自施用氮肥的农田排水和地表径流，以及某些工业废水。有机氮和无机氮统称为总氮（TN）。

1. 生物脱氮原理

污水生物处理中氮的转化包括同化、氨化、硝化和反硝化作用。

（1）同化作用

污水生物处理过程中，一部分氮（氨氮或有机氮）被同化成微生物细胞的组分。按细胞干重计算，微生物细胞中氮的含量约为 12.5%。

（2）氨化作用

有机氮化合物在氨化菌的作用下，分解、转化为氨氮，这一过程称为氨化反应。

氨化菌为异养菌，一般氨化过程与微生物去除有机物同时进行，有机物去除结束时，已经完成氨化过程。

（3）硝化作用

硝化作用是由硝化细菌经过两个过程，将氨氮转化成亚硝酸氮和硝酸氮。

（4）反硝化作用

反硝化作用是在缺氧（不存在分子态游离溶解氧）条件下，将亚硝酸氮和硝酸氮还原成气态氮（N_2）或 N_2O、NO。参与这一生化反应的细菌称为反硝化细菌。

2. 硝化反应的影响因素

（1）温度

生物硝化可在 4～45℃ 的范围内进行，最佳温度大约是 30℃。

（2）溶解氧

硝化细菌的好氧性强，硝化反应必须在好氧条件下才能进行，一般硝化反应中的 DO 浓度大于 2mg/L。

（3）碱度和 pH

硝化细菌对 pH 非常敏感，亚硝酸细菌和硝酸细菌分别在 $7.7\sim8.1$ 和 $7.0\sim7.8$ 时活性最强，超出这个范围，其活性就会急剧下降。

（4）C/N 比

污水中的碳源来自于有机污染物，由于其浓度较高，处理系统只能在较低的 BOD 负荷下（$0.15kgBOD_5/kg\ MLSS\cdot d$），硝化反应才能正常进行。

（5）有毒物质

某些重金属、络合离子和有毒有机物对硝化细菌有毒害作用。

3. 反硝化反应的影响因素

（1）碳源：反硝化反应需要碳源，当废水中 $BOD_5/TN>3\sim5$ 时，认为碳源充足，无需另加碳源；当废水中 $BOD_5/TN<3\sim5$ 时，需另加碳源，一般加甲醇。

（2）pH 值：反硝化反应适宜的 pH 值为 $6.5\sim7.5$。

（3）温度：最适宜温度是 $20\sim40℃$，低于 15℃反硝化反应速率降低。

（4）溶解氧：反硝化菌是兼性菌，反硝化过程在无氧条件下，利用 NO_3^- 或 NO_2^- 中的氧进行呼吸，另外，反硝化菌体内某些酶系统合成又需要氧分子，所以反硝化反应在缺氧状态下进行，溶解氧不能大，又不能为零，$DO<0.5mg/L$。

二、生物脱氮工艺

生物脱氮工艺中，由于硝化和反硝化过程微生物对氧的需求不同，可以将处理构筑物分成好氧处理构筑物和缺氧处理构筑物。

1. 传统活性污泥法脱氮工艺

传统活性污泥法脱氮是指污水连续经过三套生物处理装置，依次完成碳氧化、硝化、反硝化三个过程，分别在第一级的曝气池、第二级的硝化池、第三级的反硝化反应器内完成。其中每套系统都有各自的反应池、二沉池和污泥回流系统，如图 4-31 所示。

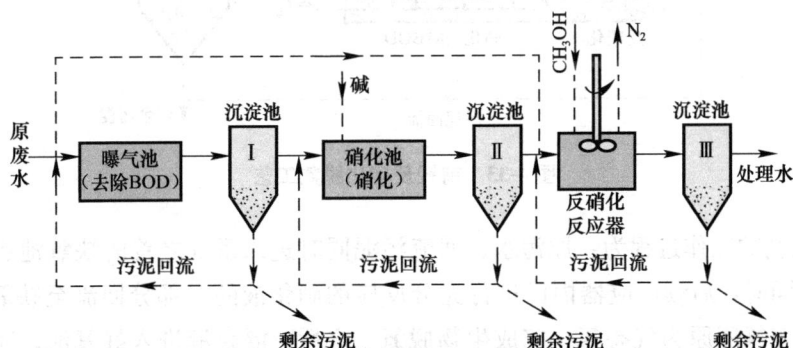

图 4-31　三级生物脱氮工艺流程

该工艺的优点是好氧菌、硝化菌和反硝化菌分别生长在不同的构筑物中，反应速度较快；并且不同性质的污泥分别在不同的沉淀池中沉淀分离和回流，故运行管理较为方便，易于掌握，灵活性和适应性较大，运行效果较好。但是该工艺处理构筑物较多，设备较多，管理复杂，目前已经很少应用了。

2. 二级生物脱氮系统

二级生物脱氮系统是在第一级中同时完成碳氧化和硝化等过程，经沉淀后在第二级中进行反硝化脱氮，然后混合液进入最终沉淀池，进行泥水分离。它具有与传统活性污泥法生物脱氮系统类似的优点，但是减少了一个中间沉淀池，如图4-32所示。

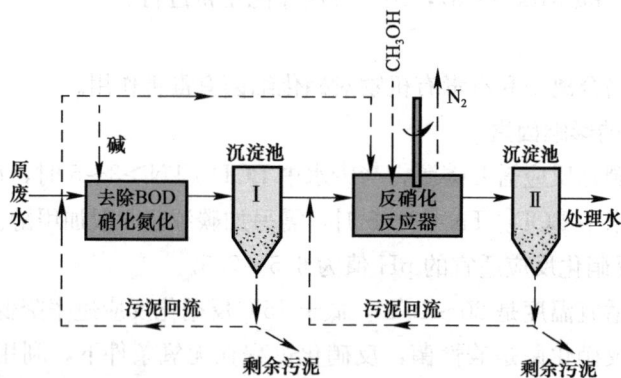

图4-32　二级生物脱氮工艺

3. 前置反硝化脱氮（A/O）工艺

以上系统都是遵循污水碳氧化、硝化、反硝化顺序进行的。这三种系统都需要在硝化阶段投加碱，在反硝化阶段投加有机物。为了解决这个问题，在20世纪80年代后期产生了前置反硝化工艺，即将反硝化反应器放置在系统之首，如图4-33所示。

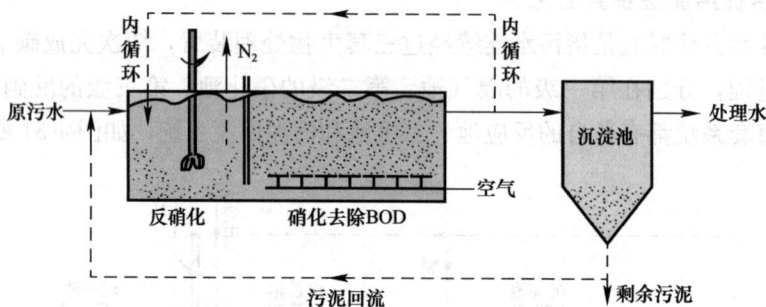

图4-33　前置反硝化脱氮工艺

A/O工艺的工作过程为：原污水、回流污泥同时进入系统之首的缺氧池进行反硝化反应，与此同时，后续反应器内已进行充分反应的硝化液的一部分回流至缺氧池，在缺氧池内将硝态氮还原为气态氮，完成生物脱氮。之后，混合液进入好氧池，完成有机物氧化、氨化、硝化反应。

由于原污水直接进入缺氧池，为缺氧池的硝态氮反硝化提供了足够的碳源有机物，不需外加。缺氧池在好氧池之前，由于反硝化消耗了一部分碳源有机物，有利于减轻好氧池的有机负荷，减少好氧池的需氧量。

反硝化反应所产生的碱度可以补偿硝化反应消耗的部分碱度，因此，一般情况下可不必另行投碱以调节 pH 值。

该流程简单，省去了中间沉淀池，构筑物少，节省基建费用，同时运行费用低，电耗低，占地面积小。

三、生物除磷原理

目前生物除磷的机理还没有彻底研究清楚，一般认为，生物除磷过程中，在好氧条件下细菌吸收大量的磷酸盐，磷酸盐作为能量的贮备；在厌氧状态下用于吸收有机底物并释放磷。这是一个循环的过程，细菌交替释放和吸收磷酸盐。厌氧条件下的大量放磷是好氧条件下过量摄取磷的前提，也是整个除磷过程的关键。

四、生物除磷工艺——弗斯特利普（Phostrip）除磷工艺

该工艺于 1972 年开发，是将生物除磷和化学除磷相结合的一种工艺，其流程如图 4-34 所示。将含磷污水和由除磷池回流的脱磷但含有聚磷菌的污泥同步进入曝气池。在好氧条件下，聚磷菌过量摄取磷，有机物得到降解，同时还可能出现硝化反应。之后，从曝气池流出的混合液进入沉淀池，在这里进行泥水分离，含磷污泥沉淀至池底，已除磷的上清液作为处理水而排放，及时排放剩余污泥。

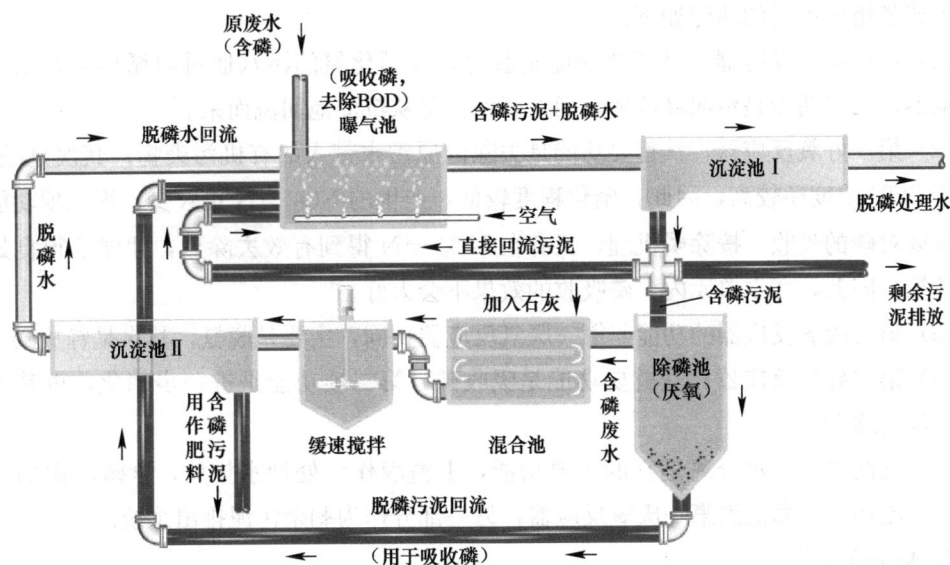

图 4-34 Phostrip 除磷工艺

回流污泥的一部分（约为进水流量的 10%～20%）从旁流入一个除磷池，除磷池处于厌氧状态，含磷污泥（聚磷菌）在这里释放磷。投加冲洗水，使磷充分释放，已释放磷的污泥沉于池底，然后回流至曝气池。含磷上清液从上部流出进入混合池。

含磷上清液进入混合池，同步向混合池投加石灰乳，经混合后再进行搅拌反应，磷与石灰反应，使溶解性磷转化为不溶性的磷酸钙（$Ca_3(PO_4)_2$）固体物质。沉淀池（Ⅱ）为混凝沉淀池，经过混凝反应形成的磷酸钙固体物质在这里与上清液分离，已除磷的上

清液回流曝气池，而含有大量 $Ca_3(PO_4)_2$ 的污泥排出。

五、同步生物脱氮除磷工艺

1. 巴颠普（Bardenpho）法

巴颠普（Bardenpho）工艺是以高效率同步脱氮、除磷为目的而开发的一项技术，其工艺流程如图 4-35 所示。

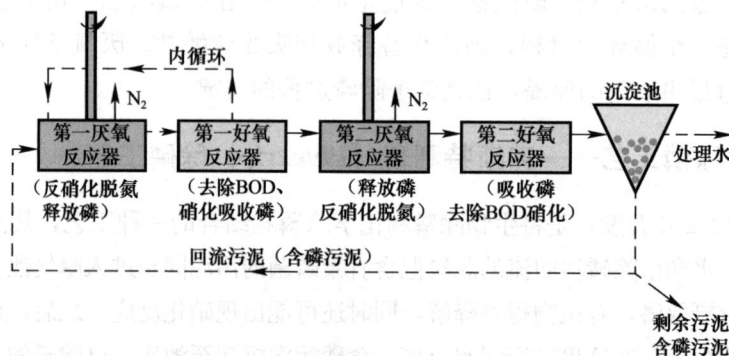

图 4-35 巴颠普（Bardenpho）工艺

工艺各组成单元的功能如下：

（1）第一厌氧反应器，其首要功能是脱氮，含硝化氮的污水通过内循环来自第一好氧反应器，第二功能是污泥释放磷，而含磷污泥是从沉淀池回流而来。

（2）第一好氧反应器，其首要功能是去除由原污水带入的有机污染物；其次是硝化，但由于 BOD 浓度还较高，因此，硝化程度较低，产生的 $NO_3^- - N$ 也较少；第三项功能则是聚磷菌对磷的吸收。按除磷机理，只有在 $NO_x^- - N$ 得到有效去除后，才能取得良好的除磷效果，因此，在本单元内，磷吸收的效果不会太好。

（3）第二厌氧反应器的功能与第一厌氧反应器相同，主要是脱氮，其次是释放磷。

（4）第二好氧反应器，其首要功能是吸收磷，第二项功能是进一步硝化，再其次则是进一步去除 BOD。

（5）沉淀池，泥水分离是它的主要功能，上清液作为处理水排放，含磷污泥的一部分作为回流污泥，回流到第一厌氧反应器，另一部分作为剩余污泥排出系统。

2. A-A-O 工艺

A-A-O 又称 A^2/O，即厌氧/缺氧/好氧工艺。此污水处理系统能够使污水经过厌氧区、缺氧区、好氧区三个生物处理阶段，达到同步去除 BOD、氮和磷的目的，如图 4-36 所示。

新鲜污水、二沉池回流的活性污泥同步进入厌氧区，该区域不设置曝气装置，此处的溶解氧浓度低于 0.2mg/L（厌氧环境），聚磷菌在厌氧环境下释放磷，同时降解一部分有机污染物，并将部分含氮化合物进行氨化。

污水经过厌氧区以后进入缺氧区，此处的溶解氧浓度低于 0.5mg/L（缺氧环境），缺氧区的首要功能是进行脱氮，硝态氮通过混合液由好氧区内循环而来，通常内循环量为

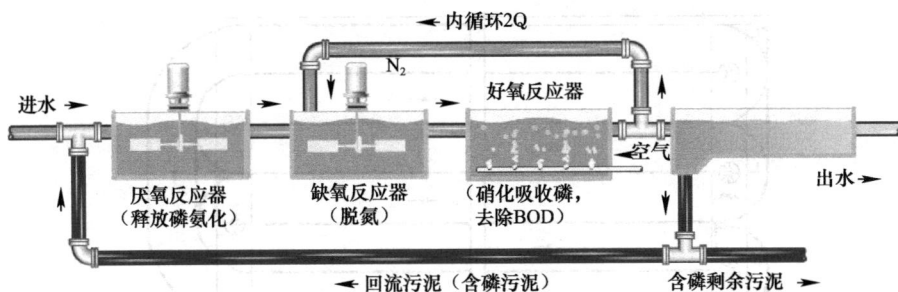

图 4-36　A² /O 生物同步脱氮除磷

原污水流量的 2～4 倍，部分有机物在反硝化菌的作用下利用硝酸盐作为电子受体而得到降解去除。

混合液从缺氧区进入好氧区，此处的溶解氧浓度高于 0.5mg/L（好氧环境），在好氧区除进一步降解有机物外，主要进行氨氮的硝化和磷的吸收，混合液中硝态氮回流至缺氧区。

最后，混合液进入沉淀池，进行泥水分离，上清液作为处理水排放，沉淀污泥的一部分回流至厌氧池，另一部分作为剩余污泥排放。

本工艺系统可以称为最简单的同步脱氮除磷工艺，总的水力停留时间少于其他同类工艺。而且在厌氧（缺氧）、好氧交替运行条件下，不易发生污泥膨胀。运行中无需投药，厌氧池和缺氧池只需轻缓搅拌，且具有运行费用低等优点。

任务 4.5　活性污泥法新工艺

一、氧化沟工艺

氧化沟是活性污泥法工艺的一种，它属于延时曝气的一种特殊形式。氧化沟具有水力停留时间较长、污泥负荷较低、耐冲击负荷性强、污泥产量较少的特点。氧化沟一般呈封闭的环状沟渠形，池体狭长，池深较浅。通过曝气装置的转动，使混合液在池内循环流动，完成了曝气和搅拌作用。氧化沟水力停留时间较长，一般为 10～40h。

氧化沟工艺流程较简单，运行管理方便。整个流程的处理构筑物少，有时可以考虑不设初次沉淀池，二次沉淀池也可不单设，使氧化沟与二次沉淀池合建，可省去污泥回流装置。

1. Carrousel 氧化沟

Carrousel 氧化沟是 1968 年由荷兰 DHV 技术咨询公司开发研制的，如图 4-37 所示。Carrousel 氧化沟是一个多沟串联系统，它使用定向控制的曝气和搅动装置向进水与活性污泥混合液传递水平速度，从而使被搅动的混合液在氧化沟闭合渠道内循环流动。表曝机与分隔墙的布局使表曝机将混合液从上游推进到下游，靠近曝气器下游的富氧区和上游以及外环的缺氧区的形成，使沟内存在明显的溶解氧浓度梯度。这样有利于生物凝聚，使活性污泥易于沉淀。

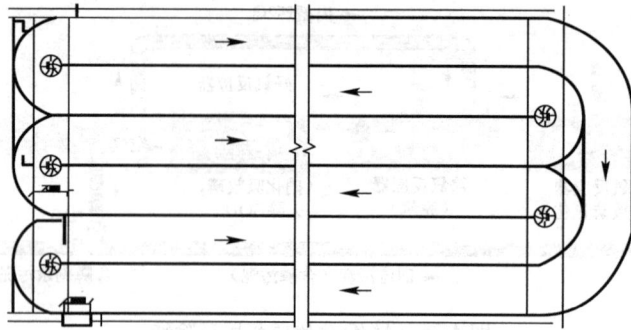

图 4-37　Carrousel 氧化沟

2. 交替工作氧化沟系统

交替工作氧化沟由丹麦 Kruger 公司所开发，有二沟和三沟两种交替工作氧化沟系统。

二沟交替的氧化沟如图 4-38 所示，由容积相同的 A、B 两池组成，串联运行，交替作为曝气池和沉淀池，无需设污泥回流系统。该系统处理水质较好，污泥也比较稳定。缺点是设备闲置率高，一般大于 50%，曝气转刷的利用率低。

三池交替的氧化沟，如图 4-39 所示，应用较广，提高了设备利用率。两侧 A、C 两池交替作为曝气池和沉淀池。中间池 B 则一直为曝气池，原污水交替进入 A 池或 C 池，处理水则相应地从作为沉淀池的 C 池和 A 池流出。经过适当运行，三池交替氧化沟不但能够去除 BOD，还能完成脱氮和除磷的目的。这种系统不需污泥回流系统。

交替工作的氧化沟系统的自动控制需求较高，以控制进、出水的方向，溢流堰的启闭以及曝气转刷的开动与停止。

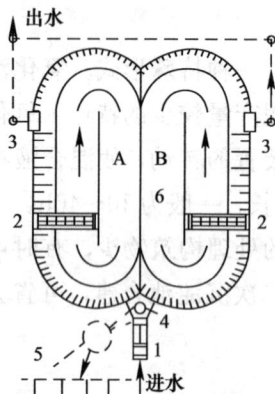

图 4-38　二沟交替的氧化沟

1—排砂池；2—曝气转刷；3—出水堰；
4—排泥管；5—污泥井；6—氧化沟

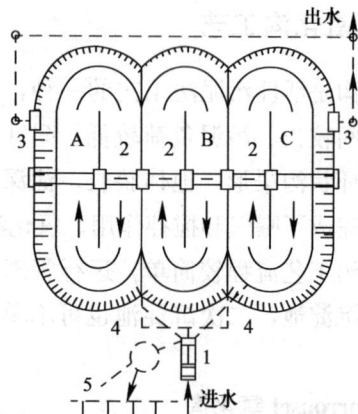

图 4-39　三沟交替的氧化沟

1—沉砂池；2—曝气转刷；3—出水溢流堰；
4—排泥井；5—污泥井

3. 奥贝尔 (Orbal) 氧化沟系统

奥贝尔氧化沟技术最初由南非开发，于 20 世纪 70 年代引入美国，并得到迅速发展。

它由若干圆形或椭圆形同心沟渠组成的多沟串联系统，如图 4-40 所示。污水和回流污泥首先进入最外环的沟渠，后依次进入下一层沟渠，最后由位于中心的沟渠流出进入二次沉淀池。

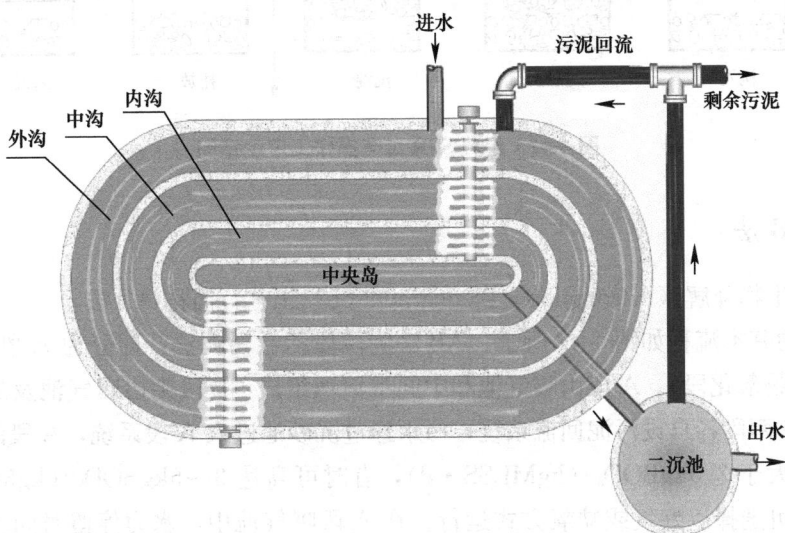

图 4-40　奥贝尔氧化沟

这种氧化沟系统多采用三层沟渠。外沟的容积最大，约为总容积的 50%～60%，主要的生物氧化和脱氮过程在此完成；中沟为 30%～35%，内沟则仅占 15%～20%，多采用 50%、33%、17%。在运行时，外、中、内三层沟渠内混合液的溶解氧保持较大的梯度，分别为 0mg/L、1mg/L 及 2mg/L，这样既有利于提高充氧效果，也可使沟渠具有脱氮除磷功能。

奥贝尔（Orbal）氧化沟的曝气设备采用曝气转盘。由于曝气转盘上有大量的楔形突出物，增加了推进混合和充氧效率，水深可达 3.5～4.5m。圆形或椭圆形的平面形状，比长渠道的氧化沟更能利用水流惯性，可节省推动水流的能耗。

二、SBR 工艺

SBR 法是序批式活性污泥法的简称，是近年来在国内外引起广泛重视和研究应用的活性污泥法运行方式，具有一系列优于传统活性污泥法的特点。

在同一反应池（器）中，按时间顺序由进水、曝气、沉淀、排水和闲置五个基本工序组成的活性污泥污水处理方法，如图 4-41 所示。SBR 法是一种按间歇曝气方式来运行的活性污泥污水处理技术。它的主要特征是在运行上的有序和间歇操作，SBR 技术的核心是 SBR 反应池，该池集均化、初沉、生物降解、二沉池等功能于一体，无污泥回流系统。尤其适用于间歇排放和流量变化较大的场合。

当污水进入达到预定的容积后，根据反应需要达到的程度，进行曝气和搅拌，并确定反应时间的长短，必要时可投加药剂。经过沉淀后的上清液作为处理出水排放，沉淀的污泥作为种泥留在曝气池内，起到回流污泥的作用。

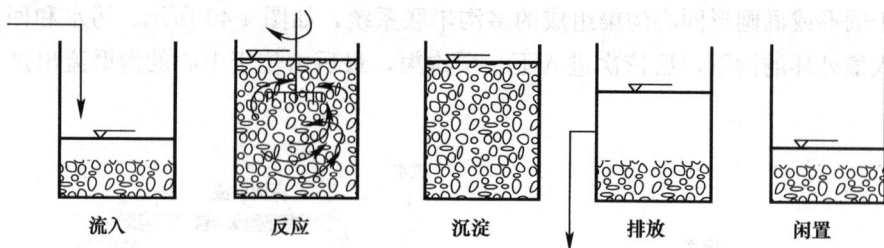

| 流入 | 反应 | 沉淀 | 排放 | 闲置 |

图 4-41　经典 SBR 工艺操作工序示意图

三、AB 法

吸附—生物降解（Adsorption—Biodegradation）工艺，简称 AB 法。

AB 法的基本流程如图 4-42 所示。AB 法为两段活性污泥法，即分为 A 段（吸附段）和 B 段（生物氧化段）。A 段由曝气池和中间沉淀池组成，B 段则由曝气池及二次沉淀池所组成。AB 两段各自设污泥回流系统，污水经过沉砂池进入 A 段系统，A 段的污泥负荷率高，一般大于 $2.0 kgBOD_5/(kgMLSS \cdot d)$，有时可高达 $3 \sim 5 kgBOD_5/(kgMLSS \cdot d)$。对不同水质可选择以好氧或缺氧方式运行。在 A 段曝气池中，水力停留时间较短（30～60min），对有机物的去除率可达 50％～70％，便进入中间沉淀池进行泥水分离。

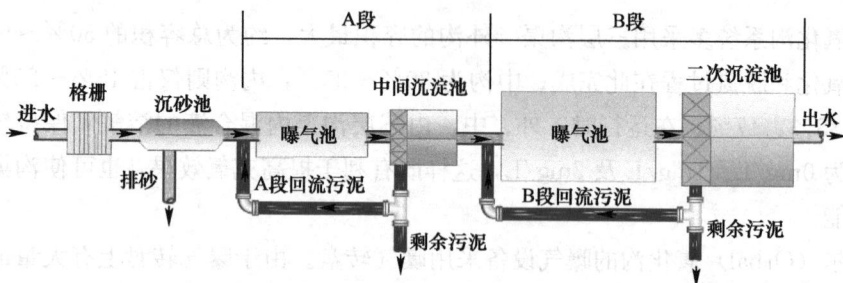

图 4-42　AB 法处理工艺流程

B 段接受 A 段的处理水，以低负荷运行（污泥负荷一般为 $0.1 \sim 0.3 kgBOD_5/(kgMLSS \cdot d)$）水力停留时间一般为 2～4h，去除有机物是 B 段的主要净化功能。B 段还具有产生硝化反应的条件，有时也可将 B 段设计成 A/O 工艺。B 段曝气池较传统活性污泥法处理系统的曝气池容积可减少 40％左右。

任务 4.6　曝气池的运行管理

一、活性污泥的培养驯化

活性污泥是通过一定的方法培养与驯化出来的，活性污泥的培养是活性污泥法生物处理过程的开始，培养的目的是使微生物增殖，达到一定的污泥浓度；驯化则是对混合微生物群进行淘汰和诱导，使具有降解废水活性的微生物成为优势菌种。活性污泥系统内的主要微生物如图 4-43 所示。

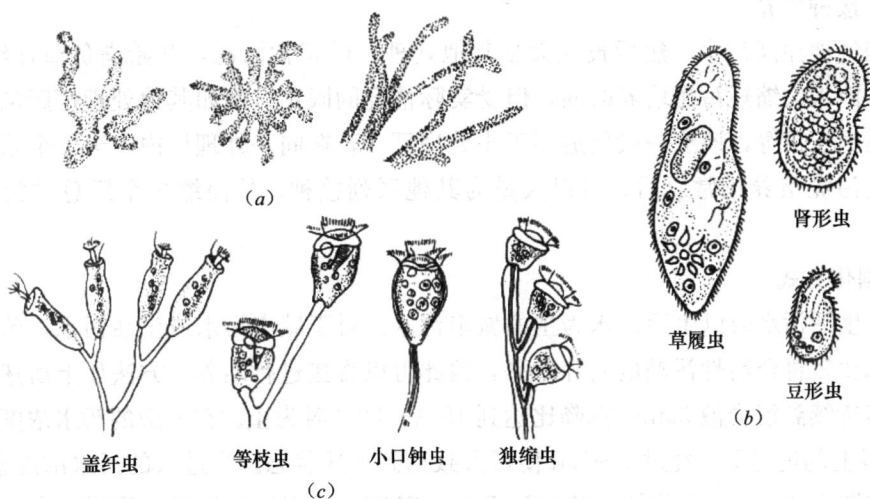

图 4-43 活性污泥系统内的主要微生物
(a) 各种形状的菌胶团；(b) 自由游泳型纤毛虫；(c) 附着型纤毛虫

1. 菌种来源

活性污泥菌种大多取自粪便污水、生活污水或性质相近的城市生活污水处理厂回流泵房的剩余污泥，其中含有大量的活性污泥。培养液一般由上述菌液和诱导比例的营养物，如面粉、尿素或磷酸盐等组成。

2. 培养方式

污水处理厂的试运行工作包括了复杂的生物化学反应过程的启动和调试，即活性污泥微生物的接种与培养、污泥驯化以及工艺、设备、自控系统的调试，整个过程较为缓慢，受环境条件和水质水量的影响较大。

(1) 间歇培养

将曝气池注满污水，然后停止进水，开始曝气。闷曝 2~3d 后，停止曝气，静沉 1h，然后进入部分新鲜污水，这部分约占池容的 1/5 即可。以后循环进行闷曝、静沉和进水三个过程，但每次进水量应比上一次有所增加，每次闷曝时间应比上次缩短。当污水的温度为 15~20℃时，采用该法经过 15d 左右即可使得曝气池中 MLSS 超过 1000mg/L。此时可停止闷曝，连续进水曝气，并开始污泥回流。最初的回流比不要太大，可取回流比 25%，随着 MLSS 的升高，逐渐将回流比增至设计值。

(2) 低负荷连续培养

将曝气池注满污水，停止进水，闷曝 1d，然后连续进水连续曝气，进水量控制在设计水量的 1/2 或更低。等污泥絮体出现时，开始回流，取回流比 25%，至 MLSS 超过 1000mg/L 时，开始按设计流量进水，当 MLSS 至设计值时，开始以设计回流比回流，并开始排放剩余污泥。

(3) 满负荷连续培养

将曝气池注满污水，停止进水，闷曝 1d。而后按设计流量连续进水，连续曝气，待污泥絮体形成后，开始回流，MLSS至设计值时，开始排放剩余污泥。

（4）接种培养

将曝气池注满污水，然后投入大量其他处理厂的正常污泥，开始满负荷连续培养。这种方法能大大缩短污泥培养时间，但受实际情况的限制，例如其他处理厂距离本厂的距离，运输工具等，该法一般仅适用于小处理厂。若在同一处理厂内，当一个系列或一座池子的污泥培养正常以后，可以大量为其他系列接种，从而缩短全厂总的污泥培养时间。

3. 驯化方式

（1）生活污水或以生活污水为主的城市污水。对于城市污水或生活污水，菌种和营养物质都比较符合活性污泥的营养水平，因此可以直接进行培养。方法如上所述。活性污泥培养持续到混合液30min沉降比达到15％～20％时为止。在一般的污水浓度和水温在15℃以上的情况下，经过7～10d便可大致达到上述状态。当进入的污水浓度很低时，为使培养期不致过长，可将初沉池的污泥引入曝气池或不经过初沉池将污水直接引入曝气池。

（2）工业废水或以工业废水为主的城市污水。对于性质与生活污水类似的工业废水，也可按上述方法培养，但在开始培养时，宜投入一部分粪便污水作为菌种。对于工业废水或以工业废水为主的城市污水，由于其中缺乏专性菌种和足够的营养，因此在投产时除用一般菌种和所需营养培养足量的活性污泥外，还应对所培养的活性污泥实行驯化，使活性污泥微生物群体逐渐形成具有代谢特定工业废水的酶系统，具有某种专性。

当活性污泥培养成熟，即可在进水中加入并逐渐增加工业废水的比重，使微生物在逐渐适应新的生活条件下得到驯化。开始时，工业废水可按设计流量的10％～20％加入，达到较好地处理效果后，再继续增加其比重。每次增加的百分比以设计流量的10％～20％为宜，并待微生物适应、巩固后再继续增加，直到满负荷为止。

为了缩短培养和驯化的时间，也可以把培养和驯化这两个阶段同时进行，即在培养开始就加入少量工业废水，并在培养过程中逐渐增加比重，使得活性污泥在增长过程中，逐渐适应工业废水并具有处理它的能力。

4. 活性污泥培养驯化时注意事项

（1）为提高培养速度，缩短培养时间，应在进水中增加营养。小型处理厂可投入足量的粪便，大型处理厂可让污水跨过初沉池，直接进入曝气池。

（2）湿度对培养速度影响很大。湿度越高，其培养越快。因此，污水处理厂一般应避免在冬季培养污泥，但实际中也应视具体情况而定。

（3）污泥培养初期，由于污泥尚未大量形成，产生的污泥也处于离解状态，因而曝气量不要太大，一般控制在设计正常曝气量的1/2即可，否则，污泥絮凝体不易形成。

（4）培养过程中应随时观察生物相，并测量SV、MLSS等指标，以根据情况对培养过程作出相应调整。

（5）并不是培养出了污泥或MLSS达到设计值，就完成了培养工作，而应是出水指标达到了设计要求，排泥量、回流量、污泥龄等指标应全部在设计范围内。

二、曝气系统的运行控制

根据活性污泥运行调度情况，可以对曝气系统进行实时控制，使曝气池内混合液的 DO 值与所要求的数值吻合。

1. 鼓风曝气系统的控制

鼓风曝气系统的控制参数是曝气池内污泥混合液的溶解氧值，控制变量是鼓入曝气池内的空气量 Q_a，曝气量越多，混合液的 DO 值也越高。传统活性污泥工艺的 DO 值一般控制在 2mg/L 左右。当维持 DO 值不变时，曝气量 Q_a 的变化主要取决于流入污水的 BOD，BOD 越高，Q_a 越大。

2. 机械曝气系统的控制

机械曝气系统是通过调节转速和叶轮淹没深度调节曝气池混合液的 DO 值。为满足混合要求，控制输入每平方米混合液中的搅拌功率大于 10W，否则极易造成污泥沉积。

三、曝气池的运行管理与维护

1. 空气扩散器的维护与管理

污水处理厂采用的曝气设备主要有三类，即陶瓷微孔扩散器、橡胶膜微孔扩散器和曝气转刷。前两类主要应用在鼓风曝气设备上，也称为曝气头，也是活性污泥工艺中最常用的曝气装置。曝气转刷为表面曝气设备，主要应用在氧化沟中。

（1）微孔曝气器的堵塞问题及判断

扩散器的堵塞是指一些颗粒物质干扰气体穿过扩散器而造成的氧转移性能的下降。

大多数堵塞是日积月累形成的，因此应经常观察，观察与判断堵塞的方法如下：

1）定期核算能耗并测量混合液的 DO 值。

2）定期观测曝气池表面逸出的气泡的大小，如果发现逸出气泡尺寸增大或气泡结群，说明扩散器已经堵塞。

3）在曝气池最易发生扩散器堵塞的位置设置可移动式扩散器，使其工况与正常扩散器完全一致，定期取出检查测试是否堵塞。

4）在现场最易堵塞的扩散器上设压力计，在线测试扩散器本身的压力，也称为湿式压力 DWP。DWP 增大，说明扩散器已经堵塞。

（2）微孔扩散器的清洗方法

扩散器堵塞以后，应及时安排清洗计划，根据堵塞程度确定清洗方法。清洗方法分以下三种：

1）在清洗车间进行清洗，包括回炉火化、磷硅酸盐冲洗、酸洗、洗涤剂冲洗、高压水冲洗等方法。

2）停止运行，在池内清洗，包括酸洗、碱洗、水冲、气冲、氯冲、汽油冲、超声波冲等方法。

3）不拆扩散器，也不停止运行，在工作状态下清洗，包括向供气管道内注入酸气或酸液、增压冲吹等方法，后者是常用的方法。

解决内堵主要采用向空气管内注入酸液和酸气的方法。可采用盐酸，也可采用羧酸类甲酸或乙酸。能有效去除 $Fe(OH)_3$、$CaCO_3$、$MgCO_3$ 等气相堵塞物，但对灰尘的去除效果不大。解决灰尘堵塞的根本方法是对空气进行有效过滤。

2. 空气管道的维护和管理

压缩空气管道的常见故障有以下两类：

（1）管道系统漏气。产生漏气的原因往往是因为选择材料质量和安装质量不好造成。

（2）管道堵塞。管道堵塞表现在送气压力、风量不足、压降太大，其原因一般是管道内的杂质或填料脱落，阀门损坏，管内有水冻结。

排除办法是：修补或更换坏管段及管件，清除管内杂质，检修阀门，排除管道内积水。在运行中应特别注意及时排水，空气管道系统内的积水主要是鼓风机送出的热空气形成的冷凝水，因此不同季节形成的冷凝水不同，冬季水量较多，应增加排放次数。排除的冷凝水应是清洁的，如果发现油花，应立即检查鼓风机是否漏油；如发现有污浊，应立即检查池内管线是否破裂导致混合液进入管路系统。

3. 鼓风机的运行维护

鼓风机运行时，定期检查鼓风机进、排气的压力与温度，冷却用水或油的液位、压力与温度，空气过滤器的压差等，定期清洗检查空气过滤器。

鼓风机运行中发生下列情况之一，应立即停车检查和维护：

1）机组突然发生强烈震动或机壳内有刮磨声。

2）任一轴承处冒出烟雾。

3）轴承温度忽然超过允许值，采取各种措施仍不能降低。

4. 曝气池的运行管理

为确保曝气池的正常运行，应做到以下几方面。

（1）经常检查和调整曝气池配水系统和回流污泥分配系统，确保进入各系列或各曝气池的污水量和污泥量均匀。

（2）按规定对曝气池常规监测项目进行及时的分析化验，尤其是 SV、SVI 等容易分析的项目要随时测定，根据化验结果及时采取控制措施，防止出现污泥膨胀现象。

（3）仔细观察曝气池内泡沫的状况，发现并判断泡沫异常增多的原因，及时并采取相应措施。

（4）仔细观察曝气池内混合液的翻腾情况，检查空气曝气器是否堵塞或脱落并及时更换，确定鼓风曝气是否均匀、机械曝气的淹没深度是否适中并及时调整。

（5）根据混合液溶解氧的变化情况，及时调整曝气系统的充氧量，或尽可能设置空气供应量自动调节系统，实现自动调整鼓风机的运行台数、自动使曝气机变速运行等。

（6）及时清除曝气池边角处漂浮的浮渣。

复习题

1. 填空题

（1）正常的活性污泥在外观上呈絮绒颗粒状，在微观形态上称为"菌胶团"，主要由_____组成。

（2）_____是指混合液在量筒中静止沉淀后所形成沉淀污泥的容积占原混合液容积

的百分率。

（3）曝气池主要利用活性污泥对污水中的＿＿＿＿＿＿＿以及＿＿＿＿＿＿＿部分进行吸附降解，在保证污水处理厂正常运转方面起到了非常重要的作用。

（4）鼓风机运行时，定期检查鼓风机进排气的＿＿＿＿＿＿＿，冷却用水或油的＿＿＿＿＿＿＿、＿＿＿＿＿＿＿、＿＿＿＿＿＿＿，空气过滤器的＿＿＿＿＿＿＿等，定期清洗检查。

2. 选择题

（1）污水处理厂二级处理包括曝气池、二沉池、回流剩余污泥系统、鼓风曝气系统等单元，处理工艺采用目前运用较为普遍的活性污泥法，其中（　　　）是污水处理的核心部分。

A. 曝气池　　　　　　　　　　　　B. 二沉池

C. 回流剩余污泥系统　　　　　　　D. 鼓风曝气系统

（2）经过（　　　）的调整，生存下来的微生物适应了新的培养环境。污水中含有大量的适应微生物生存的营养物质，此时，F/M 比值很高，有机物非常充分，微生物生长、繁殖不受有机物浓度的限制，其生长速度最大。

A. 适应期　　　　B. 对数增殖期　　　C. 减速增殖期　　　D. 内源呼吸期

（3）在曝气池中必须有足够的溶解氧，一般控制曝气池出口不低于（　　　）。

A. 0.5mg/L　　　　B. 1mg/L　　　　C. 2mg/L　　　　D. 3mg/L

（4）SBR 工艺中（　　　）阶段的作用与氧化沟工艺的好氧段作用相同。

A. 进水　　　　　B. 曝气　　　　　C. 沉淀　　　　　D. 闲置

（5）准确测算进水 COD 浓度及可生化性指标 BOD_5/COD，确保进水水质的 $BOD_5/COD \geqslant$（　　　），并保持基本稳定。

A. 0.1　　　　　B. 0.2　　　　　C. 0.3　　　　　D. 0.4

3. 简答题

（1）试述污水好氧生物处理的基本原理，并指出它的优缺点和适用条件。

（2）什么是活性污泥？简述活性污泥的组成及作用？

（3）常用评价活性污泥性能指标有哪些？污泥沉降比和污泥体积指数在运行中有什么意义？

（4）试简述影响污水好氧生物处理的因素。

（5）简述活性污泥法系统的构成及基本流程？

（6）曝气设备分哪几种？各有什么特点？

（7）普通活性污泥法、吸附再生法和完全混合曝气法各有什么特点？对于有机污水 BOD_5 的去除率如何？

（8）活性污泥法在运行过程中出现的异常现象有哪些？

项目 5
生物处理工段——生物膜法

【项目概述】

生物膜法是利用附着生长于某些固体物表面的微生物（即生物膜）进行有机污水处理的方法，是与活性污泥法并列的一类废水好氧生物处理技术，又称固定膜法。生物膜法具有抗冲击负荷能力强，运行维护简单，处理效果好，无污泥膨胀之忧等优点，因此在污水处理中有着广泛的应用。本项目主要介绍生物膜法基本概念及生物滤池、曝气生物滤池、生物接触氧化等工艺的原理、特点及运行维护管理方面的知识。

【学习目标】

通过本项目的学习、使学生能够说出生物膜法的基本概念、生物膜工艺的分类及特点；能够根据污水水质选择相应生物膜处理工艺；能够对生物滤池、曝气生物滤池、生物接触氧化等工艺进行日常运行、管理与维护，并对常见故障进行分析和解决。

【学习支持】

活性污泥法的概念、活性污泥法的作用及分类。

【课前思考】

(1) 生物膜法去除污染物的原理是什么？
(2) 生物膜法的应用有哪些形式？

生物膜法概述

一、生物膜的形成及净化机理

生物膜法和活性污泥法都是利用微生物来去除废水中各种有机物的处理工艺。微生物细胞几乎能在水环境中任何适宜的载体表面牢固地附着，并在其上生长和繁殖。当污水与载体流动接触并经过一段时间后，载体的表面就会形成一种膜状污泥，这就是生物膜。提供微生物附着生长场所的惰性载体称之为填料或载体。

1. 生物膜的形成

污水流过固体介质（滤料）表面时，游离态的微生物及悬浮物通过吸附作用附着在滤料表面，经过一段时间后，固体介质表面形成了生物膜，生物膜覆盖了滤料表面。这个过程是生物膜法处理污水的初始阶段，亦称挂膜。生物膜一般呈蓬松的絮状结构，微孔较多，表面积很大，因此具有很强的吸附作用，有利于微生物进一步对这些被吸附的有机物的分解和利用。当生物膜增厚到一定程度，将受到水力的冲刷作用而发生剥落。适当的剥落可使生物膜得到更新。

2. 生物膜法的净化机理

从图 5-1 中可以看出，固体介质（滤料）表面外，依次由厌氧层、好氧层、附着水层、流动水层组成了生物膜降解有机物的构造。降解有机物的过程实质就是生物膜与水层之间多种物质的迁移与微生物生化反应过程。由于生物膜的吸附作用，其表面附着着一层很薄的水层，称之为附着水层。它相对于外侧运动的水流——流动水层，是静止的。这层水膜中的有机物首先被吸附在生物膜上，被生物膜氧化。同时，空气中的氧气不断溶入水中，穿过流动水层、附着水层进入好氧层中，为好氧微生物降解有机物创造条件。微生物在分解有机物的过程中，本身的量不断增加，生物膜不断变厚，传递进来

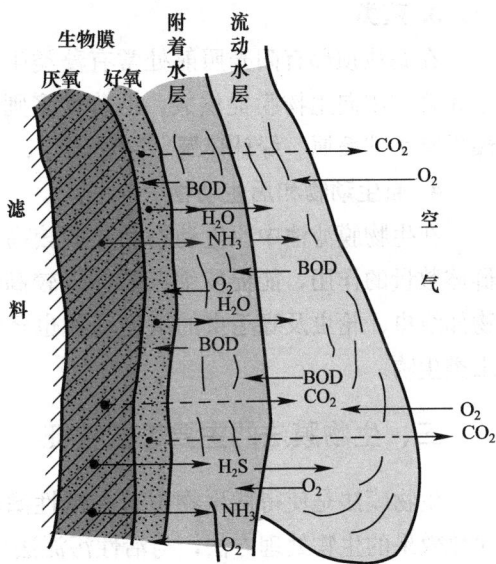

图 5-1　生物膜法的生物膜构造

的氧很快被表层微生物耗尽，内层的生物膜得不到氧的供应，厌氧微生物在生物膜内大量滋长，厌氧层便形成。好氧层的厚度一般在 2mm 左右，有机物降解主要在好氧层内进行，好氧微生物的代谢产物（如水、二氧化碳）通过附着水层进入流动水层，并随其排走。当厌氧层的厚度逐渐增加，并达到一定程度后，厌氧微生物的代谢产物也逐渐增加，这些产物必须要通过好氧层向外侧传递，由于气态产物的不断增加，大大减弱了生物膜在固体介质上的固着力，此时，生物膜已老化，容易从固体介质表面脱落下来，并随水流流向固液分离设施；生物膜脱落后再重新形成新的生物膜，此过程交替进行。

二、生物膜中的微生物

生物膜中的微生物主要有细菌、真菌、藻类（在有光的条件下）、原生动物、后生动物以及蚊蝇的幼虫等较高等的动物。

1. 细菌

细菌是生物膜中微生物的主体，而其产生的胞外多聚物为生物膜结构的形成奠定了基础。生物膜上生长的细菌的种类取决于其生长速率和外界环境，如水中的营养状况、附着生长状况、温度等。

2. 真菌

真菌是具有明显细胞核而没有叶绿素的真核生物，大多数具有丝状结构，包括单细胞的酵母菌和多细胞的霉菌。真菌可利用的有机物范围很广，特别是多碳类有机物，故有些真菌可降解木质素等难降解的有机物。当污水中有机物的成分变化，负荷增加、温度降低、DO 水平下降时，很容易滋生丝状菌。

相对于活性污泥法而言，在生物膜中丝状菌很多，因为它净化能力很强，有时还起着主要作用，而且为生物膜形成了立体结构，使其密度疏松，增大了表面积。由于生物膜固着在固体介质表面上，所以不产生污泥膨胀现象。

3. 藻类

在滤池顶部有阳光照射处常有藻类生物。藻类一般不直接参与污染物降解，只是通过光合作用向生物膜提供氧，但若太多则会堵塞滤池，不利于操作。生物膜中常出现的藻类有小球藻属、绿球藻属、颤藻属等。

4. 原生动物和后生动物

在生物膜滤池中原生动物和一些较高等的动物均以细菌为食物，它们起着控制细菌群体数量的作用，能促使细菌群体以较高的速率产生新细胞，有利于污水净化。后生动物如线虫、轮虫及寡毛虫的微型动物也经常出现，有时在生物滤池上能产生滤池蝇等昆虫类生物。

三、生物膜法的主要工艺特征

生物膜法是使得微生物附着在惰性滤料上，形成膜状的生物污泥，从而对污水起到净化效果的生物处理方法，与活性污泥法相比，其具有以下特征。

1. 附着于固体表面上的生物膜对废水水质、水量的变化有较强的适应性，操作稳定性好，可处理高浓度难降解工业废水。

2. 生物膜含水率比活性污泥小，不会发生污泥膨胀，运行管理较方便。

3. 由于微生物附着于固体表面，能生长世代时间较长的微生物，生物相更丰富，且沿水流方向膜中微生物种群具有一定分布。

4. 因高营养级的微生物的存在，有机物代谢时较多的转移为能量，合成新细胞即剩余污泥量较少。

5. 采用自然通风供氧，运行费用较低，装置无泡沫，但受气候影响较大，气味大，有滤池蝇。

6. 活性生物量难以人为控制，因而在运行方面灵活性较差。

任务 5.1　熟悉生物滤池工艺

生物膜法主要包括生物滤池、曝气生物滤池、生物接触氧化法、好氧生物流化床等工艺。其中，生物滤池又包括普通生物滤池、高负荷生物滤池、塔式生物滤池等几种类型。

一、第一代生物滤池——普通生物滤池

生物膜法处理污水最初使用的装置为普通生物滤池，亦称滴滤池，为第一代生物滤池。这种装置是将污水喷洒在由粒状介质（石子等）堆积起来的滤料上，污水从上部喷淋下来，经过堆积的滤料层，滤料表面的生物膜将污水净化，供氧由自然通风完成，氧气通过滤料的空隙，传递到流动水层、附着水层、好氧层。此种方法处理污水的负荷较低，但出水水质很好，故亦成为低负荷生物滤池。

普通生物滤池的特点为：1）出水水质好，运行管理方便；2）运行费用低；3）有机物负荷极低，处理设备占地面积大；4）卫生条件差，滤池可滋生滤池蝇，影响环境。

普通生物滤池由池体、滤床、布水装置和排水系统、通风口等组成，其构造见图 5-2 所示。

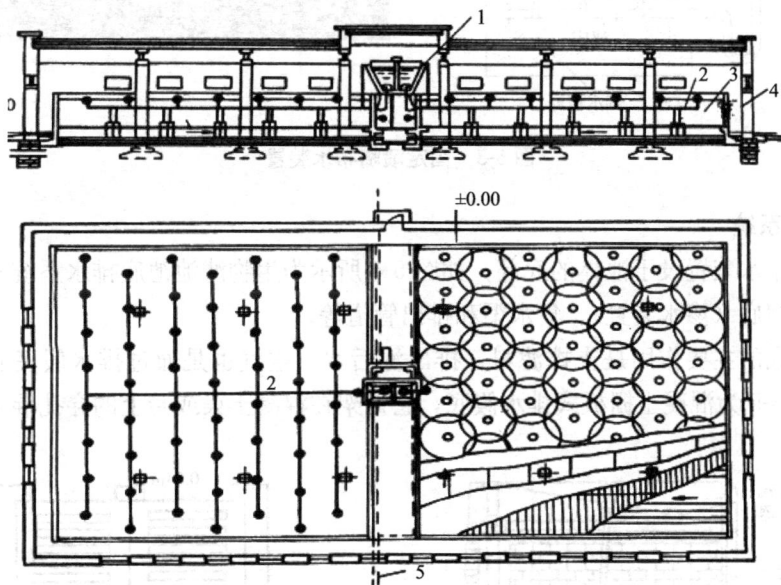

图 5-2　普通生物滤池平（剖）面图
1—投配池；2—喷嘴及系统；3—滤料；4—生物滤池池壁；5—向生物滤池投配污水

1. 池体

普通生物滤池的平面形状一般为方形、矩形和圆形。池壁采用砖砌或混凝土烧制。池体的作用是维护滤料。一般在池壁上设有孔洞，以便通风。池壁一般高出滤料表面 0.5～0.9m，以防风力对表面均匀布水的影响。

2. 滤床

生物滤池的滤床由滤料组成。滤料的性质影响生物滤池的处理能力。滤料应具有下列要求：（1）强度高，材质要轻；（2）单位体积滤料的表面积要大；（3）孔隙率大；（4）物理化学性质稳定，对微生物的增殖无毒害作用；（5）就地取料，价廉；（6）表面粗糙，以便于挂膜。

3. 布水装置

布水装置的作用是在规定的表面负荷的情况下，将污水均匀分配到整个滤池表面上，布水均匀与否，直接影响生物滤池的净化作用。布水装置应具有适应水量变化、不易堵塞和易于清通等特点。普通生物滤池可采用固定布水装置（图5-3），亦可采用活动布水装置。

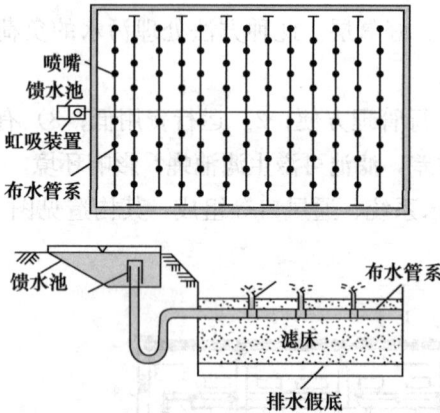

图5-3　固定喷嘴布水装置

4. 排水系统

滤池的排水装置设于池体的底部，如图5-4所示为生物滤池池底排水系统示意图。主要包括排水假底（渗水装置）、集水渠和排出管道等。

排水假底的主要作用是支撑滤料，排出滤后水，空气也是通过排水假底的孔隙进入池体的。图5-5为混凝土栅板式排水假底，它是架在混凝土渠或砖上的穿孔混凝土板，过

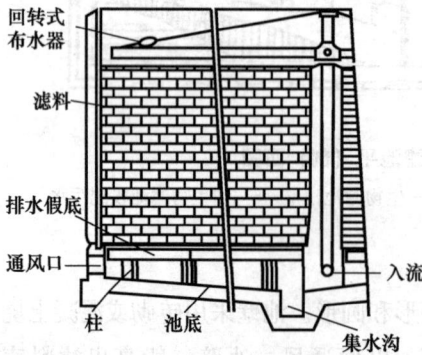

图5-4　生物滤池滤底排水系统示意图

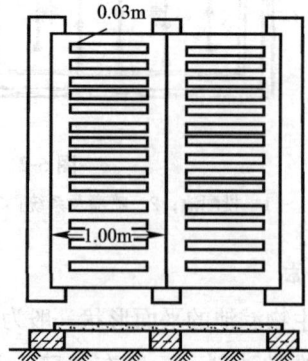

图5-5　混凝土栅板式排水假底

滤后的污水通过板上的孔流入集水沟。为保证滤池滤料的通风状态，排水假底上的孔隙率不得小于滤池总表面积的 20%，底部空间高不小于 0.6m，以保证通风良好；池底以 1%~2% 的坡度坡向集水沟，集水沟以 0.5%~2% 的坡度坡向排水渠。为防止老化生物膜淤积在池底部，排水渠的流速不应小于 0.7m/s。

5. 通风装置

普通生物滤池的通风为自然通风，一般在池底部设通风孔，其总面积不应小于滤池表面积的 1%。

普通生物滤池虽然处理程度高，运行管理方便节能，但其负荷极低、易堵塞、卫生条件差，目前很少采用。

二、第二代生物滤池——高负荷生物滤池

生物滤池的第二代工艺是高负荷生物滤池。它解决了普通生物滤池在运行中负荷极低、易堵塞以及滤池蝇的产生等一系列问题。高负荷生物滤池的有机负荷为普通生物滤池的 6~8 倍，水力负荷率高达 10 倍。因此池体的占地面积小；由于水力负荷增大，能及时冲刷掉老化的生物膜，促进其更新，使其保持较高的活性，提高了生物降解能力。但高负荷生物滤池要求进水 BOD_5 值必须低于 200mg/L，采用回流水稀释。高负荷生物滤池有机物去除率一般为 75%~90%，低于普通生物滤池。

1. 高负荷生物滤池的构造

高负荷生物滤池的构造与普通生物滤池基本相同，由于其布水系统一般采用旋转布水器，故其平面尺寸多为圆形。高负荷生物滤池结构如图 5-6 所示。

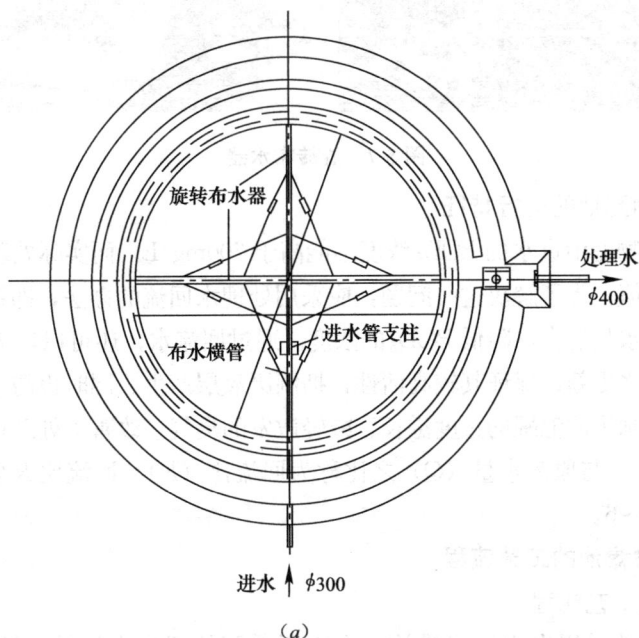

(a)

图 5-6　高负荷生物滤池平面与剖面图（一）

(a) 平面图

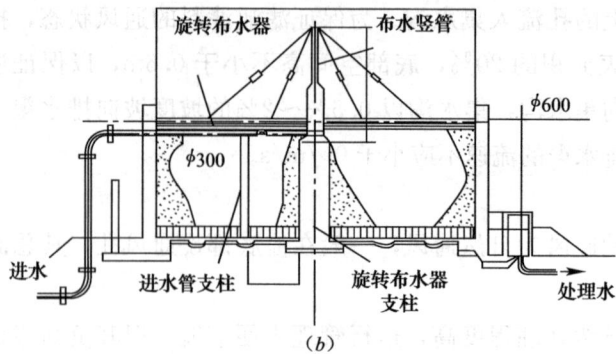

图 5-6 高负荷生物滤池平面与剖面图（二）

（b）剖面图

2. 布水装置

高负荷生物滤池多采用旋转布水器，如图 5-7 所示。它由固定不动的竖管和旋转的横管组成，横管绕竖管旋转，旋转的动力可以用电机，也可由水力反冲产生。在横管的同一侧开一系列间距不等的孔口，周边较密，中心较疏，当污水从孔口喷出后，产生反作用力，使布水横管按喷水反方向旋转，将污水均匀洒布在池面上。

图 5-7 旋转布水器

3. 高负荷生物滤池的运行特征

由于高负荷生物滤池进水的 BOD_5 浓度不能高于 200mg/L，而实际处理的污水污染物物质浓度往往高于此值，为了解决这一问题，应采用处理水回流的办法，即将处理后的污水回流到滤池之前与进水相混合，降低 BOD_5 的浓度。通过回流水，还可以增大水力负荷，冲刷老化的生物膜，使之更新，保证其较高活性，抑制厌氧层产生。同时也防止了滤池堵塞，均和了进水水质，抑制了滤池蝇的过度滋长、减轻散发的臭气，改善了处理环境。

回流水量（Q_R）与原污水量（Q）之比称为回流比（R）。回流比 R 常采用 0.5～3.0，但有时也可高达 5～6。

4. 高负荷生物滤池的工艺流程

（1）一级处理工艺流程

高负荷生物滤池采用出水回流措施，由于所采用的回流水经过沉淀澄清及回流之后与原污水可在多处混合稀释，使得高负荷生物滤池具有多种多样的流程系统。如图 5-8 所示为高负荷滤池的典型工艺流程。

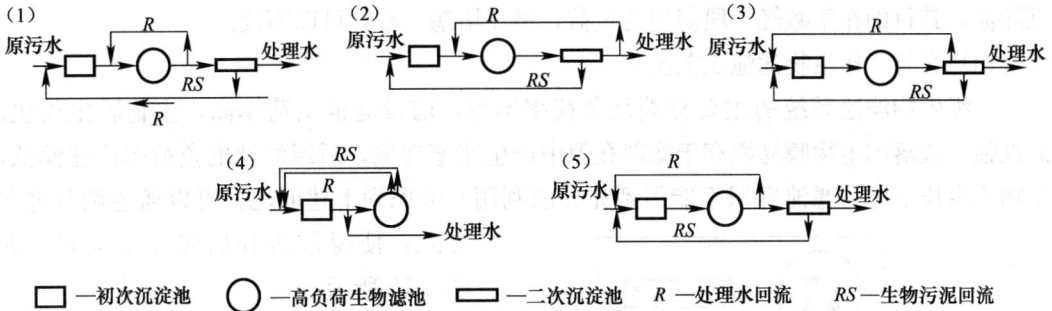

图 5-8 高负荷滤池的典型工艺流程

图 5-8 中，流程（1）滤池出水直接向滤池回流，并由二沉池向初沉池回流生物污泥，有助于生物膜的接种，促进生物膜的更新。由于回流了生物污泥，初沉可以出现生物絮凝现象，提高了初沉池的沉淀效果；流程（2）中处理后水回流至滤池前，可避免加大初沉池的容积，生物污泥回流至初沉池前，提高沉淀效果；流程（3）中处理水回流至初次沉淀池，加大了滤池的水力负荷，但同时也提高了初沉池的负荷；流程（4）中不设二沉池，滤池出水（含生物污泥）直接回流至初次沉淀池，从而提高了初次沉淀池的效果，同时使其兼得二沉池的功能；流程（5）中处理水直接由滤池出水回流，生物污泥则从二沉池回流，然后两者同步回流至初次沉淀池。

（2）二级处理工艺流程

当原水有机物浓度较高，为了避免单级生物滤池的滤料深度过大，或者处理后的水质要求较高时，可将两个高负荷生物滤池串联，形成两级生物滤池系统。两级生物滤池的流程系统更具有多样性。如图 5-9 所示为二级处理工艺流程，在流程（4）中设置中间

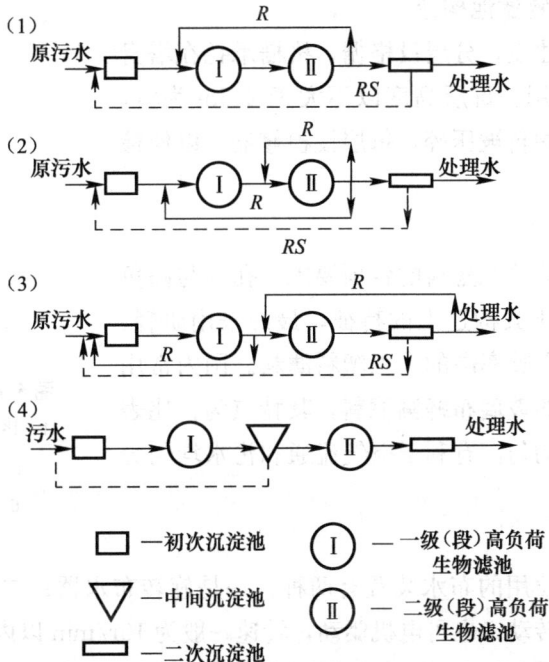

图 5-9 二级处理工艺流程

沉淀池，其目的在于减轻二段滤池的负荷，避免堵塞，有时可以不设。

（3）交替工作生物滤池工艺流程

二级生物滤池系统的主要弊端是负荷率不均，前段滤池负荷率高、生物膜生长快、活性强，脱落的生物膜易积存于滤料孔隙中产生堵塞现象，后级滤池的负荷率往往偏低，生物膜生长不好，滤池容积不能得到充分的利用。考虑到上述问题，可以通过调节进水方式，使得前级和后级交替运行，如图 5-10 所示。

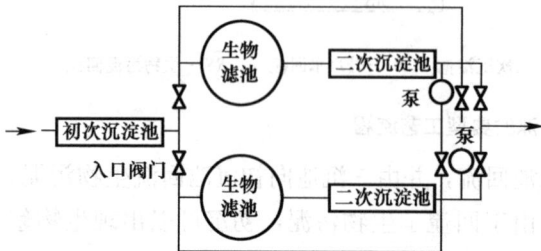

图 5-10　交替式生物滤池工艺流程

三、第三代生物滤池——塔式滤池

塔式生物滤池简称滤塔，属第三代生物滤池。塔式生物滤池在污水净化工艺方面与高负荷生物滤池相同。但塔式生物滤池有其独有的特征。

1. 塔式生物滤池构造

塔式生物滤池的外形如塔，一般高 8~24m，直径 1~3.5m；高度与径高比为 1∶6~1∶8 左右。由于构造特殊，因此在池内形成强大的拔风状态，通风良好，增加了氧的转移效果。由于塔式生物滤池可认为是高负荷生物滤池在结构上为同池体串联运行，所以在不同的高度，滤料层上存活着种群不同的微生物，这种情况有利于有机污染物的降解。

（1）池体

塔式生物滤池平面多呈圆形或方形，外观呈塔状。如图 5-11 所示为塔式生物滤池构造。

塔身沿高度分层建设，分层设格栅，格栅承托在塔身上，起承托滤料的作用。每层高度以不大于 2.5m 为宜，以免强度较低的下层滤料被压碎，每层设检修器，以便检修和更换滤料。

（2）滤料

对于塔式生物滤池填充滤料的各项要求，孔隙与高负荷生物滤池相同。由于其构造上的特征，最好采用质轻、高强、比表面积大、空隙率高的人工塑料滤料。国内常用滤料为环氧树脂固化的玻璃布蜂窝滤料，其特点为：比表面积大、质轻、构造均匀，有利于空气流通和污水均匀分布，不易堵塞。

（3）布水装置

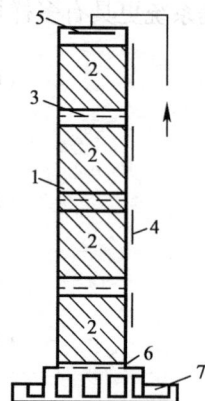

图 5-11　塔式生物滤池构造
1—塔身；2—滤料；3—格栅；
4—检修口；5—布水器；
6—通风口；7—集水槽

塔式生物滤池常使用的布水装置有两种：一是旋转布水器；二是固定布水器。旋转布水器可用水力反冲转动，也可电机驱动，转速一般为 10r/min 以内，固定式布水器多采用喷嘴，由于滤塔表面积较小，安装数量不多，布水均匀。

（4）通风孔

塔式生物滤池一般采用自然通风，塔底有高度为 0.4～0.6m 的空间，周围留有通风孔，有效面积不小于池面积的 7.5%～10%。

当塔式生物滤池处理特殊工业废水时，为吹脱有害气体，可考虑机械通风，即在滤池的下部和上部设鼓、引风机加强空气流通。

2. 塔式生物滤池工艺特征

塔式生物滤池主要特征是池体高、通风情况好，并且污水从池顶流下，水流紊动强，固、液、气传质好，降解污水中有机物速度快。

（1）负荷率高

塔式生物滤池是通过加大滤层厚度来提高处理能力的。其水力负荷可达 80～200m^3/(m^2·d)，为高负荷生物滤池的 2～10 倍。BOD 容积负荷率可达 1000～2000gBOD$_5$/(m^3·d)，较高负荷生物滤池高 2～3 倍。应控制进水的 BOD$_5$ 在 500mg/L 以下为宜。

（2）滤层内生物相分层

塔式滤池每层的生物均不同，在各层上生长繁殖着种属不同、但又适应于该层污水特征的微生物群体，这有助于生物的增殖、代谢等生理活动，更有助于有机物的降解，并且能承受较大的有机物和毒物的冲击负荷。

四、生物滤池性能的影响因素

1. 滤池高度

滤床内微生物种类繁多，能去除各种污染物，适用于处理成分复杂的有机工业废水。随着滤床高度的增加，污染物浓度逐渐降低，去除率不断提高。但是当滤床高度达到一定数值后，处理效率的提高变得非常缓慢，再增加高度就不经济了。处理城市污水时，普通生物滤池的经济高度为 2.0～3.0m，塔式滤池的经济高度在 7～10m。

2. 负荷率

生物滤池的负荷率有两种表示方式，即有机负荷和水力负荷。

（1）有机负荷

生物滤池的有机负荷率又分为容积有机负荷和面积有机负荷两种，即在保证预期净化效果的前提下，单位体积滤料或单位面积滤床在单位时间内承受的有机物量，单位分别为 kgBOD$_5$/(m^3·d) 和 kgBOD$_5$/(m^2·d)。在其他条件不变的情况下，有机负荷率高，降解速度快，去除率低，出水水质变差，生物膜增长快，易堵塞，但滤池容积小，投资运行费用低；有机负荷低，降解速度慢，去除率高，出水水质好，生物膜增殖慢，不易堵塞，但滤池容积大，投资费用变大。

（2）水力负荷率

生物滤池的水力负荷率分面积水力负荷和容积水力负荷两种，分别为在预期的净化效果的前提下，单位时间单位面积滤床，或单位时间单位体积滤床所能接纳的污水量，单位为 m^3/(m^2·d) 或 m^3/(m^3·d)。前者的单位可以写成 m/d，所以面积水力负荷率又称为过滤速度或空池流速。水力负荷的变化将直接影响有机负荷率、空池流速和水力冲刷作用。

应将生物滤池的进水浓度和水力负荷率控制在适宜范围内，处理城市污水时，普通生物滤池的适宜面积水力负荷为 $1\sim4m^3/(m^2\cdot d)$，高负荷生物滤池为 $10\sim30m^3/(m^2\cdot d)$。

3. 回流

利用污水厂的出水或生物滤池出水稀释进水的做法称回流，回流可提高生物滤池的滤率，它是使生物滤池负荷率由低变高的方法之一。回流对生物滤池的影响有以下几方面。

(1) 促使生物膜脱落，回流使水力负荷加大，冲刷作用加强，生物膜被冲刷脱落即使有机负荷率较高也不会堵塞。

(2) 改善卫生状况，提高水力负荷率，有利于防止产生灰蝇和减少恶臭。

(3) 改善进水水质，回流水中含有的溶解氧和营养元素，能提高进水的溶解氧浓度，补充营养，稀释有毒物质，改善进水水质。

(4) 稳定进水，回流可缓冲原污水水质水量的变化，稳定进水。

(5) 增加滤床生物量，回流水所含的微生物，使滤池不断接种，生物量增加，去除率得到提高。

4. 供氧

生物滤池中，微生物所需的氧一般直接来自大气，靠自然通风供给。影响自然通风效果的主要因素是滤池内外的温度差和滤层高度。温差越大，滤床的气流阻力越小（孔隙率大），通风量也就越大；滤床越高，抽风效果越好。一般情况下，自然通风即能满足生化反应的需要。

自然通风能否满足生化反应的需要，还与进水有机物浓度有关。有机物浓度低时，需氧量小，自然通风能满足要求；有机物浓度高时，需氧量大，易出现供氧不足。为此，常控制 $BOD_5\leqslant200mg/L$。若 $BOD_5>200mg/L$，则用回流水稀释冲刷生物膜，补充溶解氧或采用强制通风。

任务 5.2　认知其他生物膜工艺

一、曝气生物滤池

曝气生物滤池（Biological Acrated Filter）简称 BAF，是一种高负荷淹没式固定膜三相反应器。曝气生物滤池是采用粒径较小的粒状材料为滤料，并将滤料浸没在水中，供氧采用鼓风曝气供氧。由于曝气生物滤池的滤料粒径较小，因此与一般生物滤池相比，其滤料的比表面积大，污水与生物膜的接触面积长，生化反应更为彻底，再则滤料之间由于有空隙，可直接截留进水中的悬浮固体和老化脱落的生物膜等生物固体，这一截留过程与普通快滤池相似，从而省去了其他生物处理法中的二沉池，出水水质好。

1. 曝气生物滤池的构造

曝气生物滤池是集生物降解、固液分离于一体的处理设备。曝气生物滤池主要由池体、滤料层、工艺用气布气系统、底部布气布水装置、反冲洗排水装置及出水口等部分组成。如图 5-12 所示。

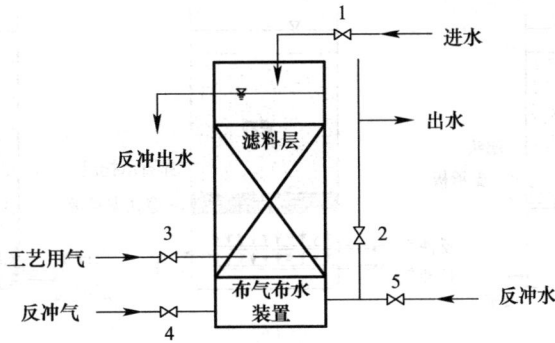

图 5-12 曝气生物滤池

（1）池体

池体的主要作用为维护滤料，一般可采用钢筋混凝土结构，也可用钢板焊制。曝气生物滤池的基本构造与矩形重力过滤池相似。

（2）滤料层

滤料层有两方面作用：一是作为固体介质，作为微生物的载体；二是作为过滤介质。曝气生物滤池的滤料一般选用比重小的为好，主要考虑反冲洗方便，比重较小的滤料在反冲洗时容易松动、反冲洗效果好，同时可节省反冲洗用水。常用滤料有陶粒、无烟煤、石英砂、膨胀页岩等。

与普通滤池相似，滤料的粒径关系到处理效果的好坏，以及运行过滤周期的长短。粒径越小，比表面积大、生物量多、处理效果好，但孔隙小，运行中易堵塞，过滤周期短，反冲洗用水量高，给运行管理带来不便。滤料粒径的选择取决于进水水质和设计的反冲洗周期。一般反冲周期为 24h 为宜。对于城市污水二级生物处理采用的粒径一般为 4～6mm，对于城市污水三级处理采用的粒径为 3～5mm。滤料层的高度一般为 1.8～3.0m，常选用 2.0m 为宜。

（3）工艺用气布气设备

工艺用气布气系统用来向滤池供氧。水流自上而下，通过滤料层，由工艺用鼓风机，从底部鼓入空气，提供微生物化学反应所需的氧。

工艺用气布气系统一般采用穿孔管布气系统。穿孔管应采用塑料或不锈钢材质，以防腐蚀，穿孔管布置在距滤料层底面以上约 0.3m 处，使在滤料层的底部有一小段距离不进行曝气，不受空气泡的扰动，保证有良好的过滤效果，以便使出水清澈。

（4）底部布气布水系统

底部布气布水的主要作用是产生反冲洗水或气。目前反冲洗有三种方式：1）单独采用压缩空气反冲；2）气水联合反冲洗；3）单独用水冲洗。采用压缩空气反冲洗，能使粘附在滤料表面上的生物膜大量剥落；气水联合反冲洗，可以将剥落的生物膜带出池外，使滤料层略有膨胀，产生松动，使生物膜被水冲走，并可以减少反冲洗强度和冲洗水量；用水反冲洗可将滤料冲洗干净，但反冲洗水量较大。

曝气生物滤池底部反冲洗系统要求布气、布水均匀，常用结构有以下三种，如图 5-13 所示。

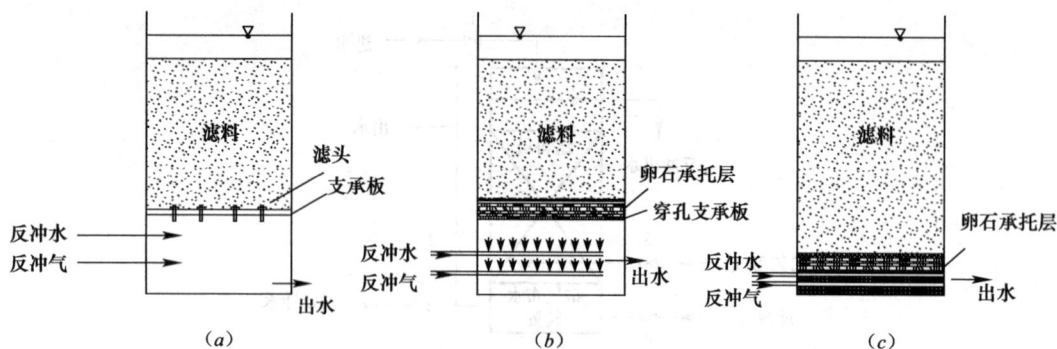

图 5-13　生物曝气滤池底部布气布水装置

(a) 滤头布气布水系统；(b) 穿孔板布气布水系统；(c) 大阻力布气布水系统

图 5-13 (a) 是采用滤头进行布气、布水的装置。滤头固定在水平承重板上，每平方米板上设置约 50 个滤头。气和水通过滤头混合，从滤头的缝隙中均匀喷出。这种装置施工要求严格，造价高。

图 5-13 (b) 是一种穿孔板布气装置。在水平承重板上均匀地开设许多小孔，板上铺设一层卵石作为承托层，承托层作用同给水滤池。在穿孔板下设反冲气管和反冲水管。这种装置能起到良好的布气布水作用。

图 5-13 (c) 是大阻力配水系统，其构造同给水滤池，反冲洗气管和反冲洗水管（可兼作出水管）埋在卵石承托层中。这种装置的水头损失大，施工方便，造价低。

(5) 反冲洗排水装置和出水口

反冲洗水自下向上穿过滤层，上层设排水槽，连续排出反冲水。为防止滤料损失，可采用翼形排水槽，也可采用虹吸管排水。出水口的最高标高应与滤料层的顶面持平或稍高，保证反冲洗完毕开始运行时滤料层上有 0.15m 以上水深，避免滤料外露。

2. 工艺流程

曝气生物池的工艺流程有初沉池、曝气生物滤池、反冲洗水池和反冲洗储水池，以及风机等组成。如图 5-14 所示，经初次沉淀池沉淀的污水进入生物滤池，水流自上向下通过滤料层，工艺用气从底部鼓入空气，气水进入反冲水池后再排放，反冲水池贮存一次反冲一格滤池所需的水量，反冲水池可兼作接触消毒。曝气生物滤池运行一段时间后，滤池中固体物质逐渐增多，引起水头损失增加，当达到一定程度时，需要对滤层进行反冲洗，以清除多余的固体物质。

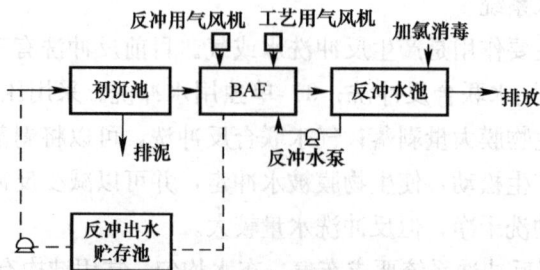

图 5-14　曝气生物滤池工艺流程图

3. 曝气生物滤池的特征

由于曝气生物滤池是集生物降解和固液分离于一体的设备。从其构造及运行管理方面，主要特征如下：

（1）气液在滤料层中充分接触，氧的转移率高，动力费用低。

（2）由于设备本身有截留悬浮杂质和脱落生物污泥的功能，工艺流程所需占地小。

（3）池内滤料粒径较小、比表面积大，能保持大量的生物量，微生物附着力强，污水处理效果好。

（4）不产生污泥膨胀，不需回流设备，反冲如果实现自动化，维护管理也方便。

（5）可作不同目的的污水生物处理。即作二级生物处理，可去除污水中的 BOD_5、COD、SS，还有一定的硝化功能；若作三级生物处理，主要是硝化去除氨氮，并能进一步深度去除污水中的有机物和悬浮固体；若同时在厌氧和好氧条件下运行，还可用作污水的脱氮和除磷功能。

（6）生物相分层。在距进水端较近的滤层，污水中的有机物浓度高，各种异养菌占优势，主要去除 BOD；距出水口较近的滤料层中，污水中的有机物浓度较低，自养型的硝化菌将占优势，可进行氨氮的硝化反应。

二、生物接触氧化法

生物接触氧化法的反应器为接触氧化池，也称为淹没式生物滤池。生物接触氧化法就是在反应器中添加惰性填料，已经充氧的污水浸没并流经全部惰性填料，污水中的有机物与在填料上的生物膜充分接触，在生物膜上的微生物新陈代谢作用下，有机污染物质被去除。生物接触氧化法处理技术除了上述的生物膜降解有机物机理外，还存在与曝气池相同的活性污泥降解机理，即向微生物提供所需氧气，并搅拌污水和污泥使之混合，因此，这种技术相当于在曝气池内填充供微生物生长繁殖的栖息地——惰性填料，所以，此方法又称接触曝气法。

生物接触氧化是一种介于活性污泥法与生物滤池两者结合的生物处理技术。因此，此方法兼具活性污泥法与生物膜法的特点。

1. 生物接触氧化法反应器的构造

生物接触氧化池主要由池体曝气装置、填料床及进出水系统组成，如图 5-15 所示。

池体的平面形状多采用圆形、方形或矩形，其结构由钢筋混凝土浇筑或用钢板焊制。池体的高度一般为 4.5～5.0m，其中填料床高度为 3.0～3.5m，底部布气高度为 0.6～0.7m，顶部稳定水层为 0.5～0.6m。填料是生物接触氧化池的重要组成部分，它直接影响污水的处理效果。由于填料是产生生物膜的固体介质，所以，对填料的性能有如下要求：

（1）要求比表面积大、孔隙率高、水流阻力小、流速均匀。

（2）表面粗糙、增加生物膜的附着性，并要外观形状、尺寸均一。

（3）化学与生物稳定性较强，经久耐用，有一定的强度。

（4）要就近取材，降低造价，便于运输。

目前，生物接触氧化池中常用的填料有蜂窝状填料、波纹板状填料及软性与半软性填料等，如图 5-16 所示。

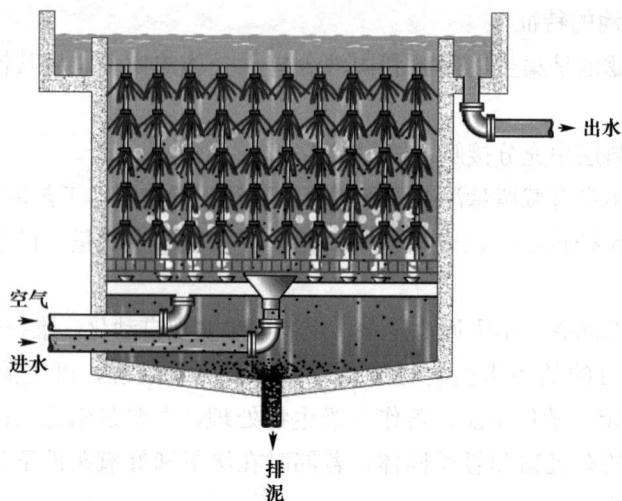

图 5-15　生物接触氧化池的构造

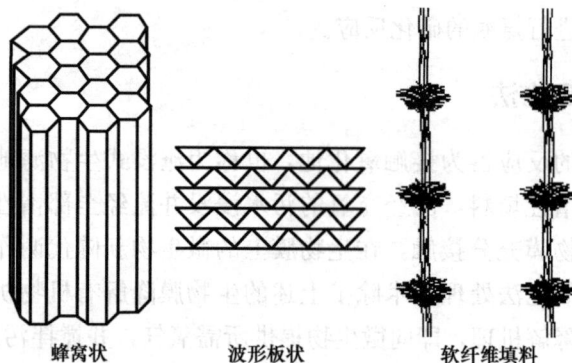

图 5-16　生物接触氧化池内常用的填料

曝气系统由鼓风机、空气管路、阀门及空气扩散装置组成。目前常用的曝气装置为穿孔管，孔眼直径为 5mm，孔眼中心距为 10cm 左右。布气管一般设在填料床下部，也可设在一侧。要求曝气装置布气均匀，并考虑到填料发生堵塞时能适当加大气量及提高冲洗能力。生物接触氧化池的曝气装置亦可采用表面曝气供氧。

进水装置一般采用穿孔管进水，孔眼直径为 5mm，间距 20cm 左右，水流出孔流速为 2m/s。布水穿孔管可设在填料床的下部，也可设在填料床的上部，要求布水均匀。在填料床内，使得污水、空气、微生物三者充分接触，以便生物降解。要考虑填料床发生堵塞时，为冲洗填料加大进水量的可能。

2. 生物接触氧化池的形式

根据接触氧化池的进水与布气的形式，可将接触氧化池分为以下几种形式。

（1）表面曝气充氧式

如图 5-17 所示，此种接触氧化池与活性污泥法完全混合曝气池相类似。其池中心为曝气区，池上面安装表面机械曝气设备，污水从池底中心配入，中心曝气区的周围充满填料，称之为接触区。处理水自下向上呈上向流，处理水从池顶部出水堰流出，排出池外。

（2）鼓风曝气、底部进水、进气式

如图 5-18 所示，处理水和空气均从池底部均匀布入填料床上，填料、污水在填料中产生上向流，填料表面的生物膜直接受水流和气流的冲击、搅拌，加快了生物膜的脱落与更新，使生物膜保持良好的活性，有利于水中有机污染物质的降解，同时上升流可以避免填料堵塞现象。此外，上升的气泡经填料床时被切割为更小的气泡，使得气泡与水的接触面积增加、氧的转移率增高。

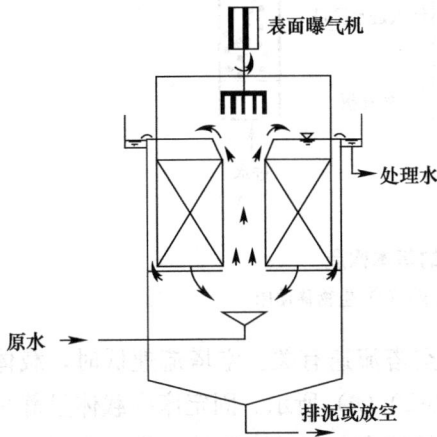

图 5-17　生物接触氧化池的构造

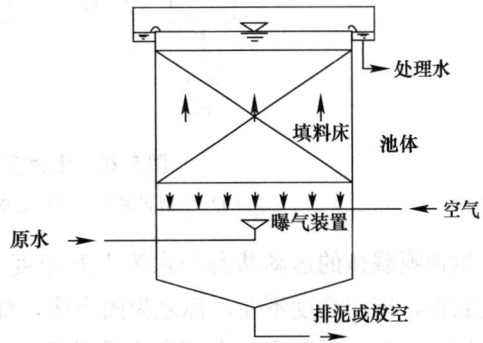

图 5-18　底部进水、进气式生物接触氧化池

（3）鼓风曝气、空气管侧部进气、上部进水式

如图 5-19 所示，填料设在池的一侧，另一侧通入空气为曝气区，原水先进入曝气区，经过曝气充氧后，缓缓流经填料区与填料表面的生物膜充分接触，污水反复在填料区和曝气区循环，处理水在曝气区排出池体。由于空气和污水没有直接冲击填料，填料表面的生物膜脱落和更新较慢，但经曝气区充氧的污水，以相对静态的形式流过填料区，有利于污水中有机污染物的氧化分解。

三、生物流化床

生物流化床是指为提高生物膜法的处理效率，以砂（或无烟煤、活性炭等）作填料并作为生物膜载体，废水自下向上流过砂床使载体

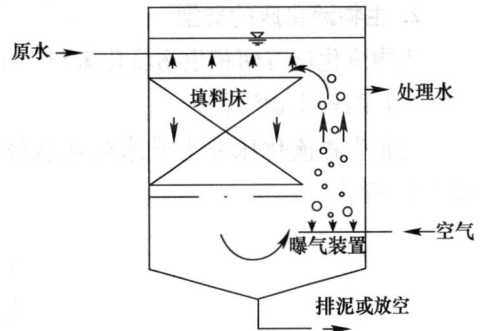

图 5-19　侧部进气、上部进水式生物
接触氧化池

层呈流动状态，从而在单位时间加大生物膜同废水的接触面积和充分供氧，并利用填料沸腾状态强化废水生物处理过程的构筑物。生物流化床工艺具有微生物量大、效率高、占地少、投资省等优点，是生物膜法的新技术。

1. 生物流化床的构造

生物流化床的基本构造如图 5-20 所示。由于载体粒径一般都比较小，比表面积非常大（一般在 2000～3300m²/m³ 填料），所以单位容积反应器的微生物量大，并且填料上生

长的生物膜很少脱落，可省去二次沉淀池。床中混合液悬浮固体浓度达 8000～40000mg/L，氧的利用率超过 90%，由于载体呈流化状态，与污水接触充分，紊流剧烈，所以传质效果很好，因此，生物流化床的处理效率高。

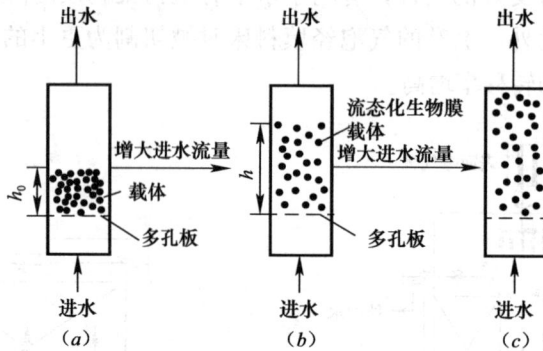

图 5-20 生物流化床的基本构造
(a) 生物固定床；(b) 生物流化床；(c) 生物移动床

生物膜载体的运动状态与水流上升速度——空塔流速有关。空塔流速低时，载体呈静止状态，床层高度不变，称之为固定床，如图 5-20 (a) 所示。固定床中载体呈静止状态，堆积密实，可利用的表面积和孔隙很小，极易堵塞。空塔流速增大到一定程度，载体颗粒便被托起呈流化状态，但不随水流失，称之为流化床，如图 5-20 (b) 所示。流化床上部有明显的界面，床层高度 h 随空塔流速的增大而增大。空塔流速过大，床层不再保持流化状态，上部的界面消失，载体（和生物膜）随出水流失，称之为移动床，如图 5-20 (c) 所示。所以，需控制流化床的空塔流速。

2. 生物流化床的类型

生物流化床有两相生物流化床和三相生物流化床两种。

（1）两相生物流化床

两相生物流化床靠上升水流使载体流化，床层内只存在液固两相，其工艺流程如图 5-21 所示。

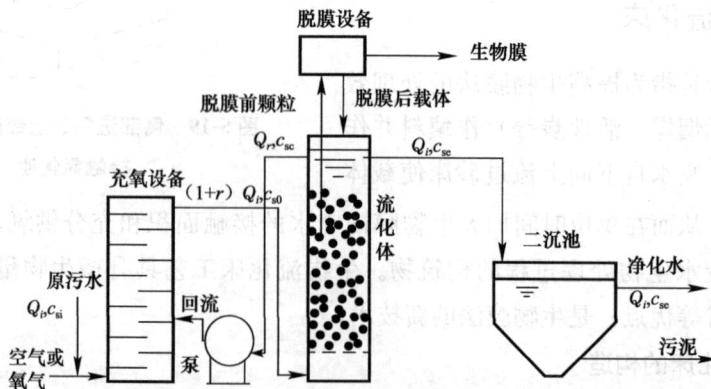

图 5-21 两相生物流化床工艺流程

两相生物流化床设有专门的充氧设备和脱膜装置。污水经充氧设备充氧后从底部进入流化床，载体上的生物膜吸收降解污水中的污染物，使水质得到净化。净化水从流化床上部流出，经二次沉淀后排放。

流化床的生物量大，需氧量也大。原污水流量一般较小，溶解的氧量不能满足生物膜的需要，应采用回流的办法加大充氧水量。此外，原污水流量较小，不能使载体流化，也应采用回流的办法加大进水量。因此，两相生物流化床需要回流。

（2）三相生物流化床

三相生物流化床依靠上升气泡的提升力使载体流化，床层内存在着气、液、固三相。内循环式三相生物流化床工艺流程如图 5-22 所示。

三相生物流化床不设置专门的充氧和脱膜设备。空气通过射流曝气器或扩散装置直接进入流化床充氧。载体表面的生物膜依靠气体和液体的搅动、冲刷和相互摩擦而脱落。随出水流出的少量载体进入二沉池沉淀后再回流到流化床。

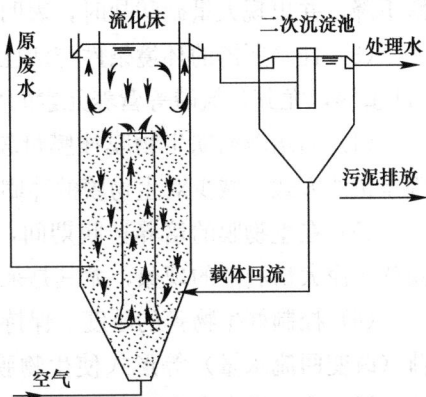

图 5-22　三相生物流化床工艺流程

任务 5.3　生物膜法的运行管理

一、生物膜的培养和驯化

使具有代谢活性的微生物污泥在生物处理系统中的填料上附着生长的过程称为挂膜。挂膜也就是生物膜处理系统膜状污泥的培养和驯化过程。

图 5-23　挂了生物膜的滤料（褐色）
与新的滤料（白色）的对比

生物膜法刚开始投运时需要有一个挂膜阶段，有两方面目的：其一是使微生物生长繁殖直至填料表面布满生物膜，其中微生物的数量能满足污水处理的要求；另一方面还要使微生物逐渐适应所处理污水的水质，即对微生物进行驯化。挂膜过程中回流沉淀池出水和池底沉泥，可促进挂膜的早日完成，如图 5-23 所示为挂了生物膜的滤料与新的滤料的对比。

挂膜过程使用的方法一般有直接挂膜法和间接挂膜法两种。

在各种形式的生物膜处理设施中，生物接触氧化池和塔式生物滤池由于具有曝气系统，而且填料量和填料空隙均较大，可以使用直接挂膜法；而普通生物滤池等设施需要使用间接挂膜法。对于生活污水、城市污水或混有较大比例生活污水的工业废水可以采用直接挂膜法，一般经过 7～10d 就可以完成挂膜过程。

进行挂膜时应注意以下几方面内容：

（1）开始挂膜时，进水流量应小于设计值，可按设计流量的 20%～40% 启动运转。在外观可见已有生物膜生成时，流量可提高至 60%～80%，待出水效果达到设计要求时，即可提高流量至设计标准。

（2）当出水中出现亚硝酸盐时，表明生物膜上硝化作用进程已开始；当出水中亚硝酸下降，并出现大量硝酸盐时，表明硝化菌在生物膜上已占优势，挂膜工作宣告结束。

（3）挂膜所需的环境条件与活性污泥培菌时相同，要求进水具有合适的营养、温度、pH 值等，尤其是氮磷等营养元素的数量必须充足，同时避免毒物的大量进入。

（4）因培养初期生物膜挂膜量较少，对池内的溶解氧控制不宜过高，并采用减少处理水量的方式，减少对生物膜的冲刷，促进生物膜的生成。

（5）在生物膜的培养挂膜期间，由于刚刚长成的生物膜适应能力较差，往往会出现膜状污泥大量脱落的现象，尤其是采用工业废水进行驯化的时候，需特别注意。

（6）控制好生物膜的厚度，保持 2mm 左右，不使厌氧层过分增长，通过调整水力负荷（改变回流水量）等形式使生物膜均衡进行脱落，并观察生物膜生物相的变化情况，防止微生物活性出现下降。

二、生物膜性状观察

1. 生物相镜检

生物滤池的生物相是分层次分布的，上层营养物浓度高，细菌占绝对优势，伴有少量鞭毛虫。中层微生物以污水中原有污染物和上层微生物的代谢产物为营养，种类比上层多。

应经常进行镜检，观察微生物性状的变化。如果前部（上层）的微生物种群后（下）移，微生物相趋于单一，后部细菌比例增大，说明生物膜反应器的效率下降，状态变差，应及时查明原因，采取措施。此时应减小有机负荷，使生物膜性状得到恢复。如果后部（下层）微生物种群上移，微生物相趋于复杂，说明反应器的能力过剩，应加大有机负荷。

2. 沉淀性能观察

性能良好的生物膜处于好氧状态，呈灰色或棕黄色，脱落菌体密实、沉淀性能好。若生物膜呈黑色，有异臭，脱落菌体的沉淀性能差，上清液浑浊，说明反应器状态不佳，应及时采取措施加以控制。

三、生物滤池的运行管理

在污水处理设备中，虽然生物滤池的运转故障很少，但仍有产生生产故障的可能性，下面介绍一些常见问题及处理措施。

1. 滤池积水

（1）滤池积水的原因

滤池积水的原因可能有以下几个方面：滤料的粒径太小或不够均匀；由于温度的骤变使滤料破裂以致堵塞孔隙；初级处理设备运转不正常，导致滤池进水中的悬浮物浓度过高；生物膜的过度剥落堵塞了滤料间的孔隙；有机负荷过高等。

（2）滤池积水的预防和处理措施

去除滤池表面的滤料；用高压水流冲洗滤料表面；停止运行积水面积上的布水器，让连续的废水流将滤料上的生物膜冲走；向滤池进水中投配一定量的游离氯；停转滤池一天或更长时间，以便使积水滤干；对于有水封墙和可以封住排水渠的滤池，可用污水淹没滤池并持续至少一天的时间；如上述方法均不见效时，可以更换滤料。

2. 滤池蝇问题

滤池蝇是一种小型昆虫，幼虫在滤池的生物膜上滋生，成体蝇在滤池周围飞翔，可飞越普通的窗纱，进入人体的眼、耳、口、鼻等处，它的飞行能力仅为方圆数百米，但可随风飞得更远。

滤池蝇的主要危害是影响环境卫生，防治滤池蝇的主要方法有以下几方面：

（1）滤池连续进水不可间断。

（2）按照与减少积水相类似的方法减少过量的生物膜。

（3）每周或隔周用污水淹没滤池 1d。

（4）彻底冲淋滤池暴露部分的内壁，如尽可能延长布水横管，使废水能洒于壁上，若池壁保持潮湿，滤池蝇则不能生存。

（5）在厂区内消除滤池蝇的避难所。

（6）在进水中加氯，使余氯保持在 $0.5 \sim 1.0 mg/L$，加药周期为 $1 \sim 2$ 周，以避免滤池蝇完成生命周期。

（7）在滤池壁表面施杀欲进入滤池的成蝇，施药周期为 $4 \sim 6$ 周，即可控制池蝇。但在施药前要考虑杀虫剂对受纳水体的影响。

3. 臭味

滤池是好氧的，一般不会有严重的臭味，若有臭味出现，则表明有厌氧的条件。臭味的防治措施如下：维护所有设备均为好氧状态；降低污泥和生物膜的积累量；当流量低时，向滤池进水中短期投加氯；出水回流；保持整个污水厂站的清洁；避免出现堵塞的下水系统；清洗所有滤池通风口；将空气压入滤池的排水系统，加大通风量；避免高负荷冲击，如避免高浓度废水的进入，以免积累；在滤池上加盖并对排放气体除臭。

4. 滤池表面结冰问题

滤池在冬天不仅处理效率低，有时还可能结冰，使其完全失效。防止结冰的措施有以下几点：减少出水回流倍数，有时可完全不回流，直到天气暖和为止；调节喷嘴，使之均匀布水；在上风向设置挡风屏；及时清除滤池边表面出现的冰块；当采用二级滤池时，可使其并联运行，减少回流量或不回流，直到天气暖和为止。

5. 布水管及喷嘴的堵塞问题

布水管及喷嘴的堵塞使废水在滤料表面上分布不均，导致进水面积减少，处理效率降低，严重时大部分喷嘴堵塞，使布水器内压增高而爆裂。

布水管及喷嘴堵塞的防治措施有：清洗所有孔口，提高初次沉淀池对油脂和悬浮物的去除率，维持滤池适当的水力负荷，以及按规定对布水器涂润滑油等。

6. 生物膜过厚问题

生物膜内部厌氧层的异常增厚，可发生硫酸盐还原、污泥发黑发臭、导致生物膜活性低下并大块脱落，使滤池局部堵塞，造成布水不均，不堵塞的部位流量及负荷偏高，出水水质下降等问题。

防治生物膜过厚的措施有：加大回流量，借助水力冲刷过厚的生物膜；采取两级滤池串联，交替进水；低频进水，使布水器的转速减慢，从而使生物膜的微生物数量下降。

四、曝气生物滤池的运行管理

生物滤池中的微生物以滤料作为其载体，滤料巨大的表面积上附着了大量的微生物，在底部曝气管所提供的氧的作用下，污水中的有机物被降解，氨氮则被氧化成硝态氮，SS也通过一系列复杂物化过程被填料及其上面的生物膜吸附截留在滤床内。

随着过滤的进行，填料层内生物膜逐渐增厚，SS不断积累，过滤水头损失逐步加大，此时应进行反冲洗，去除滤床内过量的SS及生物膜，恢复滤池能力，如图5-24所示为运行中的曝气生物滤池。

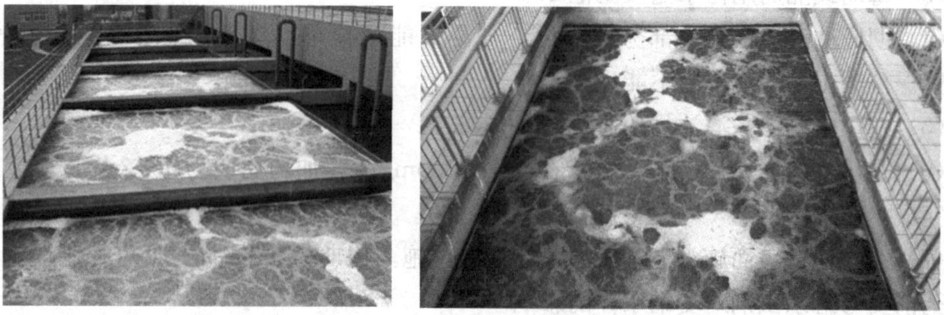

图5-24　运行中的曝气生物滤池

1. 曝气生物滤池的运行管理

（1）按生物滤池池组设置情况及运行方式，调节反应池的进水量，使反应池配水适宜。

（2）观察进入生物滤池的污水的SS值，不能过高，否则很容易堵塞滤床。

（3）应该经常观察生物滤池出水的情况，观察滤膜状态、滤膜脱落程度、上清液透明度、气味等，并定时测试和计算反映生物膜特性的有关项目。

（4）注意观察滤池曝气分布情况，如果出现堵塞率和水头损失增大而导致曝气量减少的情况，应该及时进行反冲洗，恢复滤池能力。每天至少对每个滤池进行一次反冲洗。

（5）当水温、水质突然出现大幅波动时，注意调节进水量，减少水质变化对生物膜的冲击负荷。

（6）当滤池产生泡沫和浮渣时，应根据泡沫颜色分析原因，采取相应措施恢复正常。

2. 安全操作

（1）遇大雨天气，上池工作时应该注意防滑。

（2）避开在雷雨天气时上池，等雷雨过后再上池工作。

（3）生物池产生泡沫和浮渣溢到走廊时，上池工作应注意防滑。

3. 维护保养

（1）应每3年放空、清理滤池一次，清通滤床，检修曝气装置。

（2）曝气设备、各类阀门、反冲洗泵等设备应定期进行维修。

4. 曝气生物滤池内情况

（1）观察生物滤池配水是否均匀。

（2）观察生物滤池的曝气分布是否均匀（有无曝气头堵塞）、曝气量和曝气强度是否充足、生物滤池有无大量泡沫产生。

（3）观察生物滤池中的水质情况（透明清澈，透明清澈略显绿色，透明清澈略显黄褐色，不太清澈透明略显黑色）；生物滤池上的气味是否正常，有无强烈的腐败臭味。

（4）观察生物滤池是否有大量生物膜脱落（利用滤池仪表小屋内的取样杯进行取样可以观察）。

5. 生物滤池管廊

（1）观察管廊内的气阀、气管等有无漏气等异常现象。

（2）观察管廊内的管道有无漏水等异常现象。

（3）观察管廊内的各种调节阀有无异常响声或者其他异常现象。

（4）观察管廊内的仪表显示是否正常。

五、生物接触氧化的运行管理

生物接触氧化法工艺在运行中需要注意以下几方面。

1. 填料的选择

滤料是附着生物膜生长的介质，直接影响到接触氧化池中微生物的数量、空间分布、状态和代谢活性等，还对接触氧化池中布水、布气产生影响。除使用寿命长、价格适中等通常的要求外，填料还受制于污水的性质和浓度等条件。

悬浮填料除应注意其空间形状结构外，还应注意其比重，以附着生物膜后相对密度略大于水为佳，这样在曝气后可使填料及活性污泥在接触氧化池内上下翻腾，以利于污水中有机物向生物膜中转移和对曝气气泡的切割，增强传质效果，并有利于过厚的生物膜脱落。

2. 防止生物膜过厚

操作人员应定期将填料提出水面观察其生物膜的厚度，在发现生物膜不断增厚、呈黑色并散发出臭味、生产情况也显示处理效果不断下降时应采取"脱膜"的措施，此时可通过瞬时的大流量、大气量的冲刷使过厚的生物膜从填料上脱落下来。此外还可以采用"闷曝"的方法，即停止曝气一段时间，使内层厌氧生物膜在厌氧条件下发酵，产生二氧化碳、甲烷等气体，产生的气体使生物膜与填料之间的结合度下降，此时使用气量冲刷可加强脱膜效果。

3. 及时排泥

脱落老化的生物膜若不能从池中及时排出会逐渐自身氧化，同时释放出代谢产物，这会提高处理系统的处理负荷，其中一部分代谢产物属于不可生物降解的组分，会使出水 COD 升高，并因此而影响处理的效果。另外，池底积泥过多也会引起曝气器微孔堵塞。为了避免这种情况的发生，需定期检查氧化池底部是否积泥，池中悬浮固体的浓度（即脱落的生物膜）是否过高，一旦发现池底积有黑臭的污泥或悬浮物浓度过高时应及时开启排泥系统排泥。

复习题

1. 填空题

(1) 生物膜法技术具有很强的_____，且处理效果理想，运行维护简单，不会产生_____的现象。

(2) 生物膜可认为是由一种或是多种_____和_____它们所产生的_____组成的，并附着在一种载体表面上进行生长。

(3) 生物膜法主要包括_____、_____、_____、_____四种类型。其中，生物滤池又包括_____、_____、_____等几种类型。

(4) 曝气生物滤池是集_____、_____于一体的处理设备。曝气生物滤池主要由池体、滤料层、_____、_____、_____及出水口等部分组成。

2. 选择题

(1) 生物膜中微生物群体包括好氧菌、厌氧菌和兼性菌，其中有真菌、藻类、原生菌以及蚊蝇的幼虫等较高等的动物，在生物滤池中（　　）常占优势。

A. 好氧菌　　　　　B. 厌氧菌　　　　　C. 兼性菌　　　　　D. 真菌

(2) 一般城市污水，在20℃左右的条件下，需（　　）天左右完成挂膜。

A. 5　　　　　　　B. 10　　　　　　　C. 20　　　　　　　D. 30

(3) 曝气生物滤池滤料粒径的选择取决于进水水质和设计的反冲洗周期。一般反冲周期为（　　）小时为宜，城市污水三级处理采用粒径为（　　）mm。

A. 6，1~2　　　　B. 12，3~4　　　　C. 18，3~6　　　　D. 24，3~5

3. 简答题

(1) 试简述生物膜法净化污水的基本原理？

(2) 试比较生物膜法与活性污泥法的主要区别。

(3) 普通生物滤池、高负荷生物滤池和塔式生物滤池各适用于什么条件？

(4) 高负荷生物滤池在什么条件下需要采用出水回流？回流的方式有哪两种？采用回流水后各有什么特点？

(5) 试述生物滤池性能的影响因素有哪些？

(6) 试述曝气生物滤池工作原理？在运行中应注意哪些问题？

(7) 生物接触氧化法有哪些特点？

项目6
二次沉淀池运行工段

【项目概述】

二次沉淀是污水处理工艺中不可或缺的工段，污水经过生物处理后，必须进入二次沉淀池进行泥水分离，澄清后的处理水才能达标排放，同时二沉池还为生物处理设施提供一定浓度的回流污泥。因此，二沉池的工作性能对生物处理系统的运行效果有直接影响。二次沉淀池形式很多，按池内水流方向可分为平流式、竖流式和辐流式三种。本项目主要介绍二次沉淀池的基本知识及运行管理方面的操作技能。

【学习目标】

通过本项目的学习，学生能够复述二次沉淀池的作用，解释二次沉淀池的沉淀原理；说出二次沉淀池的类型和构造；独立进行二次沉淀池的运行管理；对二沉池内的异常现象进行分析并采取措施，能够对吸、刮泥机等机械设备安全操作及进行常规的维护保养。

【学习支持】

污水生物处理工艺的处理方法、污水水质参数、污水二级处理排放标准。

【课前思考】

(1) 污水经生物处理后，混合液应怎样分离？
(2) 欲去除水中的悬浮物，应采用哪些方法？水中杂质的大小和去除方法有何关系？

沉淀池概述

沉淀池是污水处理厂分离悬浮物的一种常用的构筑物。水中悬浮物的去除,可通过水和颗粒的密度差,在重力作用下进行分离。密度大于水的颗粒将下沉,小于水的则上浮。

一、沉淀的作用

沉淀是使水中悬浮物质(主要是可沉固体)在重力作用下下沉,从而与水分离,使水质得到澄清。这种方法简单易行,分离效果好,是水处理的重要工艺,在每一种水处理过程中几乎都不可缺少。在各种水处理系统中,沉淀的作用有所不同,大致如下:

(1) 作为化学处理和生物处理的预处理。

(2) 用于化学处理或生物处理后,分离化学沉淀物、分离活性污泥或生物膜。

(3) 污泥的浓缩脱水。

(4) 灌溉农田前作灌前处理。

二、沉淀池的分类

1. 按沉淀池工艺布置的不同,可分为初次沉淀池和二次沉淀池

初次沉淀池:简称初沉池,是一级处理工艺的主体构筑物,或是二级处理工艺的预处理构筑物,设置在生物处理构筑物之前。处理的对象是悬浮物质,通过初沉池可以去除 $40\%\sim50\%$ 以上的 SS,同时可去除 $20\%\sim30\%$ 的 BOD_5,可以改善生物处理构筑物的运行条件并降低有机物负荷。

二次沉淀池:简称二沉池,设置在生物处理构筑物之后,用于分离活性污泥或脱落的生物膜,它是生物处理系统的重要组成部分。二沉池的作用是泥水分离,使经过生物处理的混合液澄清,同时对混合液中的污泥进行浓缩。

如果二沉池设置得不合理,即使生物处理的效果很好,混合液在二沉池进行泥水分离的效果不理想,出水水质仍有可能不合格。如果污泥浓缩效果不好,回流到曝气池的微生物数量就难以保证,进而影响出水水质。

2. 沉淀池按水流方向分为:平流式、竖流式和辐流式三类,如图6-1所示

(1) 平流式沉淀池。待处理水从沉淀池的一端流入,沿水平方向在池内向前流动,从另一端溢出。池表面呈长方形,污泥斗设在进口处底部。

(2) 竖流式沉淀池。表面多为圆形,也有方形、多角形。水从池中央下部进入,由下向上流动,沉淀后上清液由池面和池边溢出。

(3) 辐流式沉淀池。池表面呈圆形或方形,待处理水从池中心进入,沉淀后从池子的四周溢出,池内水流呈放射状沿水平方向流动,但流速是变化的。

3. 按截流颗粒沉降距离不同,沉淀池可分为一般沉淀池、浅层沉淀池

一般沉淀池的沉降距离为 $2\sim4m$,而斜板或斜管沉淀池的沉降距离仅为 $30\sim200mm$ 左右,是典型的浅层沉淀池。斜板沉淀池中的水流方向可以布置成同向流(水流与污泥

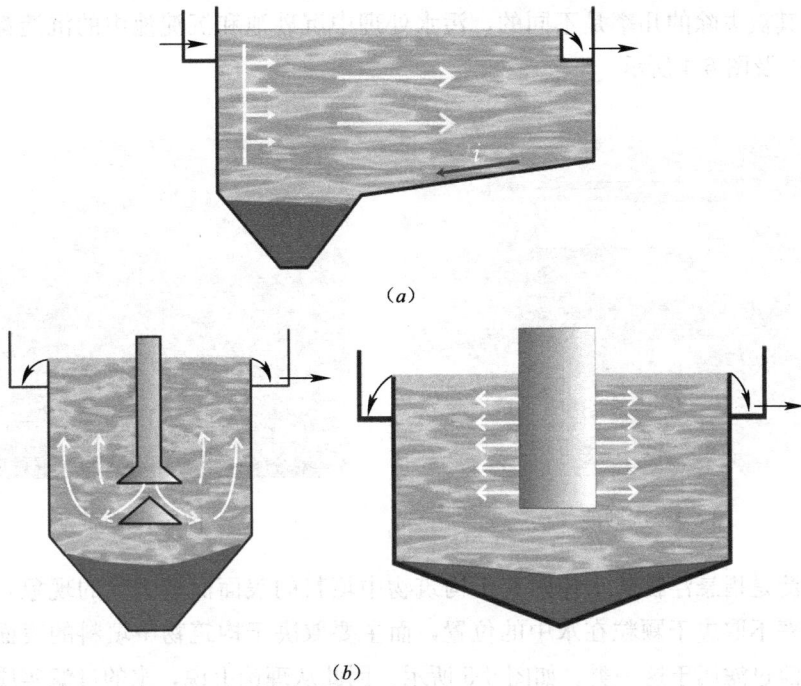

(a)

图 6-1 按水流方向不同划分的沉淀池

(a) 平流式；(b) 竖流式辐流式

方向相同)、上向流（水流与污泥方向相反）、侧向流（水流与污泥方向垂直）。如图 6-2 所示。

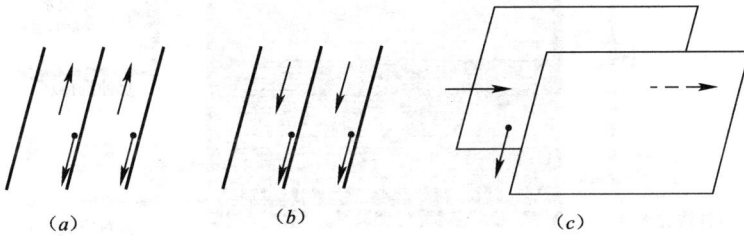

图 6-2 斜板斜管沉淀池

(a) 同向流；(b) 异向流；(c) 侧向流

任务 6.1 熟悉沉淀的基本原理

一、沉淀的分类

沉淀是从污水中分离出悬浮物的基本操作工艺过程，它利用悬浮物比水重的特点使悬浮物从水中分离。从物理化学角度上讲，沉淀可分为容积沉淀和表面沉淀。

容积沉淀是指悬浮物在构筑物中从水体中逐渐沉至底部而去除的现象，悬浮颗粒被去除的效率主要取决于它在水体中所处的位置，相同粒径的悬浮颗粒，处在水体表面和水体中部，其被去除的几率是不同的，污水处理中沉砂池和沉淀池中的沉淀都属于这一类。如图 6-3 及图 6-4 所示。

图 6-3　沉砂池

图 6-4　沉淀池

　　表面沉淀是指悬浮物从水体附着于构筑物中填料的表面而被去除的现象，悬浮颗粒被去除的效率不取决于颗粒在水中的位置，而主要取决于构筑物中填料的表面积，污水处理中的滤池过滤属于这一类。如图 6-5 所示。因此从理论上说，水的过滤实质上是悬浮物的表面沉淀过程。本项目主要介绍容积沉淀方面的知识和内容。

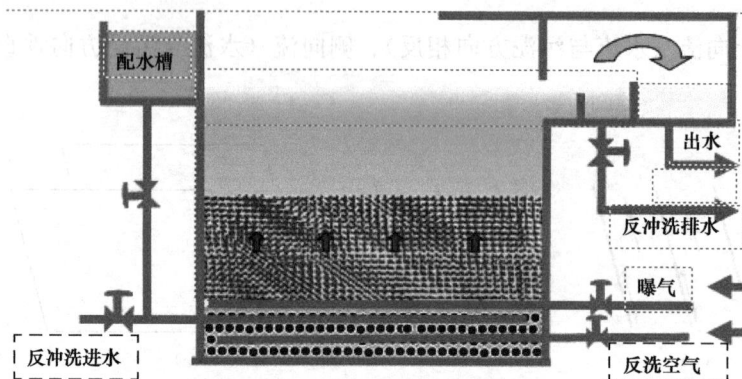

图 6-5　曝气生物滤池

图 6-6　颗粒的自由沉淀示意

　　在容积沉淀中，根据沉淀过程中悬浮颗粒间的相互关系，可将悬浮颗粒在水中的沉淀分为：自由沉淀、絮凝沉淀、拥挤沉淀和压缩沉淀四大类。

1. 自由沉淀

　　自由沉淀是指悬浮颗粒单个独立完成的沉淀过程，颗粒在下沉过程中不发生碰撞、吸附，颗粒的大小和形状不发生变化，如图 6-6 所示。污水处理中的平流沉砂池砂粒的沉淀可视为自由沉淀。

2. 絮凝沉淀

絮凝沉淀是指悬浮颗粒在沉淀过程中，互相碰撞凝结，其尺寸、质量及沉速均随深度的增加而增大的沉淀过程，如图 6-7（a）所示。形成絮凝沉淀的条件是污水中悬浮物浓度较高且具有絮凝特性。通常表现在初沉池后期、生物膜法二沉池、活性污泥法二沉池初期。

图 6-7 絮凝沉淀、拥挤沉淀、压缩沉淀示意图
（a）沉淀分离过程；（b）污水沉淀 30min 后

3. 拥挤沉淀

拥挤沉淀是指悬浮颗粒在整个沉淀过程中很"拥挤"，颗粒不可能单独下沉，而是保持相对位置不变呈整体下沉的沉淀现象，如图 6-7（a）所示。在拥挤沉淀中，会形成一个浑液面，浑液面以上为一层澄清水，浑液面以下有一个一定高度的悬浮固体浓度大体相等的区（层），整个沉淀过程表现为浑液面的下沉过程，所以拥挤沉淀也称为成层沉淀。形成拥挤沉淀的条件是悬浮颗粒粒径大体相等，或悬浮物浓度很高，以致在沉淀时造成"拥挤"，其沉降的实质就是界面下降的过程。拥挤沉淀通常表现在活性污泥法二沉池的后期以及浓缩池上部。

4. 压缩沉淀

压缩沉淀是指悬浮物颗粒在整个沉淀过程中靠重力压缩下层颗粒，使下层颗粒间隙中的水被挤压而向上流的沉淀现象，如图 6-7（a）所示。形成压缩沉淀的条件是悬浮颗粒浓度特别高，以至于不能用水中固体浓度有多高表达，而反过来用固体的含水率有多大表达。主要表现在活性污泥法二沉池污泥斗中以及浓缩池中的浓缩。

二、悬浮颗粒在静水中的自由沉淀

1. 悬浮颗粒在静水中自由沉淀的假设条件

（1）水中沉降颗粒为球形，其大小、形状、质量在沉降过程中均不发生变化；

（2）颗粒之间距离无穷大，沉降过程互不干扰；

（3）水处于静止状态，且为稀悬浮液。

2. 斯托克斯公式

$$u = \frac{gd^2(\rho_s - \rho_1)}{18\mu} \qquad (6\text{-}1)$$

式中 u——颗粒沉降速度；

d——球形颗粒直径；

ρ_s、ρ_1——分别为颗粒、水的密度；

μ——水的动力黏度。

由该公式得出的结论：

（1）颗粒沉速 u 的决定因素是 $\rho_s - \rho_1$。当 $\rho_s < \rho_1$ 时，u 呈负值，颗粒上浮；当 $\rho_s > \rho_1$ 时，u 呈正值，颗粒下沉；$\rho_s = \rho_1$ 时，$u = 0$，颗粒在水中呈相对静止状态，不沉不浮。

（2）沉速 u 与颗粒直径 d 的平方成正比，颗粒越大，沉速越快。所以增大颗粒直径 d，可大大地提高下沉（或上浮）效果。

三、理想沉淀池

1. 理想沉淀池的三个假定

（1）颗粒处于自由沉淀状态。

（2）水流沿着水平方向作等速流动，在过水断面上各点流速相等，颗粒的水平分速等于水流流速。

（3）颗粒沉到池底即认为已被去除。

2. 理想沉淀池的沉淀过程分析

理想沉淀池工作状况如图 6-8 所示。

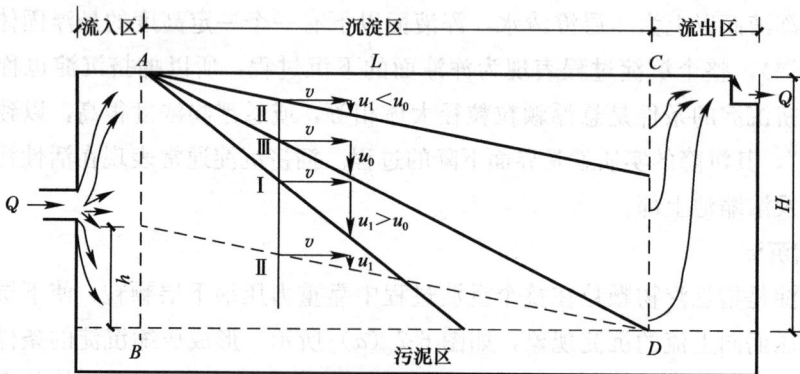

图 6-8 理想沉淀池工作状况

理想沉淀池分流入区、流出区、沉淀区和污泥区。从池中的点 A 进入的颗粒运动轨迹是水平流速 v 和颗粒沉速 u 的矢量和。直线 I 表示从池顶 A 点开始下沉而能够在池底最远处 D 点之前沉到池底的颗粒的运动轨迹。直线 II 表示从池顶 A 点开始下沉而不能够沉到池底的颗粒的运动轨迹。直线 III 表示从池顶 A 点开始下沉而正好沉到池底最远处 D 点的颗粒的运动轨迹，这种颗粒所具有的沉速称为截留沉速 u_0。

显然，沉速 $u_i \geqslant u_0$ 的颗粒，都可在 D 点前沉淀掉，见轨迹 I 所代表的颗粒。沉速

$u_i<u_0$的颗粒，视其在流入区所处位置而定。如果靠近水面则不能被去除，见轨迹Ⅱ实线所代表的颗粒；如果靠近池底就能被去除，见轨迹Ⅱ虚线所代表的颗粒。

轨迹Ⅲ所代表的颗粒沉速u_0截留沉速具有特殊意义，它反映了沉淀池所能全部去除的颗粒中的最小颗粒的沉速。

表面负荷率表示在单位时间内通过沉淀池单位表面积的流量。单位为$m^3/(m^2 \cdot s)$或$m^3/(m^2 \cdot h)$，其数值等于截留沉速，但含义却不同。

$$\frac{Q}{A} = u_0 = q \tag{6-2}$$

式中 A——沉淀池表面积，$A=BL$；

$\quad\quad Q$——沉淀池设计流量；

$\quad\quad q$——表面负荷率或溢流率。

理想沉淀池总的沉淀效率，在设定了截留沉速u_0以后，沉速$u_i<u_0$的颗粒的去除率：

$$E = \frac{u_i}{Q/A} \tag{6-3}$$

由上述分析可得如下结论：

(1) 悬浮物在沉淀池中的去除率取决于沉淀池的表面负荷q和颗粒沉速u_i，而与其他因素（如水深、池长、水平流速和沉淀时间）无关。这一理论由哈真在1904年提出。

(2) 当去除率一定时，颗粒沉速u_i越大，则表面负荷越高，产水量越大；当产水量和表面积不变时，u_i越大，则去除率越高。

(3) 颗粒沉速u_i一定时，增加沉淀池表面积可以提高去除率。当沉淀池容积一定时，池深较浅则表面积大，去除率可以提高，这就是"浅池理论"，是斜板（管）沉淀池的发展理论基础。

四、影响沉淀池沉淀效果的因素分析

实际沉淀池由于受实际水流状况和凝聚作用等的影响，偏离了理想沉淀池的假设条件。

1. 沉淀池实际水流状况对沉淀效果的影响

在理想沉淀池中，假定流速均匀分布，水流稳定。但在实际沉淀池中，停留时间总是偏离理想沉淀池，实际沉淀池中水流在池子过水断面上流速分布是不均匀的，整个池子的有效容积没有得到充分利用，一部分水流通过沉淀区的时间小于理论停留时间，而另一部分水流则大于理论停留时间，这种现象称为短流。

2. 凝聚作用的影响

悬浮物的絮凝过程在沉淀池中仍继续进行。由于沉淀池内水流流速分布不均匀，水流中存在的速度梯度会引起颗粒相互碰撞而促进絮凝。

水在池内的停留时间越长，由速度梯度引起的絮凝效果越明显；池深越大，因颗粒沉速不同引起的絮凝进行得就越彻底。故实际沉淀池的沉淀时间和水深都会影响到沉淀效果，从而偏离了理想沉淀池的假定条件。

任务 6.2　熟悉二次沉淀池类型与构造

一、平流式沉淀池

平流式沉淀池构造简单，为长方形水池，一端进水，另一端出水，贮泥斗在池进口。由进水区、沉淀区、出水区、缓冲层、污泥区及排泥装置等组成。如图 6-9 所示。平流式沉淀池多用混凝土筑造，也可用砖石结构，或用砖石衬砌的土池。平流式沉淀池构造简单，沉淀效果好，工作性能稳定，使用广泛，但占地面积较大，若加设刮泥机或对比重较大沉渣采用机械排除，可提高沉淀池工作效率。

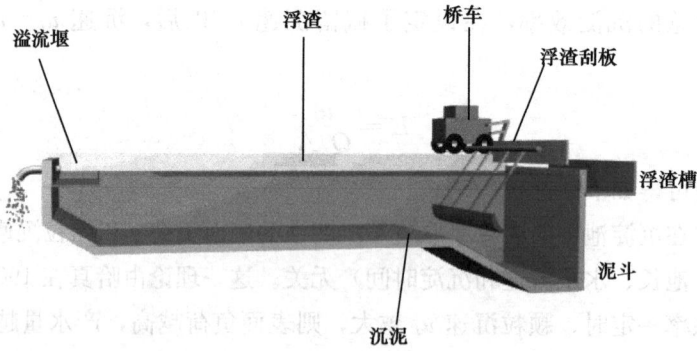

图 6-9　平流式沉淀池的构造

1. 进水区

进水区的作用是使水流均匀分布在整个断面上，尽可能减少扰动。平流式沉淀池的配水可采用进水挡板或穿孔墙进水等，入口流速小于 25mm/s。

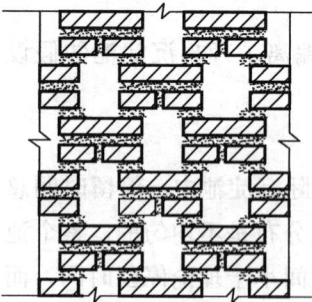

图 6-10　穿孔墙

给水处理时一般设置穿孔墙，与絮凝池合建，水流通过穿孔墙，直接从絮凝池流入沉淀池，均布于整个断面上，保护形成的矾花，如图 6-10 所示。沉淀池的水流一般采用直流式，避免产生水流的转折。一般孔口流速不宜大于 0.15～0.2m/s，孔洞断面沿水流方向渐次扩大，以减小进水口射流，防止絮凝体破碎。

污水处理中，为了保证不冲刷已有的底部沉积物，沉淀池入口一般设置配水槽和挡流板等整流装置，水的流入点应高出污泥层面 0.5m 以上。如图 6-11 所示。其目的是消能，防止在池内形成短流，使污水能均匀地分布到整个池子的宽度上。挡流板入水深小于 0.25m，高出水面 0.15～0.2m，距流入槽 0.5～1.0m。

2. 沉淀区

平流式沉淀池的沉淀区在进水挡板和出水挡板之间，长度一般为 30～50m。沉淀区的高度（有效水深 H）与其前后有关处理构筑物的高程布置有关，从水面到缓冲层上缘，

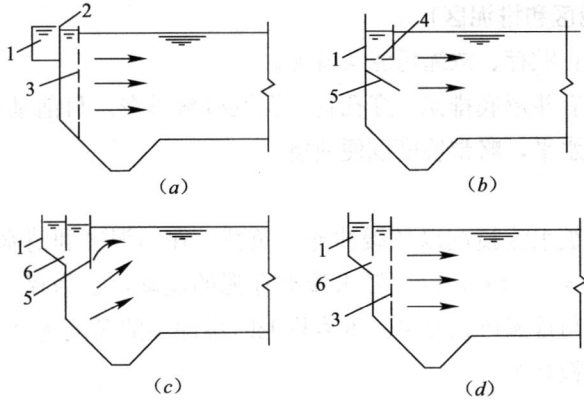

图 6-11　平流沉淀池入口的整流措施

（a）穿孔板式；（b）底孔入流与挡板组合式；（c）淹没孔入流与挡板组合式；（d）淹没孔与穿孔墙组合式
1—进水槽；2—溢流堰；3—有孔整流墙壁；4—底孔；5—挡流板；6—潜孔

一般约为 3～4m。每格宽度 3～8m，不宜大于 15m。沉淀区的长、宽、深之间相互关联，应综合考虑，一般，$L/B \geqslant 4$，$L/H \geqslant 10$。

3. 出水区

出水区一般由流出槽与挡板组成。流出槽设自由溢流堰、锯齿形堰或孔口出流等，如图 6-12 所示。出流装置常采用自由堰形式，堰前设挡板，挡板入水深 0.3～0.4m，距溢流堰 0.25～0.5m。也可采用潜孔出流以阻止浮渣，或设浮渣收集排除装置。孔口出流流速为 0.6～0.7m/s，孔径 20～30mm，孔口在水面下 12～15cm。

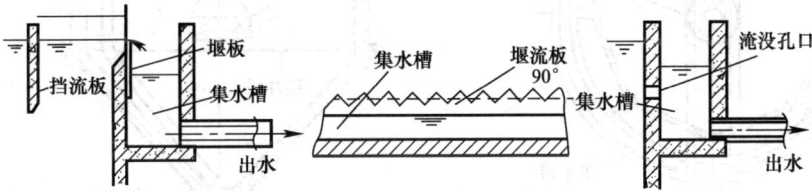

图 6-12　平流式沉淀池的出水堰形式

为了减少负荷，改善出水水质，可以增加出水堰长。目前采用较多的方法是指形槽出水，即在池宽方向均匀设置若干条出水槽，以增加出水堰长度和减小单位堰宽的出水负荷。常用增加堰长的办法如图 6-13 所示。

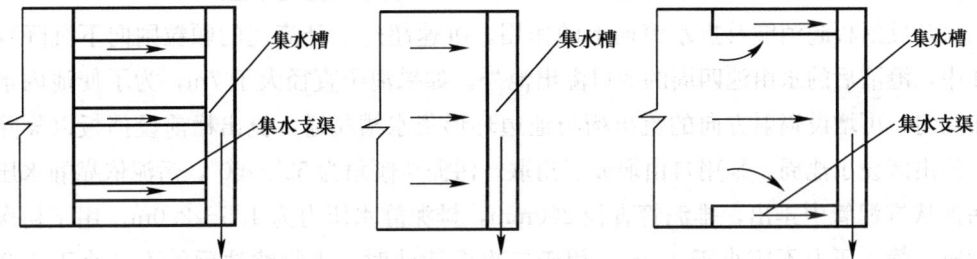

图 6-13　出口集水槽的形式

4. 污泥区（积泥区和排泥区）

污泥区的目的是：贮存、浓缩污泥与排泥。

沉淀池排泥方式有斗形底排泥、穿孔管排泥及机械排泥。目前基本都采用机械排泥，不需留存泥区，池底水平，略带坡度以便放空。

5. 缓冲区

为避免已沉污泥被水流搅起以及缓冲冲击负荷，在污泥区和清水区之间应有一个缓冲区，其深度可取 0.3～0.5m，以减轻水流对存泥的搅动，也为存泥留有余地。平流式沉淀池的缓冲层高度与排泥形式有关。重力排泥时缓冲层的高度为 0.5m，机械排泥时缓冲层的上缘高出刮泥板 0.3m。

二、竖流式沉淀池

竖流式沉淀池多呈圆形，也有采用方形和多角形的，如图 6-14 所示。直径或边长一般在 8m 以下，多介于 4～7m 之间，最大不超 10m。沉淀池上部呈柱状部分为沉淀区，下部呈截头锥状的部分为污泥区，在两区之间留有缓冲层 0.3m。

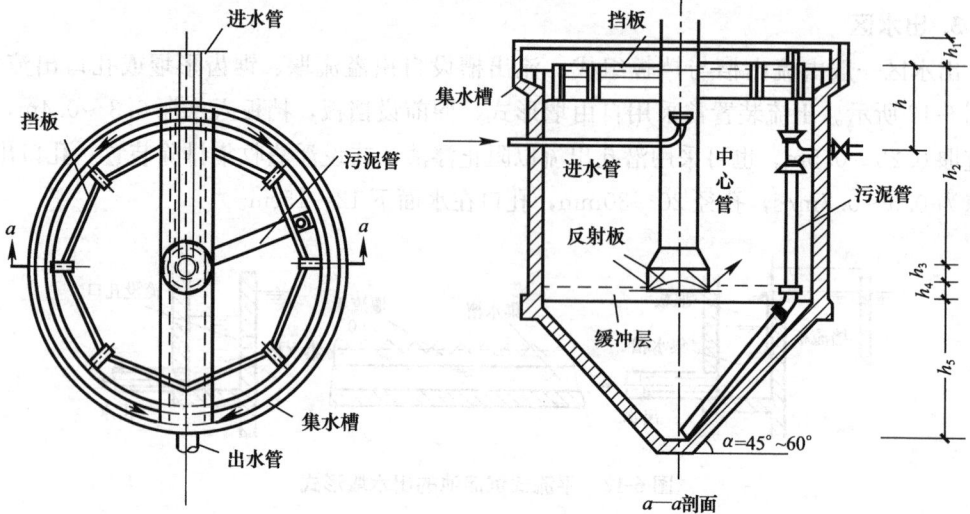

图 6-14 竖流式沉淀池

废水从中心管流入，由下部流出，通过反射板的阻拦向四周分布，然后沿沉淀区的整个断面上升，沉淀后的出水由池四周溢出。中心管内的流速不宜大于 100mm/s，末端喇叭口及反射板起消能及折水流向上的作用。沉速超过上升流速的颗粒则向下沉降到污泥斗中，澄清后的水由池四周的堰口溢出池外。如果池子直径大于 7m，为了使池内水流分布均匀，可增设辐射方向的流出槽与池边环形集水槽相通，流出槽前设挡板以隔除浮渣。流出区设于池周，采用自由堰或三角堰。污泥斗倾角为 55°～60°，污泥依靠静水压力将污泥从排泥管中排出，排泥管直径 200mm，排泥静水压力为 1.5～2.0m。用于初次沉淀池时，静水压力不应小于 1.5m；用于二次沉淀池时，生物滤池后的不应小于 1.2m，曝气池后的不应小于 0.9m。

三、辐流式沉淀池

辐流式沉淀池适用于大水量的污水沉淀处理，普通辐流式沉淀池一般呈圆形或正方形，直径一般为 6～60m，最大可达 100m，中心深度为 2.5～5.0m，周边深度 1.5～3.0m。按进、出水的布置方式，辐流式沉淀池可分为中心进水周边出水、周边进水中心出水、周边进水周边出水三种方式，如图 6-15～图 6-17 所示。

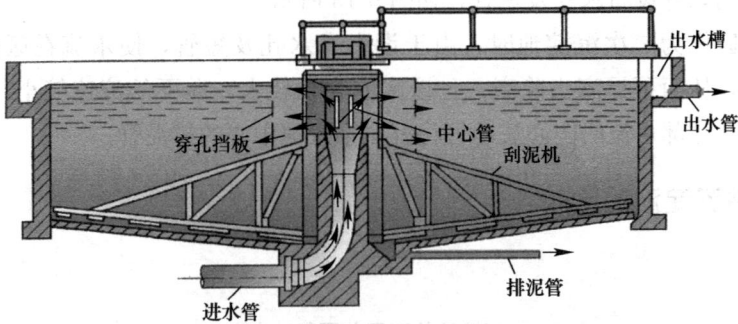

图 6-15　中心进水周边出水的辐流式沉淀池

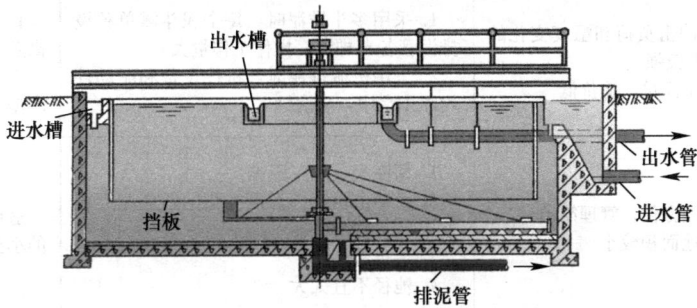

图 6-16　周边进水中心出水的辐流式沉淀池

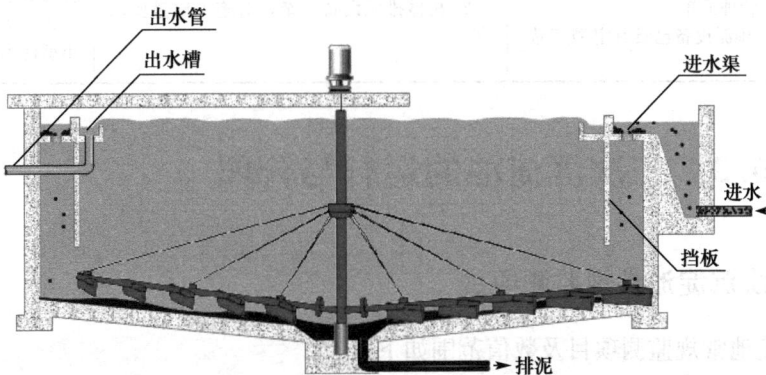

图 6-17　周边进水周边出水的辐流式沉淀池

辐流式沉淀池的排泥方式有静水压力排泥和机械排泥。普通辐流式沉淀池大多数采用机械刮泥，尤其直径大于 20m 时，几乎全部采用机械刮泥方式。池底坡度一般为 0.05，坡向中心泥斗，中心泥斗的坡度为 0.12～0.16。一般用周边传动的刮泥机，其驱动装置设在桁架的外缘。刮泥机桁架的一侧装有刮渣板，可将浮渣刮入设于池边的浮渣箱。池径或边长小于20m时，采用多斗静水压力排泥。若用机械排泥，一般用中心传动的刮泥机，其驱动装置设在池子中心走道板上。

向心辐流式沉淀池是圆形，周边为流入区，而流出区既可设在池中心，也可以设在池周边。由于结构上的改进，在一定程度上可以克服普通辐流式沉淀池的缺点。向心辐流式沉淀池有5个功能区，即配水槽、导流絮凝区、沉淀区、出水区和污泥区。配水槽设于周边，槽底均匀开设布水孔及短管，如图6-16所示。

导流絮凝区作为二次沉淀池时，由于设有布水孔及短管，使水流在区内形成回流，促进絮凝作用，从而可提高去除率；且该区的容积较大，向下的流速较小，对池底部沉泥无冲击现象。底部水流的向心流动可将沉泥推入池中心的排泥管。

四、各种沉淀池的比较

见表6-1。

沉淀池的适用范围优缺点 表6-1

池型	优点	缺点	适用条件
平流式	1. 对冲击负荷和温度变化的适应能力较强 2. 施工简单，造价低	1. 采用多斗排泥时，每个泥斗需单独设排泥管各自排泥，操作工作量大 2. 采用机械排泥时，机件设备和驱动件均浸于水中，易腐蚀	1. 适用地下水位较高及地质较差的地区 2. 适用于大、中、小型污水处理厂
竖流式	1. 排泥方便，管理简单 2. 占地面积较小	1. 深度大，施工困难 2. 对冲击负荷及温度变化的适应能力较差 3. 造价较高 4. 池径不宜太大	适用于处理水量不大的小型污水处理厂
辐流式	1. 采用机械排泥，运行较好，管理简单 2. 排泥设备已具有定型产品	1. 池水水流速度不稳定 2. 机械排泥设备复杂，对施工质量要求高	1. 适用于地下水位较高的地区 2. 适用于大、中、小型污水处理厂

任务6.3 二次沉淀池的运行与管理

一、二次沉淀池常规监测项目

二次沉淀池常规监测项目及数值范围如下：

（1）pH值：具体值与污水水质有关，一般略低于进水值，正常值为6～9。

（2）悬浮物（SS）：活性污泥系统运转正常时，二次沉淀池出水SS应当在20mg/L以下，最大不应该超过50mg/L。

（3）溶解氧（DO）：因为活性污泥中微生物在二次沉淀池继续消耗氧，出水溶解氧值应略低于曝气池出水。

（4）氨氮和磷酸盐：应达到国家有关排放标准，一级排放标准要求氨氮小于 15mg/L，磷酸盐小于 0.5mg/L。

（5）有毒物质：达到国家有关排放标准对有毒物质的要求。

（6）泥面：生产上可以使用在线泥位计实现剩余污泥排放的自动控制。

（7）透明度。

二、二次沉淀池工艺运行控制与管理

沉淀池运行管理的基本要求是保证各项设备安全完好，及时调控各项运行控制参数，保证出水水质达到规定的指标。为此，应着重做好以下几方面工作。

1. 避免短流

短流是影响沉淀池出水水质的主要原因之一。形成短流现象的原因很多，如进入沉淀池的流速过高；出水堰的单位堰长流量过大；沉淀池进水区和出水区距离过近；沉淀池水面受大风影响；池水受到阳光照射引起水温的变化；进入水和池内水的密度差；以及沉淀池内存在的柱、导流壁和刮泥设施等，均可形成短流。

2. 配水与出水

多个沉淀池并列运行时，应将污水水量均匀地分配到各池，以充分发挥各池的能力，并保持同样的沉淀效果。如果水量分配均匀时，发现各池沉淀效果有明显差异，在无其他原因时，可适当改变各池分担的流量，提高各池和整个系统出水水质。出水时，观察出水堰堰口是否保持水平，各堰出流是否均匀，堰口是否严重堵塞，必要时应调整堰板的安装状况，或在堰口设置调节块，或堰前设置挡板均衡出水流量。

3. 悬浮物的去除

悬浮物可分为颗粒状和絮体状两类。颗粒状悬浮物彼此独立以恒速沉降，在沉降中颗粒大小、形状和质量不变；絮体状悬浮物由絮凝而形成的絮体颗粒组成，主要为有机物，它在沉降时不断凝结，颗粒大小、形状和相对密度都有所变化，凝块通常较单个颗粒沉得快。在二次沉淀池中，主要是沉降曝气池出流的微生物，所以以絮凝沉降为主。

4. 刮泥与排泥操作

污水处理的沉淀池中所含污泥量较多，绝大部分为有机物，如不及时排泥，就会产生厌氧发酵，致使污泥上浮，不仅破坏了沉淀池的正常工作，而且使出水水质恶化，如出水中溶解性 BOD 值上升、pH 值下降等。初次沉淀池排泥周期一般不宜超过 2d，二次沉淀池排泥周期一般不宜超过 2h。

5. 防止藻类滋生

藻类滋生虽不会严重影响沉淀池的运转，但对出水的水质不利。防治措施是：在原水中加氯，以抑止藻类生长，采用三氯化铁混凝剂亦对藻类有抑制作用。

三、二次沉淀池维护管理过程中的注意事项

（1）经常检查并调整二次沉淀池的配水设备，确保进入各池的混合液流量均匀。

（2）检查浮渣斗的积渣情况并及时排出，经常用水冲洗浮渣斗，同时注意浮渣刮板与浮渣斗挡板配合是否适当，并及时调整或修复。

（3）经常检查并调整出水堰板的平整度，防止出水不均和短流现象的发生，及时清除挂在堰板上的浮渣和挂在出水槽上的生物膜。

（4）巡检时仔细观察出水的感官指标，如污泥界面的高低变化、悬浮污泥量的多少、是否有污泥上浮现象等，发现异常后及时采取针对措施解决，以免影响水质。

（5）经常检查出水是否带走微小污泥絮粒，造成污泥异常流失。

（6）及时清洗出水槽上的生物膜。

（7）经常观察二次沉淀池液面，看是否有污泥上浮现象。

（8）巡检时注意辨听刮泥、刮渣、排泥设备是否有异常声音，同时检查其是否有部件松动等，并及时调整或修复。

（9）定期（一般每年一次）将二次沉淀池放空检修，重点检查水下设备、管道、池底与设备的配合等是否出现异常，并根据具体情况进行修复。

（10）由于二次沉淀池一般埋深较大，因此，当地下水位较高而需要将二次沉淀池放空时，为防止出现漂池现象，一定要事先确认地下水位的具体情况，必要时可以先降水位再放空。

（11）按规定对二次沉淀池常规监测项目进行及时的分析化验。

四、沉淀设施的维护和保养

（1）刮吸泥机设备长期停置不用时，应将主梁两端加支墩。

（2）气提装置应定期检修。

（3）刮吸泥机的行走机构应定期检修。

（4）每班班前及班后15min由操作者负责进行：

1）查阅上班次的交班记录，了解机械设备运行情况及存在的问题；

2）清扫、擦拭机械设备的走台、栏杆、中心圆台，做到无蛛网、积尘；

3）检查设备各部位完好情况、减速箱油面情况，保证润滑良好；

4）开机运行，注意运转情况，清除排渣斗积渣。

（5）每月进行一次一级保养，由操作者进行，维修工协助。

1）全面清扫、擦拭机械设备各部位，做到无蛛网、积尘、油污、锈蚀；

2）全部行走轮加注润滑油；

3）检查行走钢轨固定螺栓有无松动、异常；

4）电器部分由电工保养，按电器要求进行。

（6）每年进行一次二级保养，由维修工为主，操作工协助进行，除执行一级保养内容外，还应做好以下工作：

1）全部行走轮更换润滑脂；

2）减速箱换油，放清旧油后清洗，添加150号中极压齿轮油至规定油位上限；

3）检查调整行走轮与减速箱同轴度；

4）检修电气系统，保证接触可靠，控制良好；

5）全面检查紧固钢轨螺栓，检查钢轨踏面情况；

6）修理刮渣板，更换橡皮；

7）整体防腐，检查更换刮泥板橡皮（每两年一次）。

五、二沉池的安全操作

（1）根据工艺要求启闭排泥回流阀，利用开启度控制回流污泥量；

（2）二沉池设有放空阀，放空时要注意厂区各排渣中井及污水集水井水位，并与泵房联系以免造成事故；

（3）每班要求2h巡视检查并清理出水堰及出水槽内壁截留杂物及漂浮物，观察水质变化情况，调节外回流泵数量，控制混合液的浓度；

（4）每班至少两次用量筒观察出水水质，不允许二沉池有污泥漂浮现象。

六、二沉池常见故障原因分析与对策

1. 出水悬浮物增多

二次沉淀池内出水悬浮物突然增多的原因及相应的解决对策如下：

（1）活性污泥膨胀使污泥沉降性能变差，泥水界面接近水面，部分污泥碎片经出水堰溢出；对策是通过分析污泥膨胀的原因，逐一排除；

（2）进水量突然增加，使二沉池表面水力负荷升高，导致上升流速加大、影响活性污泥的正常沉降，水流夹带污泥碎片经出水堰溢出；对策是充分发挥调节池的作用，使进水尽可能均衡；

（3）出水堰或出水集水槽内藻类附着太多；对策是操作运行人员及时清除这些藻类；

（4）曝气池活性污泥浓度偏高，二沉池泥水界面接近水面，部分污泥碎片经出水堰溢出；对策是加大剩余污泥排放量；

（5）活性污泥解体造成污泥的絮凝性下降或消失，污泥碎片随水流出；对策是找到污泥解体的原因，逐一排除和解决；

（6）吸（刮）泥机工作状况不好，造成二沉池污泥或水流出现短流现象，局部污泥不能及时回流，部分污泥在二沉池停留时间过长，污泥缺氧腐化解体后随水流溢出；对策是及时修理吸（刮）泥机，使其恢复正常工作状态；

（7）活性污泥在二沉池停留时间过长，污泥因缺氧腐化解体后随水流溢出；对策是加大回流污泥量，缩短停留在二沉池中的停留时间；

（8）水温较高且水中硝酸盐含量较多时，二沉池出现污泥反硝化脱氮现象，氮气裹带大块污泥上浮到水面后随水流溢出；对策是加大回流污泥量，缩短污泥在二沉池停留时间。

2. 二沉池出水溶解氧偏低的原因及对策

（1）活性污泥在二沉池停留时间过长，污泥中好氧微生物继续消耗氧，导致二沉池出水中溶解氧下降；对策是加大回流污泥量，缩短停留时间；

（2）吸（刮）泥机工作状况不好，造成二沉池局部污泥不能及时回流，部分污泥在二沉池停留时间过长，污泥中好氧微生物继续消耗氧，导致二沉池出水中溶解氧下降；对策是及时修理吸（刮）泥机，使其恢复正常工作状态；

（3）水温突然升高，使好氧微生物生理活动耗氧量增加，局部缺氧区厌氧微生物活动加强，最终导致二沉池出水中溶解氧下降；对策是设法延长污水在均质调节等预处理设施中的停留时间，充分利用调节池的容积使高温水加大循环，或通过加强预曝气促进水汽蒸发来降低温度。

3. 二沉池出水 BOD₅ 与 COD 突然升高的原因及对策

（1）进入曝气池的污水水量突然加大、有机负荷突然升高或有毒有害物质浓度突然升高等；对策是加强污水水质监测和充分发挥调节池的作用，使进水尽可能均衡；

（2）曝气池管理不善，如曝气充氧量不足等，导致出水突然升高；对策是加强对曝气池的管理，及时调整各种运行参数；

（3）二沉池管理不善，如浮渣清理不及时、刮泥机运转不正常等；对策是加强对二沉池的管理，及时巡检，发现问题立即整改。

4. 二沉池污泥上浮的原因及对策

二沉池污泥上浮指的是污泥在二沉池内发生酸化或反硝化导致的污泥漂浮到二沉池表面的现象。

（1）污泥在二沉池内停留时间过长，发生厌氧反应而产生 H_2S 等气体附着在污泥絮体上，使其密度减小，造成污泥的上浮，称之为腐败上浮。

（2）当系统发生硝化反应，进入二沉池污泥便会发生反硝化反应，产生的 N_2 同样会附着在污泥絮体上，使其密度减小，造成污泥的上浮称之为脱氮上浮。

控制污泥上浮的措施，一是及时排出剩余污泥和加大回流污泥量；二是加强曝气池末端的充氧量，提高进入二沉池的混合液中的溶解氧含量，保证二沉池中污泥不处于厌氧或缺氧状态。

5. 二沉池表面出现泡沫浮渣的原因及对策

二沉池表面出现浮渣后，首先应检查刮渣板、浮渣斗和浮渣冲洗水是否正常，浮渣泵是否出现问题，如果是刮渣系统本身的故障，应立即修理。

污水中含有表面活性剂、类脂化合物等能引起放线菌迅速增殖的有机物，导致二沉池表面出现生物泡沫浮渣。对策是用水喷洒、减少曝气时间、投加氧化消毒剂或混凝剂等。

6. 二次沉淀池出水带走微小污泥絮粒，造成污泥异常流失

二次沉淀池出水带走微小泥粒的原因和相应的解决对策如下：

（1）污泥负荷偏低且曝气过度；对策是降低污泥负荷，减小曝气量。

（2）入流污水中有毒物质浓度突然升高导致活性污泥微生物中毒；对策是查明污水中是否存在有毒物质，采取相应措施。

（3）活性污泥浓度降低而解絮；对策是提高活性污泥浓度，必要时可投加混凝剂。

复习题

1. 选择题

（1）沉淀池的形式按（　　）不同，可分为平流式、辐流式、竖流式 3 种形式。

A. 结构　　　　B. 水流方向　　　　C. 容积　　　　D. 水流速度

（2）沉淀池的操作管理中主要工作为（　　）。

A. 撇浮渣　　　　B. 取样　　　　C. 清洗　　　　D. 排泥

（3）污水由中心管处流出，沿半径方向向池四周流出，构造呈圆形的沉淀池被称为（　　）沉淀池。

A. 平流式　　　　　B. 推流　　　　　C. 竖流式　　　　　D. 辐流式

（4）二沉池的排泥方式应采用（　　）。

A. 静水压力　　　B. 自然排泥　　　C. 间歇排泥　　　D. 连续排泥

2. 判断题

（1）污水由中心管处流出，沿半径方向向池四周流出，构造呈圆形的沉淀池被称为推流式沉淀池。（　　）

（2）在二级处理中，初沉池是起到了主要作用的处理工艺。（　　）

（3）辐流式沉淀池的排泥方式一般采用静水压力的方法。（　　）

（4）沉淀设备中，悬浮物的去除率是衡量沉淀效果的重要指标。（　　）

3. 问答题

（1）沉淀池有哪几种类型？各有何特点？

（2）二沉池出水悬浮物含量增大的原因有哪些？应如何处理？

（3）二沉池出水溶解氧偏低的原因是什么？应如何提高二沉池的溶解氧含量？

（4）二沉池污泥上浮的原因有哪些？解决的相应方法是什么？

项目 7
厌氧生物处理工段

【项目概述】

废水厌氧生物处理是利用厌氧微生物来分解废水中有机物的废水处理方法，厌氧生物法不仅可用于处理有机污泥和高浓度有机废水，也用于处理中低浓度有机废水，包括城市污水。本项目主要介绍废水厌氧处理的基本原理、常用处理工艺的特点、构筑物的结构和工作原理及常用厌氧反应器的运行管理等内容。

【学习目标】

通过对厌氧生物处理工段的学习，使学生能够说出参与厌氧消化的主要微生物，厌氧消化过程机理及各阶段的主要产物；能复述影响厌氧消化的主要因素，厌氧处理法的主要工艺特征；能画出厌氧生物处理常用工艺流程，叙述反应器结构组成及作用，说出主要工艺参数及其在处理废水中的应用；能够对 UASB 处理工艺进行日常管理、设备维护、正常运行等工作，包括反应器的启动、操作、控制工艺参数等；对常见水质异常现象进行分析，正确找到解决问题的对策，保障厌氧生物处理水质工艺效果。

【学习支持】

污水好氧生物处理、微生物的新陈代谢、厌氧微生物的种类及特点。

【课前思考】

(1) 污水好氧生物处理的主要方法有哪些?

(2) 污水好氧生物处理废水的水质条件和操作环境是什么?

厌氧生物处理概述

活性污泥法和生物膜法是在有氧条件下,由好氧微生物降解污水中的有机物,最终产物是水和二氧化碳,作为无害化和高效化的方法被推广应用。但当污水中有机物含量很高时,特别是有机物含量大大超过生活污水的工业废水,采用好氧法就显得能耗太多,同时产生大量的生物污泥,这些污泥必须妥善处理,否则会造成环境的二次污染,运行管理很不经济。因此,对高浓度有机废水及沉淀污泥处理一般采用厌氧消化法。所谓厌氧消化,即在无氧的条件下,由兼性菌及专性厌氧细菌降解有机物,最终产物是二氧化碳和甲烷气体,使污泥得到稳定的过程。

一、厌氧微生物

厌氧细菌有两种存活状态,一种是只要有氧存在就不能生长繁殖的细菌,称为绝对厌氧菌;另一种是不论有氧存在与否都能增长的细菌,称为兼性厌氧细菌(也称兼性细菌)。当流入废水的 BOD 浓度较高,细菌在好氧状态下增长以后,由于缺氧会使各种厌氧细菌繁殖起来。厌氧生物处理中的厌氧微生物主要有产甲烷细菌和产酸发酵细菌。

二、厌氧生物处理的主要方法

厌氧处理法最早用于处理城市污水处理厂的沉淀污泥,即污泥消化,后来用于处理高浓度有机废水,采用的是普通厌氧生物处理法。普通厌氧处理法的主要缺点是水力停留时间长,污泥中温消化时,一般需 20～30d。因为水力停留时间长,所以消化池的容积大,基本建设费用和运行管理费用都较高,这个缺点长期限制了厌氧生物处理法在各种有机废水处理中的应用。

20 世纪 60 年代以后,由于能源危机导致能源价格猛涨,厌氧处理技术日益受到人们的重视,对这一技术在废水领域的应用开展了广泛、深入的科学研究工作,陆续出现了各种节能高效的厌氧生物处理技术,这些新型高效厌氧反应器工艺与传统消化池比较有一共同的特点:提高了厌氧反应负荷和处理效率,延长了污泥停留时间,提高了污泥浓度,改善了反应器内的流态。污水厌氧生物处理工艺按微生物的凝聚形态可分为厌氧活性污泥法和厌氧生物膜法。厌氧活性污泥法包括厌氧接触消化池、升流式厌氧污泥床、厌氧颗粒污泥膨胀床等;厌氧生物膜法包括厌氧生物滤池、厌氧流化床和厌氧生物转盘等。

三、厌氧生物处理特点

厌氧生物处理是利用厌氧微生物的代谢过程，在无氧的情况下把有机物转化为无机物和少量的细胞物质，这些无机物主要包括大量的生物气和水。此生物气俗称沼气，沼气的主要成分是约2/3的甲烷和1/3的二氧化碳，是一种可回收的能源。

1. 厌氧处理具有下列优点

（1）处理成本低

在处理成本上厌氧处理法比好氧处理要便宜得多，特别是对COD为1500～4000mg/L的废水更是如此。

（2）能耗低

厌氧处理不但能源需求很少而且还能产生大量的能源。厌氧法处理污水可回收沼气，回收的沼气可用于锅炉燃料或家用燃气。当处理水COD在4000～5000mg/L之间，回收沼气的经济效益较好。

（3）应用范围广

厌氧生物处理技术比好氧生物处理技术对有机物浓度适应性广。好氧生物处理只能处理中、低浓度有机污水，而厌氧生物处理则对高、中、低浓度有机污水均能处理。

（4）污泥负荷高

厌氧反应器容积负荷比好氧法要高得多，单位反应器容积的有机物去除量也高得多，特别是新一代的高速厌氧反应器更是如此，因此其反应器负荷高、体积小、占地少。厌氧法可直接处理高浓度有机废水和剩余污泥。

（5）剩余污泥量少

处理同样数量的废水厌氧法仅产生相当于好氧法1/10～1/6的剩余污泥，并且厌氧法产生的剩余污泥脱水性能好，脱水时可不使用或少使用絮凝剂，因此剩余污泥处理要容易得多，可减轻后续污泥处理的负担和运行费用。

（6）对营养物的需求量较低

一般认为，若以可生物降解的BOD为计算依据，好氧方法氮和磷的需求量为BOD：N：P＝100：5：1，而厌氧方法为C：N：P＝（200～300）：5：1。有机废水一般已含有一定量的氮和磷及多种微量元素，可满足厌氧微生物的营养要求，因此厌氧方法可以不添加或少添加营养盐。

（7）易管理

厌氧法的菌种可以在停止供给废水与营养的情况下保留其生物活性与良好的沉淀性能至少1年以上，这一特性为其间断地或季节性地运行提供了有利条件，厌氧颗粒污泥因此可作为新建厌氧处理厂的种泥出售。

（8）灵活性强

厌氧系统规模灵活，可大可小，设备简单，易于建设，无需昂贵的设备。目前处理工业废水的上流式厌氧污泥床反应器（UASB），从几十立方米到上万立方米的规模都运行良好。

2. 厌氧处理法的缺点

（1）不能去除废水中的氮和磷

采用厌氧生物处理废水，一般不能去除废水中氮和磷等营养物质，虽然厌氧法在去除 COD 和 BOD 方面具有高效低耗的优点，但因不能去除氮和磷，使该法的应用存在局限性。

（2）厌氧法启动过程较长

因为厌氧微生物的世代期长，增长速率低，污泥增长缓慢，所以厌氧反应器的启运过程很长，一般启动期长达 3~6 个月，甚至更长，如要达到快速启动，必须增加接种污泥量，从而增加启动费用。

（3）运行管理较为复杂

由于厌氧菌的种群较多，互相又密切相关，对运行管理较为严格，稍有不慎，可能使两种菌群失去平衡，使反应器不能正常工作，如进水负荷突然提高，反应器的 pH 值会下降，如不及时发现控制，反应器就会出现"酸化"现象，使产甲烷菌受到严重抑制、甚至使反应都不能再恢复正常运行，必须重新启动。

（4）卫生条件较差

一般废水中均含有硫酸盐，厌氧条件下会释放出硫化氢等气体，如果反应器不能做到完全密闭，就会散发出臭气，引起二次污染，因此，厌氧处理系统的各处理构筑物应尽可能密封，以防臭气散发。

（5）有机物去除不彻底

厌氧处理废水中有机物时往往不够彻底，一般单独采用厌氧生物处理不能达到排放标准，所以厌氧处理必须要与好氧处理相结合。

（6）厌氧微生物对有毒物质较为敏感

厌氧微生物对有毒物质较为敏感，因此，对于有毒废水性质了解地不足或操作不当可能导致反应器运行条件的恶化。近年来人们发现，厌氧细菌经驯化后可以极大地提高其对毒性物质的耐受力。

任务 7.1　认知厌氧消化

一、厌氧消化机理

厌氧生物处理是一个复杂的微生物化学过程，1979 年，伯力特（Bryant）等人根据微生物的生理种群，提出厌氧三阶段理论，是当前较为公认的理论模式。所谓三阶段理论是依靠三大主要菌群的细菌，即水解产酸细菌、产氢产乙酸细菌和产甲烷细菌的联合作用完成厌氧消化过程，因而可将厌氧消化过程划分为连续三个阶段——水解酸化阶段、产氢产乙酸阶段和产甲烷阶段。

1. 第一阶段——水解酸化阶段

水解酸化阶段是将复杂的大分子、不溶性有机物先在细胞外酶的作用下水解为小分子、溶解性有机物，然后转入细胞体内，分解产生挥发性有机酸、醇类、醛类等。这个阶段主要产生较高级脂肪酸。

参与第一阶段的微生物包括细菌、原生动物和真菌，统称水解与发酵细菌，大多数为专性厌氧菌，也有不少兼性厌氧菌。根据其代谢功能可分为纤维素分解菌、碳水化合物分解菌、蛋白质分解菌、脂肪分解菌几大类。

2. 第二阶段——产氢产乙酸阶段

在产氢产乙酸菌的作用下，将第一阶段的产物被进一步转化为乙酸、氢气、CO_2 以及新的细胞物质。

参与厌氧消化第二阶段的微生物是一群极为重要的菌种——产氢产乙酸菌以及同型乙酸菌。它们能够在厌氧条件下，将丙酮酸及其他脂肪酸转化为乙酸、CO_2，并放出 H_2。同型乙酸菌的种属有乙酸杆菌，它们能够将 CO_2、H_2 转化成乙酸，也能将甲酸、甲醇转化为乙酸。由于同型乙酸菌的存在，可促进乙酸形成甲烷的进程。

3. 第三阶段——产甲烷阶段

在这一阶段，产甲烷细菌将乙酸、氢气、碳酸、甲酸和甲醇转化为甲烷、二氧化碳和新的细胞物质。此过程由两类生理功能截然不同的产甲烷菌完成，一类把 H_2 和 CO_2 转化成甲烷，另一类从乙酸或乙酸盐脱羧产生 CH_4，前者约占总量的 1/3，后者约占 2/3。

参与厌氧消化第三阶段的菌种是甲烷菌或称为产甲烷菌，是甲烷发酵阶段的主要细菌，属于绝对的厌氧菌，主要代谢产物是甲烷。常见的甲烷菌有甲烷杆菌、甲烷球菌、甲烷八叠球菌、甲烷螺旋菌四种类型。

综上，厌氧消化三阶段的模式如图 7-1 所示。

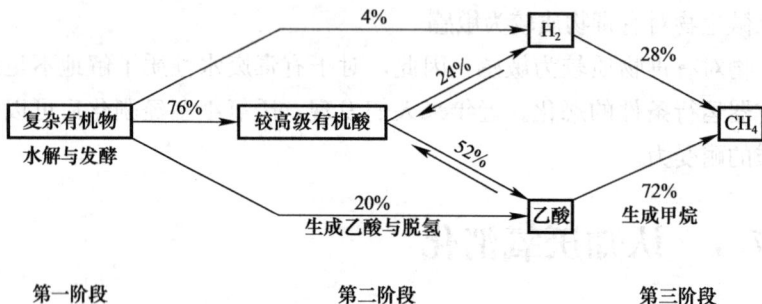

图 7-1　有机物厌氧消化三阶段模式图

虽然厌氧消化过程可分为以上三个阶段，但是在厌氧反应器中，三个阶段是同时进行的，并保持某种程度的动态平衡。该平衡一旦被 pH 值、温度、有机负荷等外界因素所破坏，则首先将使产甲烷阶段受到抑制，其结果会导致低级脂肪酸的积存和厌氧进程的异常变化，甚至导致整个消化过程停滞。

二、厌氧消化的影响因素

因甲烷菌对环境条件的变化最为敏感，其反应速度决定了整个厌氧消化的反应进程，因此厌氧反应的各项影响因素也以对甲烷菌的影响因素为准。

1. 温度

温度是消化的主要影响因素之一。温度适宜时，细菌发育正常，有机物分解完全，产气量高。根据操作温度不同，可分为常温消化（10～34℃），中温消化（35～40℃），高温消化（50～55℃）。中温甲烷菌适应温度区为 30～36℃，高温甲烷菌适应温度区为 50～53℃。产甲烷菌一定温度范围内驯化后，温度稍有升降（±2℃），都可严重影响消化作用。因此，厌氧消化过程中，应尽量保持温度不变。

2. 污泥投配率

污泥投配率是指每日加入消化池的新鲜污泥体积占消化池有效容积的百分比。

投配率是消化池设计的重要参数，投配率过高，消化池内脂肪酸可能积累，pH 下降，污泥消化不完全，产气率降低；投配率过低，污泥消化完全，产气率较高，消化池容积大，基建费用增高。根据我国污水处理厂的运行经验，城市污水处理厂中温消化的新鲜污泥投配率以 5%～8% 为宜，相应的消化时间为 20～12.5d。

3. 搅拌与混合

厌氧消化是由细菌体的内酶和外酶与底物进行的接触反应，所以必须使两者充分混合。搅拌操作可以使新鲜污泥与熟污泥均匀接触，加速热传导；均匀地供给细菌养料，打碎液面上的浮渣层，提高消化池的负荷。搅拌的方法一般有：消化气循环搅拌法、泵加水射器搅拌法和混合搅拌法等。

4. 营养与 C/N 比

厌氧消化池中，细菌生长所需营养由污泥提供。合成细胞所需的碳（C）源担负着双重任务，其一是作为反应过程的能源，其二是合成新细胞。要求 C/N 比达到（10～20）：1 为宜。C/N 比太高，细菌氮量不足，消化液缓冲能力低，pH 值容易下降；反之，氮量过多，pH 值可能上升到 8.0 以上，有机物分解受到抑制。根据统计结果，各种污泥的 C/N 见表 7-1。

各种污泥底物含量及 C/N　　　　　　　　表 7-1

底物名称	污泥种类		
	初次沉淀池污泥	活性污泥	混合污泥
碳水化合物（%）	32.0	16.5	26.3
脂肪、脂肪酸（%）	35.0	17.5	28.5
蛋白质（%）	39.0	66.0	45.2
C/N	（9.40～10.35）：1	（4.60～5.04）：1	（6.80～7.50）：1

从 C/N 看，初次沉淀池污泥的营养成分比较合适，混合污泥次之，而活性污泥不大适宜单独进行厌氧消化处理。

5. 有毒物质

所谓"有毒"是相对的，事实上任何一种物质对甲烷消化都有两方面的作用，即有促进与抑制甲烷细菌生长的作用。关键在于它们的浓度界限，即毒阈浓度。当有毒物质浓度超过一定的范围时，就会使甲烷菌中毒，停止甲烷的产生。

6. 酸碱度、pH 值和消化液的缓冲作用

水解与发酵菌及产酸产氢菌对 pH 的适应范围大致为 5～6.5，而甲烷菌对 pH 的适应范围为 6.6～7.5 之间，即只允许在中性附近波动。在消化系统中，如果水解发酵阶段与产酸阶段的反应速率超过产甲烷阶段，则 pH 会降低，影响甲烷菌的生活环境。但是，在消化系统中，由于消化液的缓冲作用，在一定范围内可以避免发生这种情况。

三、厌氧消化池

1. 池形

厌氧消化的设备主要是消化池，消化池的基本池形有圆柱形和蛋形两种。

圆柱形厌氧消化池的池径一般为 6～35m，池总高与池径之比取 0.8～1.0，池底、池盖倾角一般取 15°～20°，池顶集气罩直径取 2～5m，高 1～3m。如图 7-2 所示。

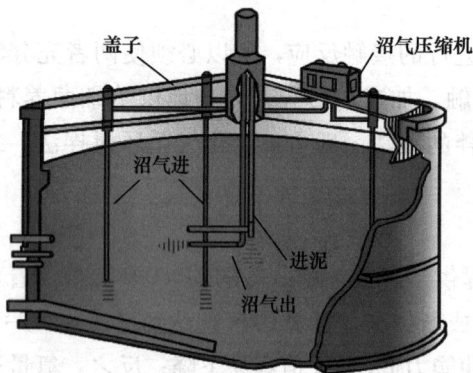

盖子　　　　　沼气压缩机
沼气进
进泥
沼气出

（a）　　　　　　　　　　　　（b）

图 7-2　圆柱形厌氧消化池

蛋形消化池在工艺与结构上有如下优点：①搅拌充分、均匀、无死角，污泥不会在池底固结；②池内污泥层表面积小，即使生成浮渣也容易清除；③在池容相等的条件下，池子总表面积比圆柱形小，散热面积小，易于保温；④蛋形的结构与受力条件最好，如采用钢筋混凝土结构，可节省材料；⑤防渗水性能好，聚集沼气效果好。如图 7-3 所示。

2. 构造

消化池的构造主要包括污泥的投配、排泥及溢流系统，沼气的排出、收集与储气设备，搅拌设备及加温设备等。

（1）污泥投配、排泥与溢流系统

污泥投配：生污泥需先排入污泥投配池，然后用污泥泵抽送至消化池。污泥投配池一般为矩形，至少设两个，池容根据生污泥量及投配方式确定，通常按 12h 的贮泥量设计。投配池应加盖，设排气管及溢流管。污泥管的最小管径为 150mm。

排泥：消化池的排泥管设在池底，依靠消化池内的静压将熟污泥排至污泥的后续处

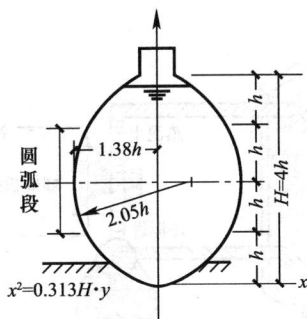

图 7-3 蛋形厌氧消化池

理装置。

溢流装置：为避免消化池的投配过量、排泥不及时或沼气产量与用气量不平衡等情况发生，沼气室内的气压增高致使池顶压破，消化池必须设置溢流装置，及时溢流以保持沼气室压力恒定。溢流装置的设置原则是必须绝对避免集气罩与大气相通。溢流装置常用形式有倒虹管式、大气压式及水封式等 3 种。

（2）沼气排出、收集与贮存设备

由于产气量与用气量的不平衡，所以设贮气柜调节和储存沼气。沼气从集气罩通过沼气管道输送至贮气柜。

贮气柜有低压浮盖式与高压球形罐两种。

（3）搅拌设备

搅拌的目的是使池内污泥温度与浓度均匀，防止污泥分层或形成浮渣层，均匀池内碱度，从而提高污泥分解速度。当消化池内各处污泥浓度相差不超过 10% 时，即认为混合均匀。

消化池的搅拌方法有沼气搅拌、泵加水射器搅拌、联合搅拌 3 种方式。可连续搅拌，也可间歇搅拌，即在 2~5h 内将全池污泥搅拌一次。

沼气搅拌的优点是没有机械磨损，搅拌比较充分，可促进厌氧分解，缩短消化时间。沼气搅拌装置见图 7-2（a）所示。经空压机压缩后的沼气通过消化池顶盖上面的配气环管，通入每根立管，立管末端在同一标高上，距池底 1~2m，或在池壁与池底连接面上。

泵加水射器搅拌如图 7-4 所示。生污泥用污泥泵加压后，射入水射器，水射器顶端位于污泥面以下 0.2~0.3m，泵压应大于 0.2MPa，生污泥量与水射器吸入的污泥量之比为 1:3~5。当消化池池径大于 10m 时，应设水射器 2 个或 2 个以上。

联合搅拌法的特点是把生污泥加温、沼气搅拌联合在一个热交换器装置内完成，见图 7-5。经空气压缩机加压后的沼气以及经污泥泵加压后的生污泥分别从热交换器的下端射入，并把消化池内的熟污泥抽吸出来，共同在热交换器中加热混合，然后从消化池的上部污泥面下喷入，完成加温搅拌过程。热交换器通过热量计算决定。如池径大于 10m，可设 2 个或 2 个以上热交换器。这种搅拌方法推荐使用。

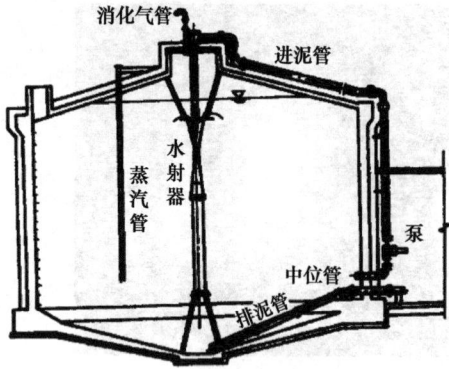

图 7-4　泵加水射器搅拌

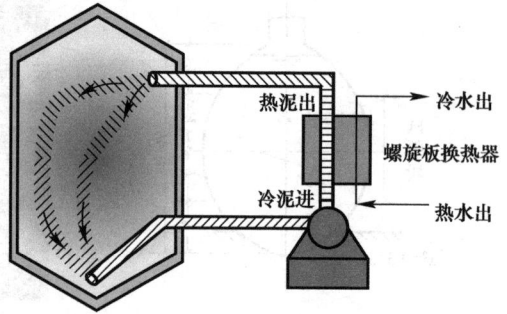

图 7-5　联合搅拌

其他搅拌方法如螺旋桨搅拌，现已不常用。

（4）加温设备

消化池加温的目的在于维持消化池的消化温度（中温或高温），使消化能有效地进行。加温的方法有池内加温和池外加温两种。池内加温可采用热水或蒸汽直接通入消化池的直接加温方式，或通入设在消化池内的盘管进行间接加温的方式。目前很少采用。池外加温方法是在污泥进入消化池之前，把生污泥加温到足以达到消化温度和补偿消化池壳体及管道的热损失，这种方法的优点在于可有效地杀灭生污泥中的寄生虫卵。池外加温多采用套管式泥——水热交换器（图 7-5）的热交换器兼混合器完成。

四、消化工艺

1. 一级消化

最早使用的消化池叫传统消化池，又称为低速消化池，是一个单级过程，污泥的消化和浓缩都在单个池内同时完成。只适用于小型装置，目前少用。

2. 二级消化

二级消化是将两个消化池串联，生污泥连续或分批投入一级消化池中并进行搅拌和加热，使池内污泥保持完全混合状态，池内维持中温 34℃ 左右，污泥中有机物的分解主要集中在一级池内进行。一级消化池中的污泥靠重力排入二级消化池，二级消化池不需搅拌和加热，而是利用前一级的污泥余热继续消化，温度维持在 20～26℃，起到污泥浓缩的作用。

任务 7.2　消化池的运行管理

一、消化池的启动

1. 试漏、气密性检查

向池内加满清水，检查消化池和污泥管道是否漏水，对消化池和输气管路进行气密试验。气密性试验必须在消化池内水位达到额定水位后进行，在集气罩的取样孔连接压缩空气管注入空气，压力达到试验压力后应用肥皂水涂刷法兰和焊缝和构筑物的连接处，看是否漏气。

2. 消化污泥的培养与驯化

（1）逐步培养法　将每天排放的初沉池污泥和浓缩后的剩余污泥投入消化池，然后加热到预定消化温度，维持次温度，然后逐日加入新鲜污泥，直至设计泥面，停止加泥，维持消化为年度，使有机物水解、液化，约需 30～40d。待污泥成熟产生沼气后，方可投入正常使用。

（2）一次培养法　在消化池中投入一定量的接种污泥，数量占消化池有效容积的 1/10，再投入新鲜污泥至设计泥面，然后加热到预定温度。并投加一定碱（或石灰），调整 pH 值到 6.8～7.2 之间，稳定一段时间（3～5d），污泥成熟产气后便可投入试运行。此法适用于小型消化池。

3. 启动中注意事项

（1）当取池塘中的陈腐污泥、人畜粪便或初沉池污泥做种泥时，首先要进行淘洗，过滤以去除无机杂物，再通过静止沉淀，去除部分上清液后，混合均匀，配制成含固体浓度为 3%～5% 的污泥，投入消化池，且最小投加量应占消化池有效容积的 10%。

（2）消化池加热至预定温度（比如中温消化的 35℃）后，要维持消化池的恒温条件。

（3）消化池混合液 pH 值维持在 6.8～7.2 之间，一旦 pH 下降，立即投加石灰，直到 pH 稳定在 6.8 为止，投加量可通过简单试验获得。

（4）投配污泥尽可能保持规律性，且高速消化池中一次投配量不要超过额定负荷的 30%。

（5）污泥消化池启动过程中，经常会遇到泡沫问题，当消化过程开始时，随着 CO_2 气体的形成而出现大量的污泥泡沫，泡沫的出现有时很突然，当污泥中存在蛋白质或某些没有完全分解的表面活性剂时，这一现象会更加严重，严格地控制消化池温度条件以及严格监控生污泥的营养化，可以克服这一问题。成熟的污泥呈深灰或黑色并略带有焦油味。pH 值在 7.0～7.5 之间时，污泥易脱水和干化。

二、消化池的运行

1. 进泥量

在实际的运行控制中，投泥量不能超过系统的消化，否则将降低消化效果，但是，投泥量也不能太低，如果投泥量远低于系统的消化能力，虽能保证消化效果，但污泥处理量将大大降低，造成消化能力的浪费。在运行中，还要注意控制消化池的最佳污泥投配率，进泥量与排泥量应相等，并在进泥前先排泥。

2. 搅拌混合

完全混合搅拌可使池容 100% 得到有效利用，但实际上消化池有效容积一般仅为池容的 70%。各地处理厂的运行经验表明，搅拌是高效消化的关键操作。每日将全池污泥完全搅拌（循环）的次数不宜少于 3 次。间歇搅拌时，每次搅拌的时间不宜大于循环周期的一半。

在排泥过程中，如果底部排泥，则尽量不搅拌，如果上部排泥，则应同时搅拌。

3. 加热系统

甲烷菌对温度的波动非常敏感，一般应将消化液的温度波动控制在±0.5℃左右，如果条件允许，最好控制在±0.1℃范围之内。另外，温度是否稳定，与投泥次数和每次投泥量及投加时间有关系。所以，为便于加热系统的控制，投泥量尽量接近均匀连续。

当采用泥水热交换器进行加热时，污泥在热交换器内的流速应控制在 1.2m/s 之上，可以采用 1.5～2.0m/s，当采用流速较低时，污泥进入热交换器会由于突然遇热结饼，在热交换层上形成一个烘烤层，起到了隔热的作用，降低了加热效率。

4. 正常运行的化验指标

正常运行的化验指标有：投配污泥含水率 90%～96%，有机物含量 60%～70%，脂肪酸以醋酸计为 2000mg/L 左右，总碱度以重碳酸盐计大于 2000mg/L，氨氮 500～1000mg/L，有机物分解程度 45%～55%，产气量正常，沼气成分正常。

5. 正常运行的控制指标

消化池正常运行时需要控制的指标有：投配率、温度、搅拌、排泥及沼气气压。

三、消化池的异常现象及解决方法

1. 产气量下降

产气量下降的原因与解决方法有：

（1）投加污泥浓度过低，导致微生物营养不良，应设法提高投配污泥的浓度。

（2）消化污泥排泥量过大，使池内微生物大量减少，破坏微生物与营养的平衡。应减少排泥量。

（3）消化池温度降低，可能的原因有投配的污泥过多或加热设备出现故障。解决方案是减少污泥投配量，检查加温设备，保持消化温度。

（4）采用蒸汽竖管直接加热，若搅拌配合不上，造成局部过热，使部分甲烷菌活性受到抑制，产气量下降。及时检查搅拌设备，保证搅拌效果。

（5）消化池容积减少，因池内浮渣与沉砂量增多，使消化池有效容积减少，应检查池内搅拌效果及沉砂池的沉砂效果，并及时排除浮渣和沉砂。

（6）有机酸积累，碱度不足。解决方法是减少投配量，继续加热观察池内碱度的变化，如不能改善则投加碱度，如石灰、碳酸钙等。

2. 上清液水质恶化

上清液水质恶化表现在 BOD_5 和 SS 浓度增加。可能的原因有：排泥量不够，固体负荷过大，消化程度不够，搅拌过度等。解决方法是分析可能原因，分别加以解决。

3. 沼气的气泡异常

沼气的气泡异常有三种表现：

（1）消化状态严重恶化时，会连续喷出像啤酒开盖后出现的泡沫。原因可能是排泥量过大，池内污泥量不足，或有机物负荷过高，或搅拌不充分。解决方法是减少或停止排泥，加强搅拌，减少污泥投配。

（2）大量气泡剧烈喷出，但产气量正常。原因可能是由于池内浮渣层过厚，沼气在层下集聚，一旦沼气穿过浮渣层就会大量喷出，对策是破碎浮渣层充分搅拌。

（3）不起泡。可暂时减少或中止投配污泥，充分搅拌一级消化池；打碎浮渣并将其排除；排除池中堆积的泥砂。

四、消化池维护与管理

（1）消化池中浮渣和沉砂要定期清除，最长 3～5 年清除一次。

（2）沼气中带有的水蒸气在输送过程中会遇冷凝结为水，为了保证沼气管道畅通，在输送管道最低点设置凝结水罐，应及时排出凝结水。

（3）沼气、污泥及蒸汽管道都有保温措施，溢流管、防爆装置的水封在冬季应加入食盐以降低冰点，避免设备结冰失灵。同时，要经常检查水封高度是否在要求的高度范围内。

（4）当采用蒸汽直接加热时，污泥会充满灼热的蒸汽竖管，容易结块堵塞管道，可用大于 0.4MPa 的蒸汽冲刷。

（5）消化池的所有仪表（压力表、真空表、温度表、pH 计等）应定期检查，随时保证完好。

（6）在运行中注意安全问题，沼气易燃易爆，消化池、储气罐、沼气管道等必须绝对密封，周围严禁明火或电火花。检修时，必须完全排除消化池内的消化气。

任务 7.3　升流式厌氧污泥床

一、工作过程

升流式厌氧污泥床（UASB）工艺是由荷兰人在 20 世纪 70 年代开发的，他们在研究用升流式厌氧滤池处理马铃薯加工废水和甲醇废水时取消了池内的全部填料，并在池子的上部设置了气、液、固三相分离器，于是一种结构简单、处理效能很高的新型厌氧反应器便诞生了。UASB 反应器一出现便获得广泛的关注与认可，并在世界范围内得到广泛的应用。到目前为止，UASB 反应器是最为成功的厌氧生物处理工艺。

1. UASB 反应器的工作原理

UASB 反应器工作过程如图 7-6 所示。污水尽可能均匀地进入反应器的底部，污水向上通过包含颗粒污泥或絮凝污泥床。厌氧反应发生在污水与污泥颗粒的接触过程，在厌氧状态下产生的沼气（主要是甲烷和二氧化碳）引起内部循环，沼气附着在污泥颗粒上向反应器顶部上升，上升到表面的颗粒碰击气体发射板的底部，引起附着气泡的污泥絮体脱气。由于气泡释放，污泥颗粒将沉淀到污泥床的表面。气体被收集到反应器顶部的集气室。置于集气室单元缝隙之下的挡板的作用为气体反射器和防止沼气气泡进入沉淀区，否则将引起沉淀区的紊动，会阻碍颗粒沉淀，包含一些剩余固体和污泥颗粒的液体经过分离器缝隙进入沉淀区。

由于分离器的斜壁沉淀区的过流面积在接近水面时增加，因此上升流速在接近排放点降低。由于流速降低，污泥絮体在沉淀区可以絮凝和沉淀。积累在三相分离器上的污泥絮体滑回反应区，这部分污泥又可与进水有机物发生反应。

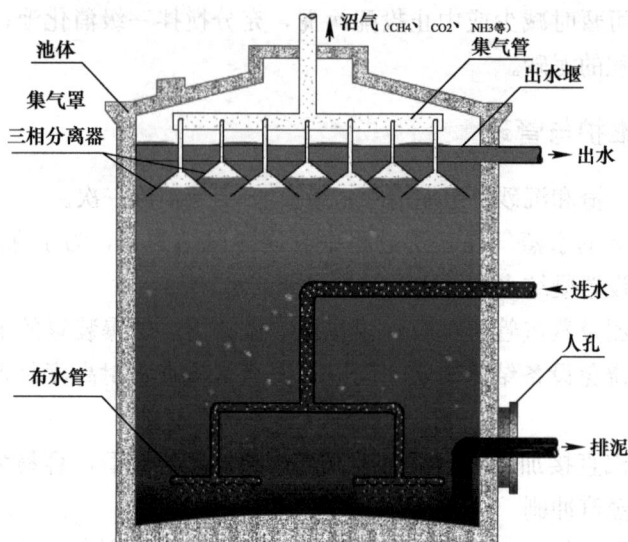

图 7-6　UASB 反应器工作过程

UASB 反应器最重要的设备是三相分离器，它安装在反应器的顶部并将反应器分为下部的反应区和上部的沉淀区。三相分离器作用是将固、液、气三相分离。形成和保持沉淀性能良好的污泥（可以是絮状污泥或颗粒污泥）是 UASB 系统良好运行的根本点。

2. UASB 反应器的构造

升流式厌氧污泥床是集生物反应与沉淀于一体，如图 7-7 所示。反应器主要由下列几部分组成。

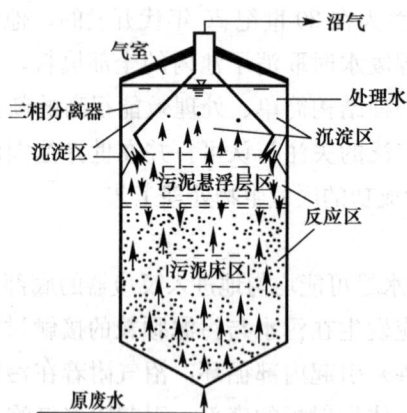

图 7-7　UASB 反应器结构

（1）进水配水系统

进水配水系统的主要功能是将进入反应器的原废水均匀地分配到整个横断面，并均匀上升，同时起到水力搅拌作用。

（2）反应区

反应区包括颗粒污泥区和悬浮污泥区。在反应区内存留大量厌氧污泥，具有良好凝聚和沉淀性能的污泥在池底部形成颗粒污泥层。废水从厌氧污泥床底部流入，与污泥颗粒层中的污泥进行混合接触，污泥中微生物降解有机物，同时不断放出产生的沼气泡。在颗粒污泥层上部由于沼气的搅动，形成一个污泥浓度较小的悬浮污泥层。

（3）三相分离器

三相分离器由沉淀区、回流缝和气封组成，如图 7-8 所示。其功能是将气体（沼气）、液体（废水）和固体（污泥）三相进行分离，经沉淀澄清后的废水作为处理水排出反应器。

（4）气室

也称集气罩，其功能是收集产生的沼气，并将其导出气室送至沼气柜。

（5）处理水排水系统

排水系统的作用是将沉淀区水面上的处理水，均匀地加以收集，并将其排出反应器。此外，在反应器内根据需要还要设置排泥系统和浮渣清除系统。

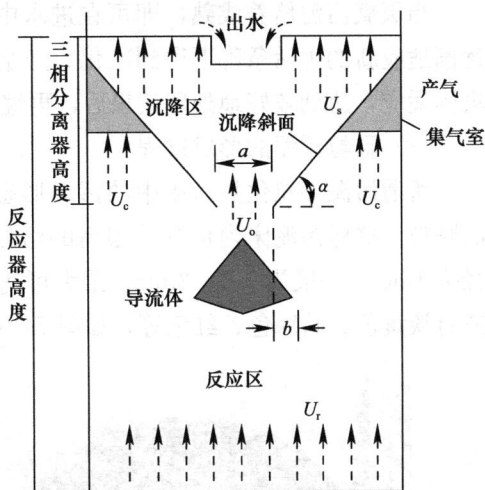

图 7-8 三相分离器

3. UASB 反应器的特点

（1）污泥床内生物量多，折合浓度计算可达 20～30g/L。

（2）容积负荷率高，中温消化可达 10kgCOD/(m³·d)，废水在反应器内水力停留时间较短，所需池容大大缩小。其主要原因是在反应器内以产甲烷菌为主体的厌氧微生物形成了 1～5mm 的颗粒污泥。

（3）设备简单，运行方便，勿需另设沉淀池和污泥回流装置，不需充填填料，反应区内不需设机械搅拌装置，造价相对较低，无堵塞问题。

二、起动与运行

当厌氧污泥接种培养和驯化结束后，还应进行以确定最佳运行为目的的投产初期操作试运行工作。

1. 污泥接种与驯化

（1）接种菌种和营养物

在选择接种时应尽量采用与所处理废水相似的污泥作为接种物，以缩短启动时间。一般可选择消化池污泥、厌氧污泥、好氧污泥等。

由于厌氧微生物增殖缓慢，要保持反应器有较高的污泥浓度，污泥接种量最好要一次投加足。污泥量较多可减少启动时间，尽快达到设计负荷，避免因污泥流失造成启动失败。所以污泥接种量一般在 30g/L 以上，其中 VSS 在 60% 以上。

（2）污泥驯化

污泥投加完毕后，厌氧微生物对反应器的温度、pH 等外部环境要有一个适应过程，这个阶段称为污泥的驯化。污泥接种完毕后，开启循环将反应器中温度提升至所需温度，温度上升不能过快，应控制在 2～3℃/d。若污水可生化性差，应添加一些营养物质，循环 2d 后开始间歇投料，此时上次投料废水中易降解的有机物基本被厌氧微生物所降解。启动负荷控制在 1kgCOD/m³·d，当 COD 去除率在 80% 以上时可认为污泥驯化成功。

当厌氧污泥培养成熟，即可在进水中加入并逐渐增加工业废水的比重，使微生物在逐渐适应新的生活条件下得到净化。开始时可按设计流量的 10%～20% 加入，让微生物巩固适应，达到较好地处理效果后，再继续增加其比重。

（3）颗粒污泥的形成过程

所谓污泥颗粒化是指床中的污泥形态发生了变化，由絮状污泥变为密实、边缘圆滑的颗粒，这样污泥床内可维持很高的污泥浓度。其形状呈卵形、球形、丝状等，平均直径为 1mm，一般为 0.1～2mm，最大可达 3～5mm；颜色多为黑色、灰色、灰白色，其他还有淡黄色、暗绿色、红色等，如图 7-9 所示。

图 7-9　污泥颗粒外观

为形成颗粒污泥应控制以下几方面：①厌氧温度以中温或高温为宜；②稠密型接种污泥比稀薄型污泥接种效果好，稠密型污泥启动需 12～15kgVSS/m³；③进水碱度应保持在 750～1000mg/L 之间；④含碳水化合物较多的废水易于形成颗粒污泥；⑤启动时有机物负荷不宜过多，一般以 0.1～0.3kgCOD/(kgVSS·d) 为宜；⑥悬浮物含量应控制在 2g/L 以下。

2. UASB 反应器的启动

废水厌氧生物处理反应器成功启动的标志是：在反应器中短期内培养出活性高、沉降性能良好并适用于处理废水水质的颗粒状厌氧污泥。与絮状污泥相比，颗粒状厌氧污泥特点是：沉降性能好，不容易被冲刷流失出反应器；污泥负荷高，厌氧活性污泥容积负荷可达 30～50kgCOD/(m³·d)，在 UASB 反应器中 90% 以上的有机物是由颗粒状污泥去除的；颗粒状污泥产气量高。

在启动初始阶段，反应器中的污染容积负荷应该低于 2kgCOD/(m³·d) 或污泥有机负荷应为 0.05～0.1kgCOD/(kg·d)。在这一阶段中，因为上升水流的冲刷与逐渐产生的少量沼气上升逸出的推动，一些细小分散的污泥可能会被冲刷流出反应器。因而在 UASB 反应器启动阶段不能过高要求反应器的处理效果、产气率与出水水质，而应该将污泥的驯化与颗粒化作为主要工作目标。

启动中期阶段可以将反应器有机容积负荷增加到 $2\sim5kgCOD/(m^3\cdot d)$，污泥逐渐出现颗粒状，被洗出的污泥多为沉降性能较差的絮状污泥。厌氧污泥驯化过程在这个阶段完成。

启动后期阶段完成后反应器的容积负荷增加到 $5kgCOD/(m^3\cdot d)$，絮状污泥进一步减少，颗粒状污泥含量进一步增高，当反应器中普遍以颗粒污泥为主时，其最大容积负荷可达到 $50kgCOD/(m^3\cdot d)$，至此启动过程即告完成。

3. UASB 反应器投产初期的操作

（1）投产初期操作原则

选取性能优良接种污泥，以保证反应器有较好的微生物种源；污泥中存在一些可供细菌附着的载体物质颗粒，有利于刺激和启动污泥颗粒化过程；添加部分颗粒污泥或破碎颗粒污泥可加快污泥颗粒化进程。

控制合适的反应器环境，以促进厌氧细菌的繁殖。

控制工艺条件，以促进污泥的颗粒化。

（2）UASB 反应器启动的要点

UASB 反应器启动的要点包括以下几点：①接种 VSS 污泥量为 $12\sim15kg/m^3$（中性）；②初始污泥 COD 负荷率为 $0.05\sim0.1kgCOD/(kg\cdot d)$；③当进水 BOD 浓度大于 5000mg/L 时，采用出水循环或稀释进水；④保持乙酸质量浓度约为 $800\sim1000mg/L$ 时，采用出水循环或稀释进水；⑤允许稳定性差的污泥流失；⑥截留住重质污泥。

4. 缩短 UASB 反应器启动时间的新途径

针对反应器启动时间较慢这一特点，可采用以下有效的措施缩短其启动时间。

（1）投加无机凝聚剂或高聚物

方法是向进水中投加养分、维生素和促进剂等，目的是保证反应器内的最佳生长条件。研究表明，在 UASB 反应器启动时，在反应器内加入质量浓度为 750mg/L 的亲水性高聚物，能够加速颗粒污泥的形成，从而缩短时间。

（2）投加细微颗粒物

在 UASB 启动初期，向反应器中投加适量的微细颗粒物，如黏土、陶粒、颗粒活性炭等，有利于缩短颗粒污泥的出现时间，但投加过量的惰性颗粒会在水力冲刷和沼气搅拌下相互撞击、摩擦，造成强烈的剪切作用，阻碍初成体的聚集和粘结，对于颗粒污泥的成长有害无益。而在反应器中投加少量陶粒、颗粒活性炭等，启动时间明显缩短，这部分颗粒物的体积占反应器有效容积的 $2\%\sim3\%$。

三、运行工艺控制因素

1. 废水的性质

运行控制首先要考虑所处理水样的性质，考虑废水的可生化性。对生化性较差的废水，启动时加入易生化物质是必须的。

低浓度废水有利于 UASB 反应器的启动，对污泥的结团有利，在低浓度下可避免有毒物质积累。启动过程中，悬浮物质量浓度应控制在 2g/L 以下。但当 COD 浓度大于

4000mg/L 时，废水应采用出水回流稀释，以降低局部区域的基质浓度。

UASB 反应器若采用颗粒污泥接种，随着启动过程的推进，反应器中颗粒污泥逐渐消失。其原因除了氨态氮的毒害作用外，悬浮物的影响也较大。

2. 污泥接种

厌氧消化污泥、河底淤泥、牲畜粪便、好氧消化污泥等均可作为反应器接种污泥，进而培养出颗粒污泥。其数量和活性是影响反应器成功启动的重要因素。不同的污泥接种量表现为反应器中的污泥床高度不同，污泥床厚度以 2~3m 为宜，太厚或太浅会加大沟流或短流。

3. 反应器升温速率

不同种群产甲烷菌对其细菌的生长温度范围均有严格要求。反应器升温速率太快，会导致内部污泥的产甲烷菌活性短期下降。较合理的升温速率为 2~3℃/d，最快不宜超过 5℃/d。

4. pH 值控制

UASB 反应器厌氧发酵过程中，环境的 pH 值对产甲烷细菌的活性影响很大，其最佳范围是控制出水 pH 值在 6.8~7.2 之间。启动初期进水 pH 值应根据出水 pH 值来进行控制，一般在 7.5~8.0 范围内比较适宜。一般情况下，当进水 pH 值在 5~9 之间时，不需要进行调整，pH 值过低可加碱调整。

5. 进水方式

在反应器的启动初期，由于反应器所能承受的有机负荷较低，可以采用出水回流与原水混合、间歇脉冲的进料方式。反应器可在预定的时间内完成正常的启动，通过对反应器的产气速率进行分析发现，每天进料 5~6 次，每次进料时间以 4h 左右为宜。

6. 进料负荷

进料负荷的控制是 UASB 反应器运行控制的最重要因素。在低负荷阶段（0.05~0.1kgCOD/(kg·d)），提高负荷可以稍快，超过 0.1kgCOD/(kg·d) 以后每次负荷提高量为 20%~30%，提高负荷时要保证 COD 去除率达到 80%，出水总脂肪酸稳定在较低值，在每一阶段要稳定运行 20d 甚至更长时间。提高负荷时还要随时检查产气量、出水 pH 值、总脂肪酸等指标，若有恶化迹象，应尽快降低负荷。

7. 水力负荷

水力负荷过小，不能将反应器底部污泥充分搅起，传质效率低，对污泥的水力筛选作用弱，很难培养出颗粒污泥；水力负荷过大，可能会导致污泥大量流失，造成运行失败。UASB 反应器一般控制在 0.1~0.3m³/(m²·h)，可以较快地培养出颗粒污泥。

当有机负荷突然增大时，会使得反应器出水 COD、产气量和 pH 值都迅速发生变化。但由于反应器中已培养出活性较高、沉降性能优良的厌氧污泥，因此当冲击负荷结束后，系统就能很快恢复原来的状态。这种情况说明系统已具有一定的稳定性，此时认为反应器已经完成了启动过程，可以进入负荷提高或运行阶段。

四、运行常见异常现象及解决对策

与好氧生物反应器一样，厌氧生物反应器如果出现异常现象，也要采取相应的解决对策。在工作过程中，应根据具体的原因给出解决对策。

1. 厌氧污泥方面

（1）厌氧污泥生长缓慢。可能原因是废水中营养元素不足，颗粒污泥被冲洗出来，颗粒污泥分裂等。解决对策是增加进液的营养与微量元素的量，增加反应器负荷。

（2）甲烷细菌活性低。可能原因是营养元素不足；产酸菌生长过盛，抑制甲烷菌生长；有机悬浮物在反应器中积累；反应器温度不适合；有毒物质存在；废水硬度过高。对策是增加营养或微量元素；调节反应器内 pH 值；调节温度，减少废水中的 Ca^{2+}、Mg^{2+}。

（3）污泥呈絮状或表面松散"起毛"。主要原因是反应器中污泥量不足，产甲烷菌的活性不足。解决方法是增加污泥活性，提高污泥量，增加种泥量或促进污泥生长，减少污泥洗出量。

（4）颗粒污泥破裂分散。可能原因是负荷和进液浓度突然变化；预酸化程度突然增加，使产酸菌呈"饥饿"状态；有毒物质存在废水中；机械力过强。解决方法是应用更稳定的预酸化条件；废水脱毒预处理；延长驯化时间，稀释进液；降低负荷和上流速度，以降低水流的剪切力；利用储水循环以增大选择压力，使絮状污泥冲洗出来。

2. 反应器操作方面

（1）反应器过负荷。可能原因是反应器中污泥量不足，产甲烷菌的活性不足。解决对策是增加污泥活性，提高污泥量，增加种泥量或促进污泥生长，减少污泥洗出量。

（2）酸败。原因是运行中进料量增大或进料浓度增大，导致进料负荷过高，超过反应器承受能力，反应器内水解菌和产酸菌增多，pH 值降低，产甲烷菌受到抑制，导致出水 pH 值下降，出水 COD 上升，称之为"酸败"。解决对策是若发现反应器产气量突然降低时，应认真观察各项运行指标，判断是否"酸败"。若 pH 值已降至 5.0 左右，应立即停止进料，向反应器内补充石灰或纯碱，将出水 pH 值调到 7.0，稳定几天后再重新进料。

（3）污泥流失。主要原因是进料量过大，水力负荷过高，温度突变，pH 值突变及有毒物质冲击等。解决对策是严格监控各运行指标，如产气量、出水 COD、pH 值等是否发生变化。对反应器内污泥量应定期监测，监测频率为 1 次/周。

（4）污泥颗粒洗出。可能原因是气体聚集在颗粒污泥中，颗粒形成分层结构，颗粒污泥因为含大量蛋白质与脂肪上浮。解决对策是增加污泥负荷，采用内部水循环；稳定工艺条件，增加废水预酸化程度；采用预处理去除蛋白质与脂肪。

任务 7.4　其他厌氧生物处理工艺

一、厌氧接触法

1. 厌氧接触法工艺流程

为了克服普通消化池不能持留或补充厌氧活性污泥的缺点，在消化池后设沉淀池，将沉淀污泥回流至消化池，形成了厌氧接触法，厌氧接触法的工艺流程如图 7-10 所示。

该系统能控制污泥不流失、出水水质稳定，可提高消化池内污泥浓度，从而提高设备的有机负荷和处理效率。

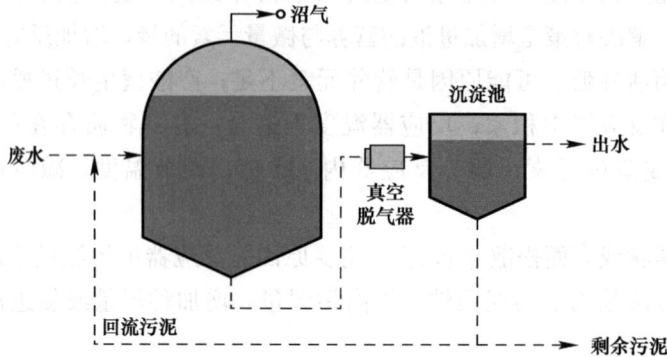

图 7-10　厌氧接触法的工艺流程

2. 主要工艺特征

厌氧接触法的主要特点是在厌氧反应器后设沉淀池，使厌氧反应器内能够维持较高的污泥浓度，VSS 可达 4000~8000mg/L，水力停留时间为 0.5~5d，出水微生物浓度越小，泥水分离彻底，并使反应器具有一定的耐冲击负荷能力。

3. 存在问题及改进措施

工艺系统存在的主要问题是从厌氧反应器排出的混合液中污泥由于附着大量气泡，在沉淀池中易于上浮到水面而被水带走，而且进入沉淀池污泥仍有产甲烷菌在活动，产生沼气，使已下沉的污泥上翻，造成固液分离不佳，出水 SS、COD 等各项指标浓度增高，回流污泥浓度下降，影响到反应器内污泥浓度提高。对此可采取下列措施：

(1) 在反应器和沉淀池之间设真空脱气器，尽可能将混合液中沼气脱除。

(2) 在反应器和沉淀池之间设冷却器，抑制甲烷菌在沉淀池内活动，可有效防止污泥上浮，并利用它加热进入反应器的废水。

(3) 投加混凝剂，提高沉淀效果。

(4) 用超滤代替沉淀。

4. 主要工艺运行参数

(1) 容积负荷：　　　　　　$6kgCOD_{cr}/(m^3 \cdot d)$ 以下。

(2) 污泥负荷：　　　　　　$0.6kgCOD/(kgVSS \cdot d)$ 以下。

(3) 混合液污泥浓度：　　　$10kgVSS/m^3$ 左右。

(4) 污泥回流比：　　　　　$0.8~1.0$。

(5) 搅拌功率：沼气搅拌 $5~10W/m^3$；机械搅拌 $2~5W/m^3$。

(6) 沉淀池水力表面负荷：沉淀性能良好 $0.2~0.25m^3/(m^2 \cdot h)$，沉淀性能较差 $0.1~0.15m^3/(m^2 \cdot h)$。

二、厌氧膨胀床和厌氧流化床

1. 工艺流程

厌氧膨胀床和厌氧流化床工艺流程如图 7-11 所示。床内充填细小的固体颗粒填料,如石英砂、无烟煤、活性炭、陶粒和沸石等,填料粒径一般为 0.2~1mm。废水从床底部流入,为使填料层膨胀,需将部分出水用循环泵进行回流,提高床内水流的上升流速。一般认为膨胀率为 10%~20% 时,称为膨胀床,颗粒略呈膨胀状态,但仍保持互相接触;膨胀率为 20%~70% 时,称为流化床,颗粒在床中做无规则自由运动。

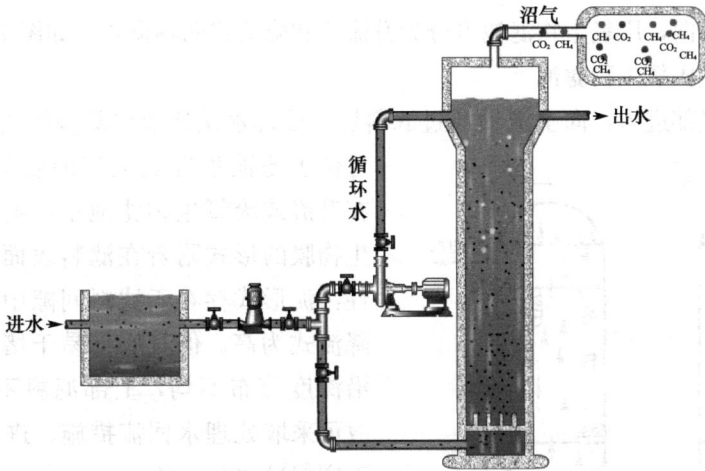

图 7-11　厌氧膨胀床和厌氧流化床工艺流程

2. 厌氧膨胀床和厌氧流化床特点

(1) 细颗粒的填料为微生物附着生长提供比较大的比表面积,使床内具有很高的微生物浓度,一般为 30gVSS/L 左右,因此有机物容积负荷较高,一般为 10~40kgCOD/（$m^3 \cdot d$),水力停留时间短,耐冲击负荷能力强,运行稳定。

(2) 载体处于膨胀状态,能防止载体阻塞。

(3) 床内生物固体停留时间较长,运行稳定,剩余污泥量少。

(4) 既可用于高浓度有机废水的厌氧处理,也可用于低浓度的城市污水处理。

厌氧流化床的主要问题是:载体流化耗能较大,系统的设计要求高。

三、厌氧生物滤池

1. 厌氧生物滤池构造及工作过程

厌氧生物滤池是装填滤料的封闭厌氧反应器,在反应器中部设置滤料层。厌氧微生物以生物膜的形态生长在滤料表面,池顶密封。废水通过淹没状态的滤料,在滤料的截留作用、生物膜的吸附作用和微生物的代谢共同作用下,去除废水中的有机物。产生的沼气则聚集于顶部罩内,并从顶部引出,处理水由旁侧引出,如图 7-12 所示。为分离处理水夹带的生物膜,在厌氧滤池后需设沉淀池。

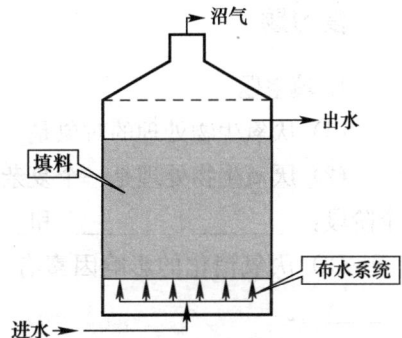

图 7-12　升流式厌氧生物滤池

滤料是生物滤池主体部分，应具备下列条件：比表面积大，孔隙率高，表面粗糙，生物膜易于附着，化学及生物学稳定性强，机械强度高，重量轻等。现常用塑料滤料的比表面积和孔隙率都较大，如波纹板滤料比表面积达 $100\sim200m^2/m^3$，孔隙率达 $80\%\sim90\%$，因此，有机物负荷大为提高，可达 $5\sim15kgCOD/(m^3\cdot d)$，使滤池运行中不易堵塞。

2. 厌氧生物滤池形式

根据水流方向，厌氧生物滤池可分为升流式和降流式两种形式，如图 7-13 所示。

（1）升流式厌氧生物滤池

废水由池底部进入，向上流动通过滤料层，处理水从滤池顶部旁侧流出。沼气则通过位于滤池顶部最上端的收集管排出滤池。在升流式厌氧生物滤池中，生物量大部分以生物膜的形式附着在滤料表面，少部分以活性污泥形式存在于滤料间隙中，生物总量较降流式为高。但其底部易于堵塞，污泥浓度沿深度分布不均，上部滤料不能充分利用，故可采取处理水回流措施，进水悬浮物含量不应超过 200mg/L。

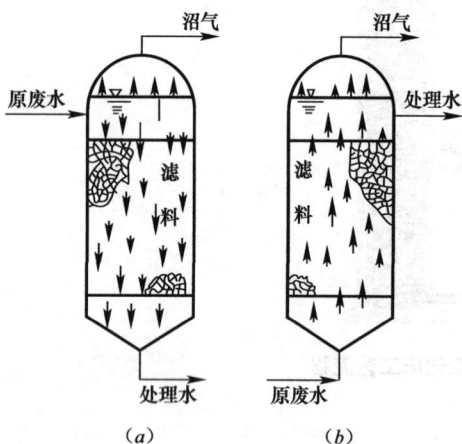

图 7-13 厌氧生物滤池
(a) 升流式；(b) 降流式

（2）降流式厌氧生物滤池

处理水由滤池底部排出，沼气收集管仍设于池顶部上端，堵塞问题不如升流式厌氧生物滤池严重。

3. 厌氧生物滤池特点

（1）生物量浓度较高，有机负荷率较高；

（2）能够承受水量或水质的冲击负荷；

（3）无需污泥回流；

（4）设备简单，能耗低，运行管理方便，费用低；

（5）无污泥流失之虑，处理水挟带污泥较少；

（6）厌氧生物滤池适用于溶解性有机废水的处理。

复习题

1. 填空题

（1）厌氧生物处理的对象是_____，最终产物是_____和_____。

（2）厌氧生物处理是一个复杂的微生物化学过程，可将厌氧消化过程划分为连续三个阶段：_____、_____和_____。

（3）厌氧消化的影响因素有_____、_____、_____、_____、_____、_____。

（4）升流式厌氧污泥床在工艺上最大的特点是_____和_____。

2. 选择题

(1) 厌氧消化影响因素中，中温甲烷菌的作用适宜温度为（　　　）。

　A. 28～34℃　　　　B. 30～36℃　　　　C. 32～38℃　　　　D. 34～40℃

(2) 厌氧生物处理营养盐需要少，COD：N：P 比例为（　　　）。

　A.（200～300）：5：1　　　　　　　　B.（400～500）：5：1

　C.（600～700）：5：1　　　　　　　　D.（800～900）：5：1

(3) 城市污水厂污泥中温消化适宜投配率为（　　　）。

　A. 3%～6%　　　B. 4%～7%　　　C. 5%～8%　　　D. 6%～9%

(4) 厌氧处理不但能源需求很少，仅为活性污泥法的（　　　）。

　A. 1/10　　　　B. 1/12　　　　C. 1/14　　　　D. 1/16

(5) 厌氧中温消化处理法负荷率较高，一般有机物负荷率范围为（　　　）。

　A. $2～2.5kgCOD/(m^3 \cdot d)$　　　　　B. $2.5～3kgCOD/(m^3 \cdot d)$

　C. $3～3.5kgCOD/(m^3 \cdot d)$　　　　　D. $3.5～4kgCOD/(m^3 \cdot d)$

3. 简答题

(1) 厌氧处理法主要工艺特征是什么？

(2) 厌氧接触法工艺流程有哪些特点？

(3) 升流式厌氧污泥床（UASB）构造由几部分组成？每部分作用是什么？

(4) 厌氧生物滤池池型分几种？其基本工艺特征是什么？

(5) UASB 反应器运行工艺控制因素有哪些？

(6) UASB 反应器启动的要点是什么？

【项目概述】

在城市污水生物处理过程中，必然产生大量的生物污泥，这些污泥中除含有大量水分外，还有各种污染物质，包括难降解有机物、各种重金属、大量的致病微生物以及植物养分（N、P）等。如果这些污泥未经处理任意堆放和排放，不但会对环境造成二次污染，而且还会浪费其中的有用能源。本项目主要介绍污泥处理工艺流程和方法，以及污泥处理工段的运行管理等方面的知识。

【学习目标】

通过本项目的学习，学生能根据当地经济条件与环境条件选择合理的污泥处理流程，能说出常用的污泥处理方法；能够对污泥处理工段进行日常运行管理、设备维护等工作，对常见故障能进行分析和解决，保证污泥处理工段的处理效果；能够分析污泥的最终出路及污泥回收利用的可能性。

【学习支持】

初沉池、二沉池的特点，有机物厌氧处理方法，城市污水厂处理的基本流程。

【课前思考】

(1) 污水处理厂初沉池和二沉池产生的污泥去哪里了?

(2) 污水处理厂产生的剩余污泥应怎么处理?

污泥处理概述

一、污泥来源与分类

在污水处理过程中,污泥的产生量约占处理水量的 0.3%~0.5% 左右 (以含水率 97% 计算)。有关污水污泥在污水处理过程中的来源见表 8-1。

城市污水厂污泥可按不同的分类准则分类,常见的有:

1. 按污水的来源特征

(1) 生活污水污泥。

(2) 工业废水污泥。

城市污水处理厂的污泥来源   表 8-1

污泥类型	来源	污泥特征
栅渣	格栅	包括格栅拦截下来的颗粒较大的各种有机物和无机物,栅渣量为 3.5~80cm³/m³,平均约为 20cm³/m³,主要受污水水质影响
无机固体颗粒	沉砂池	无机固体颗粒的量约为 30cm³/m³,其中也可能含有有机物,特别是油脂,其数量的多少取决于沉砂池的设计和运行情况
初次沉淀污泥	初次沉淀池	通常为灰色糊状物,其成分取决于原污水的成分,产量取决于污水水质与初沉池的运行情况
剩余活性污泥	二次沉淀池	活性污泥工艺等生物处理系统中排放的剩余污泥,其中含有生物体和化学物质,产生量取决于污水处理所采用的生物处理工艺和排泥浓度
化学污泥	化学沉淀池	指混凝沉淀工艺中产生的污泥,其性质取决于采用混凝剂的种类,数量则由原污水中的悬浮物量和投加的药剂量决定
浮渣	初次沉淀池或二次沉淀池	其成分较复杂,一般可能含有油脂、植物和矿物油、动物脂肪、菜叶、毛发、纸和棉织品等,浮渣的数量约为 8g/m³

2. 按污水的成分和某些性质分类

(1) 有机污泥主要成分为有机物,典型的有机污泥是剩余活性污泥。

(2) 无机污泥主要成分为金属化合物 (包括重金属化合物)。

(3) 亲水性污泥主要成分为亲水性物质,这类污泥往往不易于浓缩和脱水。

(4) 疏水性污泥主要成分为疏水性物质,这类污泥的浓缩和脱水性能较好。

3. 按污泥处理的不同阶段分类

(1) 生污泥或新鲜污泥未经任何处理的污泥。

(2) 浓缩污泥，经浓缩处理后的污泥。

(3) 消化污泥，经厌氧消化或好氧消化稳定的污泥。

(4) 脱水污泥，经脱水处理后的污泥。

(5) 干化污泥，干化后的污泥。

4. 按污泥来源分类

(1) 栅渣。

(2) 沉砂池沉渣。

(3) 浮渣。

(4) 初次沉淀污泥。

(5) 剩余活性污泥。

(6) 腐殖污泥。

(7) 化学污泥。

二、污泥的性质

1. 污泥的物理性质

(1) 污泥含水率

单位重量的污泥中所含水分的重量百分数为含水率。废水生化处理中产生的各种有机性污泥其含水率都在 95％以上，相对密度接近于 1。

(2) 湿污泥比重与干污泥比重

湿污泥比重等于湿污泥重量与同体积的水重量之比值。湿污泥的重量等于污泥所含水分重量与干固体重量之和。

干污泥重量与同体积水的重量之比为干污泥比重。

(3) 污泥体积

污泥的体积为污泥中水的体积与固体体积两者之和。

(4) 污泥的脱水性能

污泥的脱水性能一般用污泥比阻来衡量，它反映了水分通过污泥颗粒形成泥饼时，所受阻力的大小。

(5) 污泥的臭气

污泥本身是有气味的，如果处理不当可释放出难闻的臭味和其他有害污染物。该问题应该重视。

2. 污泥的化学性质

城市污水处理厂的污泥是以有机物为主，有一定的反应活性，其主要化学构成包括以下几个方面：

(1) 植物营养元素

污泥中含有大量植物生长所必须的肥分，如氮、磷、钾等元素及有机腐殖质，是城市污泥农业利用的基础。

(2) 可消化程度

污泥中的有机物，有些易于分解，有些不易或者不能分解如纤维素、橡胶制品等。

用可消化程度表示污泥中挥发性固体被消化降解的百分数。

（3）有机物质

主要指有机腐殖质。

（4）有毒物质

污泥的毒性主要来源于毒性有机物和重金属等。

3. 污泥的微生物学特性

污泥中含有多种微生物群体。主要包括：细菌、放线菌、病毒、寄生虫、原生动物、轮虫和真菌。这些微生物相当一部分是致病的，污泥处理的主要目的之一就是去除致病微生物，使其达到合格标准。

任务 8.1 认知污泥浓缩工艺

污泥中所含的水分可分为4类：颗粒间的间隙水，约占水分的70%；毛细水，即颗粒间毛细管内的水，约占20%；污泥颗粒附着水和内部水，约占10%。如图8-1所示。

城市污水污泥的含水率很高，最大可达到99%以上，导致污泥体积庞大，对污泥的处理、利用及输送都造成困难，所以必须先对污泥进行浓缩。

降低含水率的方法有：①浓缩法，用于降低污泥中的间隙水。因间隙水所占比例最大，故浓缩是减容的主要方法。②自然干化法和机械脱水法，可以脱除毛细水。③干燥与焚烧，能够脱除吸附水与内部水。不同脱水方法的脱水效果列于表8-2。

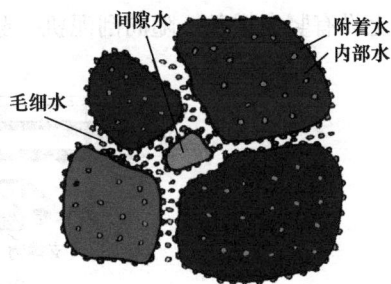

图8-1 污泥中水分示意图

不同脱水方法及脱水效果表　　　　表8-2

脱水方法		脱水装置	脱水后含水率（%）	脱水后状态
浓缩法		重力浓缩、气浮浓缩、离心浓缩	95~97	近似糊状
自然干化法		自然干化场、晒砂场	70~80	泥饼状
机械脱水	真空吸滤法	真空转鼓、真空转盘	60~80	泥饼状
	压滤法	板框压滤机	45~80	泥饼状
	滚压带法	滚压带式压滤机	78~86	泥饼状
	离心法	离心机	80~85	泥饼状
干燥法		各种干燥设备	10~40	粉状、粒状
焚烧法		各种焚烧设备	0~10	灰状

污泥浓缩是减少污泥体积最经济有效的方法。城市污水处理厂剩余活性污泥浓缩的工艺通常有重力浓缩、气浮浓缩、离心浓缩三种。

一、污泥重力浓缩

重力浓缩是污泥在重力场的作用下自然沉降的分离方式，可以降低间隙水的含量，它是通过在沉淀中形成高浓度污泥层，达到浓缩污泥的目的，是目前污泥浓缩方法的主体。

污泥重力浓缩的构筑物称重力浓缩池。根据运行方式不同，可分为连续式重力浓缩池和间歇式重力浓缩池两种。前者主要用于大、中型污水处理厂，后者用于小型污水处理厂或工业企业的污水处理厂。

1. 连续式重力浓缩池

(1) 工作原理

重力浓缩本质上是一种沉淀工艺，属于压缩沉淀。污泥由中心进泥管连续进泥，浓缩污泥通过刮泥机刮到污泥斗中，并从排泥管排出，澄清水由溢流堰溢出。

连续式重力浓缩池形状类似于辐流式沉淀池，可分为有刮泥机与污泥搅动装置、不带刮泥机以及多层浓缩池（带刮泥机）三种。

有刮泥机与搅动装置的连续式重力浓缩池，池底坡度一般为1/100～1/12。污泥在水下的自然坡度为1/20，依靠刮泥机将污泥刮集到池子中心，然后用排泥管排出。在刮泥机上设有竖向栅条，随同刮泥机一起缓慢转动，搅拌浓缩污泥。如图8-2所示。

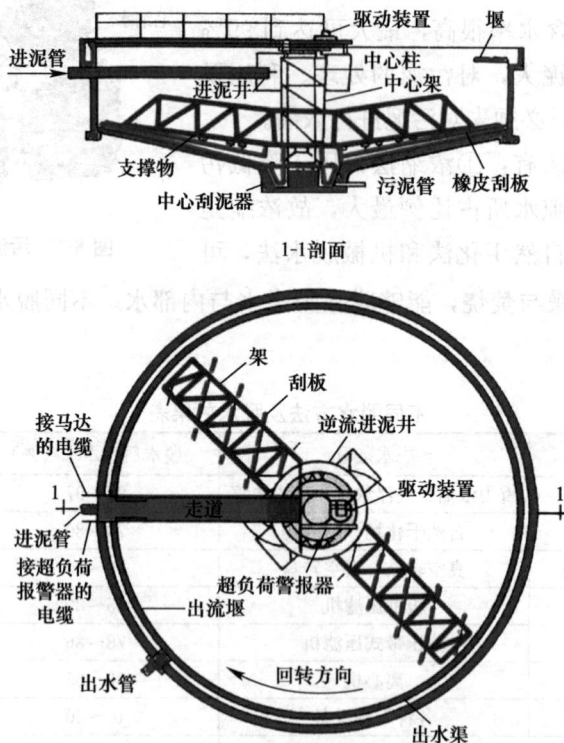

图 8-2 连续式污泥浓缩池

刮泥板用百叶窗式安装，刮板与直径方向成45°角，刮泥原理及污泥行进速度与辐流式沉淀池刮泥相同，采用周边移动式。周边传动式刮泥机如图8-3所示。

(2) 主要特点

1) 贮泥能力强，动力消耗小；运行费用低，操作简便。

2）占地面积较大；浓缩效果较差，浓缩后污泥含水率高；易发酵产生臭气。

3）装有与刮泥机一起转动的垂直搅拌栅，能使浓缩效果提高 20% 以上。

（3）运行操作

1）根据工艺及运行要求开启浓缩池的进泥和出泥阀门。

2）污泥浓缩池是浓缩初沉池污泥和二沉池污泥，因此必须经常检查初沉池和二沉池的排泥阀门，并及时与水处理班组联系保证排泥。

图 8-3　周边传动式刮泥机

3）浓缩池的刮泥机根据工艺要求启动关闭，运转中至少每两个小时要巡视检查机械运转情况一次。

4）浓缩池的出泥含水率，应控制在 95%～97% 为宜。

5）浓缩池的出水堰口、水槽和出水井要保持通畅、清洁。

（4）故障分析

连续式重力污泥浓缩池运行时的常见异常问题及解决对策如表 8-3 所示。

连续式重力污泥浓缩池运行时的常见异常问题及解决对策　　　　表 8-3

现象	产生原因	解决对策
污泥上浮，液面有小气泡逸出，且浮渣量增多	集泥不及时	适当提高浓缩机的转速，加大污泥收集速度
	排泥不及时	应加强运行调速，做到及时排泥
	进泥量太小，污泥在池内停留时间太长，导致污泥厌氧上浮	加 Cl_2、O_3 等氧化剂，抑制微生物活动尽量减少投运池数，增加每池的进泥量，缩短停留时间
	由于初沉池排泥不及时，污泥在初沉池内已经腐败	加强初沉池的排泥操作
排泥浓度太低，浓缩比太小	进泥量太大，使固体表面负荷增大，超过了浓缩池的浓缩能力	应降低入流污泥量
	排泥太快	当排泥量太大或一次性排泥太多时，排泥速率会超过浓缩速率，导致排泥中含有一些未完全浓缩的污泥，应降低排泥速率
	浓缩池内发生短流即溢流堰板不平整使污泥从堰板较低处短路流失，未经过浓缩	对堰板予以调节
	进泥口深度不适合，入流挡板或导流筒脱落，也可导致短流	改造或修复
	温度的突变、入流污泥含固量的突变或冲击式进泥，均可导致短流	应根据不同的原因，予以处理

2. 间歇式重力浓缩池

间歇式重力浓缩池的设计原理同连续式。运行时，应先排除浓缩池中的上清液，腾出空间，再投入待浓缩的污泥。为此，应在浓缩池深度方向的不同高度设上清液排除管，浓缩时间一般不宜小于 12h。间歇式重力浓缩池见图 8-4。

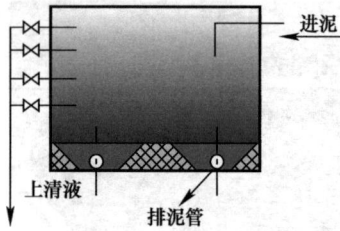

图 8-4　间歇式重力浓缩池

二、气浮浓缩

1. 工作原理

气浮浓缩与重力浓缩相反，依靠大量微小气泡附着于悬浮污泥颗粒上，减小污泥颗粒的比重，形成上浮污泥层，撤除浓缩层污泥，气浮池下层液体回流到废水处理装置。通常使用混凝剂作为浮选剂，以提高气浮性能。

2. 常用类型

气浮浓缩法可分为加压溶气气浮与真空气浮法两种。目前最常用的是出水部分回流加压溶气气浮工艺。其工艺流程如图 8-5 所示，该装置主要由三部分组成，即压力溶气系统、溶气释放系统及气浮分离系统。压力溶气系统包括加压泵、溶气罐及其他附属设备。溶气释放设备一般由溶气释放器（减压阀或穿孔管）及溶气管路组成。气浮分离系统主要有气浮池和浮渣分离装置。

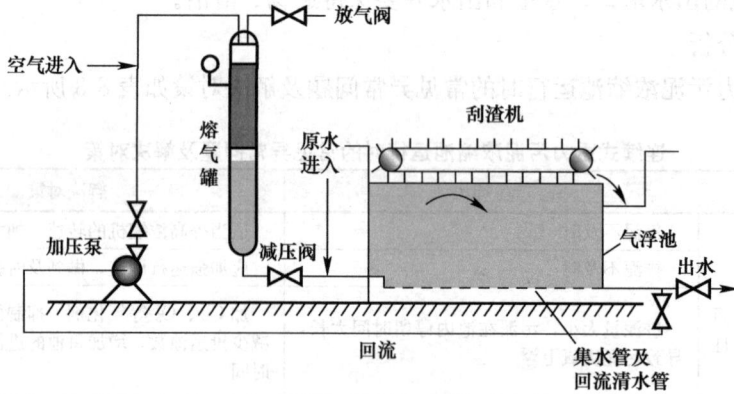

图 8-5　气浮浓缩工艺流程

气浮浓缩由于停留时间较重力浓缩为短，因此容积小。同时，由于通入压缩空气与提高压力，可以进一步满足活性污泥的生化需氧量的要求，可避免污泥的腐化发臭和脱氮上浮。但气浮浓缩的运行费用较重力浓缩高约 2~3 倍，管理较复杂。

气浮浓缩法适用于比重接近于 1 的污泥，如活性污泥、好氧消化污泥、接触稳定污泥、不经初沉的延时曝气污泥等。

三、离心浓缩

1. 工作原理

物体高速旋转时会产生离心力场，利用离心力分离悬浮液中杂质的方法称为离心浓缩法。离心浓缩法是利用高速旋转时产生的离心力分离污泥中固体和液体的方法。污泥做高速旋转时，固体和液体质量不同受的离心力也不同，质量大的固体被抛向外侧，质量小的液体被推向内侧，这样固体和液体从各自出口排出，从而降低污泥的含水率。

2. 常用类型

用于离心浓缩的离心机有转盘式离心机、篮式离心机和转鼓离心机等。各种离心浓缩机的运行数据见表 8-4，浓缩污泥为剩余活性污泥。

离心浓缩的运行参数与效果 表 8-4

离心机类型	Q_0（L/s）	C_0（%）	C_u（%）	固体回收率（%）	混凝剂量（kg/t）
转盘式	9.5	0.75~1.0	5.0~5.5	90	不用
转盘式	25.3	—	4.0	80	不用
转盘式	3.2~5.1	0.7	5.0~7.0	93~87	不用
篮式	2.1~4.4	0.7	9.0~10	90~70	不用
转鼓式	0.63~0.76	1.5	9~13	90	—
转鼓式	4.75~6.30	0.44~0.78	5~7	90~80	不用
转鼓式	6.9~10.1	0.5~0.7	5~8	65	不用
				85	少于 2.26
				90	2.26~4.54
				95	4.54~6.8

3. 离心浓缩机的运行管理

离心机浓缩活性污泥时，一般不需要加入絮凝剂调节，如果要求浓缩污泥含固量较高时，可适量加入部分絮凝剂，以提高含固量。离心浓缩机在操作上应注意：离心装置要求污泥先进行预筛滤，以防止该离心装置排放嘴的堵塞；当停止、中断离心装置进料或进料量减少到最低值以下时，应及时用压力水冲洗，以防排出孔堵塞；磨损是一个严重的问题，应注意及时清洗设备；离心滤液会有相当多的悬浮物固体，应回流到处理装置。

不同浓缩方式的浓缩效果比较如表 8-5 所示。

不同浓缩方式比较 表 8-5

浓缩工艺	优点	缺点
重力浓缩	1. 装置简单 2. 所需动力小	1. 浓缩效率不高；2. 污泥上浮（厌氧发酵，反硝化）；3. 释磷现象重；4. 重力搅拌机的搅拌栅易腐蚀
气浮浓缩	1. 占地面积小 2. 操作管理简单 3. 耗电少，0.2~0.4kWh/m³ 4. 固体回收率高 99% 以上	1. 气浮污泥中含有的气泡，影响脱水效率； 2. 设备多，维护困难
离心浓缩	1. 占地面积小 2. 周围环境影响小 3. 不投加或少量投加药剂	1. 离心机价格高；2. 维修费用高；3. 耗电量大 0.8~1.2kWh/m³；4. 噪声大；5. 固体回收率低；6. 需要压力水冲洗

任务 8.2 污泥的干化与脱水

污泥经浓缩之后，其含水率仍在 94% 以上，呈流动状，体积很大。污泥脱水是整个污泥处理工艺的重要环节，目的是进一步降低污泥含水率，减少污泥体积，为污泥后续处理创造条件。城镇污水处理厂消化后的污泥含水率为 97% 左右，经机械脱水后含水率为 75%~80%。污泥脱水的方法有自然干化、机械脱水、污泥烘干等方法。

一、污泥的自然干化

自然干化即利用自然下渗和蒸发作用脱除污泥中的水分，其主要构筑物是干化场。

1. 干化场的分类与构造

干化场分为自然滤层干化场与人工滤层干化场两种。前者适用于自然土质渗透性能好、地下水位低的地区。人工滤层干化场的滤层是人工铺设的，又可分为敞开式干化场和有盖式干化场两种。

人工滤层干化场的构造见图 8-6 所示，它由不透水底层、排水系统、滤水层、输泥管、隔墙及围堤等部分组成。有盖式的，设有可移开（晴天）或盖上（雨天）的顶盖，顶盖一般用弓形复合塑料薄膜制成，移、置方便。自然干化最经济，但占地面积大，环境卫生条件差，产生恶臭，滋生蚊蝇，所以较大型的污水处理厂很少采用。

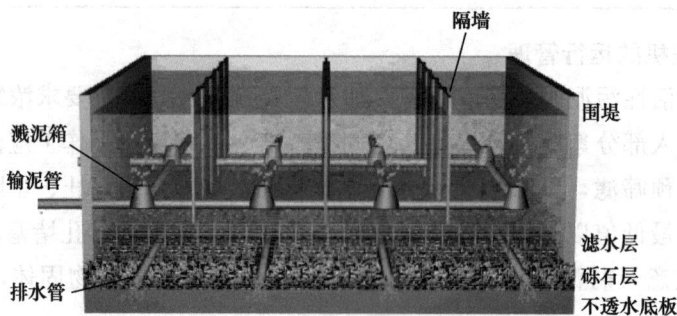

图 8-6　人工滤层干化场

2. 干化场的脱水特点及影响因素

干化场脱水主要依靠渗透、蒸发与撇除。渗透过程约在污泥排入干化场最初的 2~3d 内完成，可使污泥含水率降低至 85% 左右。此后水分依靠蒸发脱水，约经 1 周或数周（决定于当地气候条件）后，含水率可降低至 75% 左右。

影响干化场脱水的因素：

（1）气候条件。

（2）污泥性质。

3. 干化场的运行维护

（1）工作周期

从向场地灌入污泥，脱水到清除污泥，构成一个工作周期。周期长短视污泥性质而定。

（2）灌泥深度

灌泥深度一般为 20cm，每平方米有效场地每年可接纳污泥 1.2～2.0m³。

（3）污泥的暂贮存

污泥干化场工作周期的长短，主要决定于污泥脱水所需要的时间。当气候恶劣时，污泥干化场的工作周期会很长，会出现污泥需要暂时贮存的情况，一般常在消化池中提供贮泥容积，或另设贮泥池。这需要操作人员把握好天气变化及干化场污泥脱水情况，以便及时做好污泥暂存操作。

二、污泥的机械脱水

机械脱水即利用机械设备脱除污泥中的水分。为了改善污泥的脱水性能，提高机械脱水的效果，污泥在机械脱水前往往需要预处理。

1. 预处理目的

预处理的目的在于改善污泥脱水性能，提高机械脱水效果与机械脱水设备的生产能力。

预处理的方法主要有化学调理法、热处理法、冷冻法及淘洗法等。目前加药调理法使用最普遍。

2. 加药调理法

加药调理法就是在污泥中投加混凝剂、助凝剂一类的化学药剂，使污泥颗粒产生絮凝，比阻降低，是一种广泛使用的污泥调理方法。

（1）混凝剂

常用的污泥化学调理混凝剂，有生石灰、三氯化铁、氯化铝等无机药剂和聚丙烯酰胺等高分子有机药剂。混凝剂种类的选择及投加量的多少与许多因素有关，应通过试验确定。

（2）助凝剂

助凝剂一般不起混凝作用。助凝剂的作用是调节污泥的 pH 值；供给污泥以多孔状格网的骨架；改变污泥颗粒结构，破坏胶体的稳定性；提高混凝剂的混凝效果；增强絮体强度等。常用助凝剂主要有硅藻土、珠光体、酸性白土、锯屑、污泥焚烧灰、电厂粉尘、石灰及贝壳粉等。

污泥的加药调理应注意以下问题：①了解药剂的各项指标，如离子型、离子度、相对分子质量；②药剂的选用和投加量应该经过实验来确定；③药剂应该加水充分溶解后才能与污泥混合，固体的高分子药剂需先加少量水预湿，让分子链展开，再加水溶解；④污泥与药剂要充分混合，并保证混凝反应完全；⑤高分子药剂和无机药剂一起使用时，应先投加无机药剂，让其与污泥充分混合并反应后再加高分子药剂进一步调理；⑥高分子阳离子与阴离子药剂一起使用时，一般应先投加阴离子药剂，与污泥混合并充分反应后再投加阳离子药剂；⑦调整过程中还应注意控制药剂的配制、反应时间等调理工艺的各个操作环节。

3. 热处理法

热处理可使污泥中有机物分解，破坏胶体颗粒稳定性，脱水性能大大改善；同时，寄生虫卵、致病菌与病毒等也可被杀灭。因此污泥热处理兼有污泥稳定、消毒和除臭等功能。

热处理法分为高温加压热处理法与低温加压热处理法两种，适用于各种污泥。

高温加压热处理法的控制温度为 170～200℃，低温加压热处理法的控制温度则低于150℃，可在 60～80℃时运行，其他条件相同。如压力为 1.0～1.5MPa，反应时间为 1～2h。由于高温加压法能耗较多，且热交换器与反应釜容易结垢影响热处理效率，故一般采用低温加压法。

热处理法的主要缺点是能耗较多，运行费用较高，分离液的 BOD_5、COD_{cr} 高（分别为 4000～5000mg/L、2000～3000mg/L），设备易受腐蚀。

4. 冷冻法

冷冻法是将污泥进行冷冻处理。该法在污泥中应用不多。

三、带式压滤机的运行管理

1. 工作原理

带式压滤脱水机是由上下两条张紧的滤带夹带着污泥层，从一连串有规律排列的滚压轴中经过，依靠滤带本身的张力形成对污泥层的压榨和剪切力，把污泥层中的毛细水挤压出来，获得含固量较高的泥饼，从而实现污泥脱水。

2. 主要特点

把压力施加在滤布上，用滤布的压力或张力使污泥脱水，而不需要真空或加压设备。污泥先经过浓缩段（主要依靠重力过滤），使污泥失去流动性，以免在压榨段被挤出滤布，时间约 10～20s，然后进入压榨段压榨脱水，压榨时间 1～5min。

3. 结构

带式压滤机如图 8-7 所示，滚压带式过滤机由滚压轴及滤布带组成。

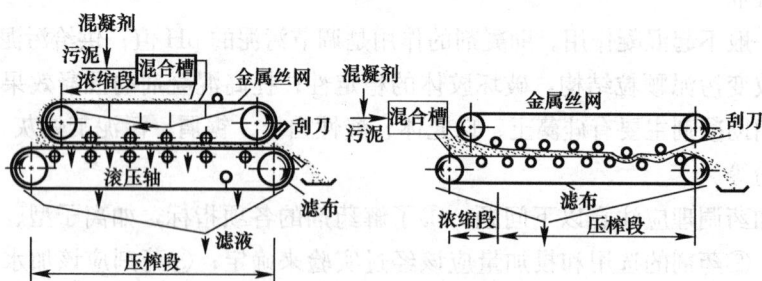

图 8-7 带式压滤机

4. 运行操作

（1）启动前的准备：检查各运动部件是否注油；检查各轴承座及各部件连接螺栓是否拧紧；传动机构转动是否灵活，方向是否正确；检查滤带是否损坏；检查各电器设备是否完好，是否具备开车条件。

（2）运行：带式压滤机实际运行中，运行人员应根据本厂污泥泥质和脱水效果的要求，反复调整带速、张力和加药量等参数，得到适宜本厂的进泥量和进泥固体负荷，以便运行管理。

四、板框式压滤机的运行管理

1. 板框压滤机的结构及工作过程

板框压滤机如图 8-8、图 8-9 所示。

图 8-8　板框压滤机的现场实物图

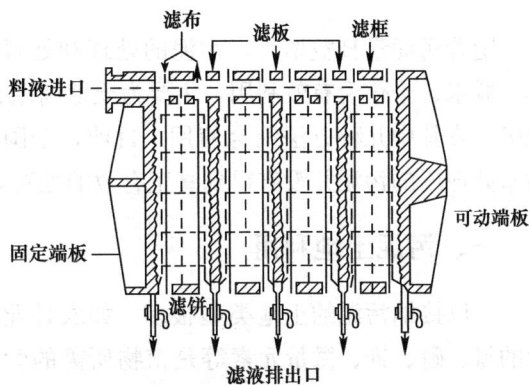

图 8-9　板框压滤机的结构图

板框压滤机的工作过程：板与框相间排列，在滤板的两侧覆有滤布，用压紧装置把板与框压紧，即在板与框之间构成压滤室，在板与框的上端中间相同部位开有小孔，污泥由该通道进入压滤室，将可动端板向固定端板压紧，污泥加压到 0.2~0.4MPa，在滤板的表面刻有沟槽，下端钻有供滤液排出的孔道，滤液在压力下通过滤布，沿沟槽与孔道排出滤机，使污泥脱水。将可动端板拉开，清除滤饼。

2. 板框压滤机的运行操作

（1）开车前准备工作：检查滤板数量是否足够，有无破损，滤板是否清洁，安放是否符合要求；检查滤布是否折叠，有无破损，过滤性能是否良好；检查润滑系统、冷却设备是否符合开车要求；检查各处连接是否紧密，有无泄露；检查压滤机油压是否足够，油位是否符合要求（1/2~2/3）；检查其他配套设施是否齐备；需要压滤的母液按工艺要求调好 pH 值。

（2）开车：①将"松/停/紧"开关拨到"紧"位置，活塞杆前移，压紧滤板，达到20~25MPa 压力时，将"松/停/紧"开关拨到"停"位置上，压滤机进入自动保压状态。②打开压滤泵的冷却水阀、进口阀、出口阀，启动压滤中转泵，开始压滤，通过出口阀的开度调节控制压滤进度。当滤布上形成滤饼后，停车时没有下渣，渣冷却后可能形成结晶堵塞滤布，再次开车时可以先通蒸汽预热，再进料。

（3）停车：①关闭母液循环泵出口的分支阀门，关闭液钾碱阀门。②压滤时转槽中液位较低时，依次停搅拌、压滤泵，关闭压滤泵进口阀门，关出口阀门，停冷却水。③正常压滤下，当压滤出液嘴出液很小时，放松滤板，人工卸渣，清洗滤板，清除滤板密封面上残渣。④对出浑液的滤板进行检查，滤布如有破损及时修复或更换。⑤关闭电源，打扫场地卫生。

（4）下渣：①将"松/停/紧"开关拨到"松"位置，活塞回程，滤板松开。活塞回退到位后，压紧板触及行程开关而自动停止，回程结束。②手动拉板卸饼：采用人工手动依次拉板卸饼。③拉板卸料以后，残留在滤布上的滤渣必须清理干净，滤布应重新整理平整，开始下一工作循环。当滤布的截留能力衰退时，则需对滤布进行清洗或更换。

任务 8.3　污泥处置与利用

随着污泥量日益增大，污泥的处理和处置问题研究越来越深入，一般通过浓缩、消化、脱水、干化后有效利用，主要为土地利用、建材利用、填埋、投海（现已禁用）、焚烧等，或其中几种方法结合使用。目前，全国污泥的处置处于十分窘迫的状况，大部分污水处理厂的污泥并没有得到真正有效的处置，从而造成污染的转移。

一、污泥土地利用

可以接纳污泥的土地类型很多，如农林业耕地、牧业草地、园林绿地等。污泥中富含的氮、磷、钾、微量元素等是植物所需的营养成分，其中氮是最主要的考虑因素。污泥中的有机腐殖质是良好的土壤改良剂。因此，污泥是肥田、改良土壤、园林绿化建设的好材料。但是，污泥中也有大量病原菌、寄生虫（卵），以及铜、砷、铝、锌、铅、汞等重金属和多氯联苯、二噁英、放射性核素等难降解的有机化合物。在农田施用时，必须采取措施以尽可能减轻污泥中的污染物带来的危害。

二、建材利用

可提取活性污泥中含有的丰富的粗蛋白和球蛋白酶制成活性污泥树脂，与纤维填料混合均匀压制生产生化纤维板，还可以利用污泥或污泥焚烧灰生产污泥砖、地砖。

三、填埋

污泥既可单独填埋也可与生活垃圾和工业废物一起填埋。这种处置方法简单、易行、成本低，污泥不需要高度脱水。填埋场一般为废弃的矿坑或天然的低洼地。但是，污泥填埋也存在一些问题，例如渗出液和气体的形成。渗出液是一种被严重污染的液体，如果填埋场选址或运行不当，这种液体就会进入地下水层，污染地下水环境。填埋场产生的气体主要是甲烷，若不采取适当措施会引起爆炸和起火。另外，适合污泥填埋的场所因城市污泥的大量产出而越来越有限，这也限制了该法的进一步发展。

四、焚烧

污泥中含有大量的有机物和一定量的纤维素木质素，脱水后的干污泥发热量约为836kJ/kg，可用来焚烧。污泥焚烧后的残渣无菌、无臭，体积减小 60%，含水率为零，使运输和最后处置大为简化。焚烧后产生的热量也可以充分利用，具有应用前景。日本利用该法处置的污泥占总量的 60% 以上。污泥在焚烧前必须脱水，焚烧时会产生二氧化硫、二噁英等气体而造成空气污染。污泥中的重金属也会随烟尘的扩散而污染空气。此外，焚烧法的处理成本十分昂贵。在日本，一套处理量在 $50m^3/d$ 左右的焚烧设备（包括土建、配套）成本高达 28 亿日元。

另外，对日处理能力在 10 万 m³ 以上的大型二级处理设施产生的污泥，宜采用厌氧消化制沼气。城市污水厂沼气的有效利用，不仅可以解决污泥出路问题，而且对节能和降低运行费用都有很大意义。

复习题

1. 填空题

(1) 污泥中的水分可分为_____、_____、_____和_____。

(2) 剩余污泥是指_____。

(3) 污泥浓缩有_____、_____和_____三种方法。

(4) 污泥进行机械脱水需进行预处理，其方法有_____、_____和_____。

2. 选择题

(1) 污泥浓缩的对象主要是去除污泥颗粒间的（　　）。

A. 间隙水　　　　B. 毛细水　　　　C. 附着水　　　　D. 内部水

(2) 浓缩池中的污泥浓缩属于（　　）。

A. 自由沉淀　　　B. 絮凝沉淀　　　C. 成层沉淀　　　D. 压缩沉淀

(3) 板框压滤机在进行机械脱水时的外力是（　　）。

A. 真空抽吸力　　B. 压力　　　　　C. 离心力　　　　D. 以上都有

3. 简答题

(1) 为什么要进行污泥处理？

(2) 为什么要进行污泥调理，其方法有哪些？

(3) 常用的污泥机械脱水方法有哪些？

(4) 污泥的处置方法有哪些？

项目 9

污水厂处理系统运行效果检测及设备维护

【项目概述】

要做好污水处理厂的运行管理，设备管理尤为重要，这也是生产正常运行的保证。如今，污水处理厂机械设备种类繁多，机械化、自动化程度在不断提高，许多通用设备的操作管理也变得越来越复杂，欲取得良好的污水处理效果，必须使各种机械设备处于良好的工作状态，保持应有的技术性能。本项目主要介绍污水厂处理系统运行效果检测的方法及设备维护方面的知识。

【学习目标】

通过本项目的学习，学生能够说出污水处理系统运行效果检测的基本参数，分析各项参数是否符合出水水质标准；能够对污水厂处理系统进行日常运行管理、维护设备正常运行等工作，对常见的故障进行分析和解决，保证污水处理厂的出水水质。

【学习支持】

国家污水排放标准；设备运行、管理与维护。

【课前思考】

(1) 我国最新颁布的污水排放标准主要有哪些内容？

(2) 日常的污水处理厂设备的运行管理及维护包括哪些方面？

污水厂处理系统运行效果检测及设备维护概述

一、污水厂处理系统运行效果检测

经污水处理厂处理的污水需达到城市污水处理厂水质排放标准方可排放进入城市的河流或湖泊，因此必须实时监测污水处理厂处理系统的各项指标，判断其是否处于正常处理的范畴。污水处理系统运行效果检测主要包括：（1）有机物综合指标 COD、BOD 及 TOC；（2）固体悬浮物；（3）氮和磷；（4）溶解氧与呼吸速率；（5）其他常用指标（pH 值、碱度、有机酸、流量、压力与温度）。

1. COD（化学需氧量）

COD 是以化学方法测定废水、废水处理厂出水和受污染的水中，能被强氧化剂氧化的物质的氧当量，即根据耗去的氧化剂的量，求得其化学需氧量 COD。

2. BOD（生物化学需氧量）

BOD 也是环境水质标准和污、废水排放标准中的控制项目。用于环境标准和污废水排放标准的 BOD 测定法，在《中华人民共和国国家环境保护标准》HJ 505—2009 中规定为下述内容：水样在充满完全密闭的溶解氧瓶中，在 $20\pm1℃$ 的暗处培养 5d±4h 或（2+5）d±4h（先在 0~4℃）的暗处培养 2d，接着在 $20\pm1℃$ 的暗处培养 5d，即培养（2+5）d，分别测定培养前后水样中溶解氧的质量浓度，由培养前后溶解氧质量浓度之差，计算每升样品消耗的溶解氧量，以 BOD_5 表示。

3. TOC（总有机碳）

TOC 是以构成有机物成分之一的碳的数量表示有机污染物质的量。它是把水中所含有机物质里面的碳转化成二氧化碳后加以测定而求得的。一般通过加热、紫外辐射、化学氧化或者某几种互相结合的方式将有机碳转化为 CO_2。

4. 悬浮固体

悬浮固体包括有机物和无机物。污水中悬浮固体浓度与浊度有一定的关系，可以通过实验校正浊度值得到悬浮固体浓度值。常用测量项目有总固体和总残渣。用测得的固体质量除以样品体积就得到了悬浮固体浓度。

5. TN（总氮）

氮的存在形式有有机氮、氨氮、硝酸氮、亚硝酸氮和氮气。氨氮和有机氮统称为总凯氏氮（TKN）。总氮是有机氮与无机氮（包括氨氮、亚硝酸盐氮、硝酸盐氮）之和，其在水中的浓度应高于任何一种氮。目前，总氮在线自动分析仪的主要类型有过硫酸盐消解—光度法、密闭燃烧氧化—化学发光分析法两种。

6. 总磷

总磷包括溶解的、颗粒的、有机的和无机磷，是水样经消解后将各种形态的磷转变成正磷酸盐后测定的结果。目前，总磷在线自动分析仪的主要类型有过硫酸盐消解—光度法、紫外线照射—钼催化加热消解、FIA—光度法。

7. DO（溶解氧）

溶于水中的氧（O_2）叫作溶解氧。水中溶解氧含量与空气中氧的分压有密切关系，氧的溶解度则与水温、水中含盐量有关。测量 DO 的化学标准方法是文克勒法（Winker）法或碘量法。

8. 呼吸速率

呼吸速率也称氧利用速率，是指单位体积的好氧微生物在单位时间消耗的溶解氧。其是通过活性污泥混合液的溶解氧浓度变化来计算确定。

9. pH 值

pH 值是表示溶液酸性或碱性程度的数值。实际上在给水处理和废水处理的单元过程中，如酸碱中和、软化、沉淀、混凝、消毒和防腐等过程都与 pH 有关。

二、污水厂处理系统的设备维护

对污水处理自动化设备的日常维护、保养、定期检查和标定调整，是保证其正常运行的重要条件。自动化设备的种类繁多，校准、调整方法各异，因此对于具体的每种设备，应按照各自的操作、维护手册来进行。

任务 9.1　污水处理在线检测项目

污水处理工程所用的检测仪表大致可分为两大类：一类属于监测生产过程物理参数的仪表，如检测温度、压力、液位、流量等。另一类属于检测水质的分析仪表，如检测污泥浓度、pH 值、溶氧含量、COD、BOD、TOC、TN、TP 等。

一、温度的在线测定

在目前的污水处理厂中，温度测量的方式是根据传感器的测温方式，温度基本测量方法通常可分成接触式和非接触式两大类。

接触式温度测量的特点是感温元件直接与被测对象相接触，两者进行充分的热交换，最后达到热平衡，此时感温元件的温度与被测对象的温度相等，温度计就可据此测出被测对象的温度。

非接触式温度测量的特点是感温元件不与被测对象直接接触，而是通过接受被测物体的热辐射能实现热交换，据此测出被测对象的温度。

二、流量的在线测定

及时准确地掌握进水量，对工艺控制和提高污水厂抵抗水力负荷冲击的能力有重要作用。所以流量及处理量应实时监测。

传统的水量测量采用堰板或文丘里流量计等，都存在着不能实时监测、实时显示的缺点。采用超声波流量计结合文丘里流量计，或者采用电磁流量计、涡轮式流量计都能在现场和借助电脑设备实时显示流量及累计处理量，达到了准确计量处理水量，以及为运行管理提供实时流量的目的。

超声波流量计是通过检测流体流动时对超声束（或超声脉冲）的作用以测量体积流量的仪表。在管道中使用的超声波流量通常有管道式超声波流量计、外夹式超声波流量计、插入式超声波流量计，这三种超声波流量计分别如图 9-1 所示。

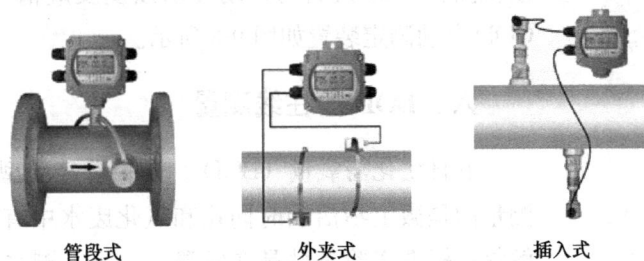

管段式　　　　外夹式　　　　插入式

图 9-1　超声波流量计

三、pH 值的在线测定

对于污水处理工艺技术中的 pH 值，我国的水处理标准和环境标准中均有相关规定，其控制标准严格规定 pH 值为 6.5～8.5。

测定 pH 值的方法有：（1）指示剂法；（2）氢电极法；（3）氢醌电极法；（4）锑电极法；（5）玻璃电极法等。其中玻璃电极法目前应用最为广泛。

玻璃电极法：一个玻璃薄膜介于两个具有不同 pH 值的溶液之间，横跨这个玻璃薄膜就会产生一个电势差，而且此电势差与两个溶液的 pH 值之差成正比。在测定溶液的 pH 时，可通过在检测溶液中同时浸入一组玻璃电极和参比电极，并测量这两个电极间的电势差来求得。图 9-2 为氯化银内极的玻璃电极的构造形式。

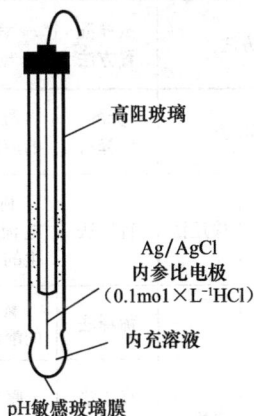

高阻玻璃

Ag/AgCl 内参比电极（0.1mol×L^{-1}HCl）

内充溶液

pH敏感玻璃膜

图 9-2　氯化银内极的玻璃电极

四、溶解氧的在线测定

溶解氧分析是测量溶解在水溶液内的氧气的含量。氧气通过周围的空气流动和光合作用溶解在水中。在目前污水处理厂中测量溶解氧采用的仪器是溶解氧传感器（又称溶解氧电极），使溶解氧的测定得以自动连续进行。

溶解氧电极是利用一薄膜将铂阴极、银阳极以及电解质与外界隔离开，一般情况下阴极几乎是和这层膜直接接触的。氧气以其分压成正比的比率透过膜扩散，氧分压越大，透过膜的氧就越多。当溶解氧不断地透过膜渗入腔体，在阴极上还原而产生电流，此电流大约在 nA 级。由于此电流和溶解氧浓度直接成比例，因此可以通过测量该电流来反映溶氧的含量。

五、COD 在线检测

目前，在污水处理厂中通常采用 COD 自动测定装置测量 COD，间歇地对流动检测溶

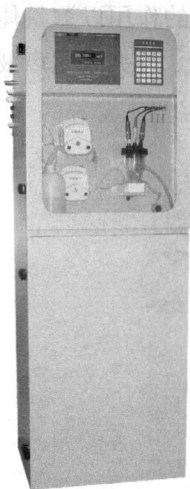

图 9-3　COD 自动测定装置

液取样并自动测定，该过程是由相当复杂的分析程序构成的，其组成包括检测溶液的自动输送、计量、稀释、各种试剂溶液的计量、输送液的注入、自动的氧化反应、反应终点的自动检测、COD 数据的自动显示以及反应槽等的自动清洗等，COD 自动测定装置如图 9-3 所示。

六、BOD 的在线测量

五日生化需氧量（BOD_5）是一种经验型的检测方法，它测量的是微生物活动时同化和氧化废水中有机物所消耗的溶解氧，标准实验条件是在常温下，将待测水样在暗处培养一定时间（通常为五日）。目前污水处理厂测定 BOD 的方法主要有 BOD 自动测定法和国标法，表 9-1 为有代表性的 BOD 自动检测法与 GB 法的比较。

BOD 自动测定法和 GB 法的比较　　　　　　　　　表 9-1

方法		试样配置方法	氧的供给方法	二氧化碳的吸收	氧消耗检测法	微生物培养瓶中的溶液状态	数据表示
GB 法		标准稀释法	稀释水中的溶解氧	无	化学分析法	静止	由培养前后的测定值计算
自动测定方法	检压法	直接法	利用恒定电流电解产生的氧	利用吸收剂	用压力计检测的恒定电流电量法	搅拌	由自记耗氧曲线直接表示 BOD
	电极法	稀释法	稀释水中的溶解氧	无	隔膜氧电极法	搅拌	自记耗氧曲线
		直接法	曝气增氧	曝气收集	隔膜氧电极法	间歇搅拌	由自记耗氧曲线直接表示 BOD
		稀释法直接法	利用恒定电流电解产生的氧	有	电极法检测溶解氧恒定电流电量法	搅拌	由自记耗氧曲线直接表示 BOD

GB 法测定 BOD，是按照标准稀释法调配稀释试样，使 5 日后的溶解氧耗量限定在 $40\% \sim 70\%$ 以内，然后取出该稀释试样并求得 BOD 的方法。而 BOD 自动测定法，是用电解供氧、曝气的方法。BOD 的测定范围广，库仑计的测定范围能到 1000ppm。BOD 测定法并非是把 GB 法完全自动化，而是按照 BOD 原有的含义实现了自动化。因此，从低浓度到高浓度，GB 法与自动测定方法相关性不强。检压式库仑计的精度为 0.5%，灵敏度为 0.2ppm。但该法在低浓度 BOD 的测定中问题较多，而且对微生物的驯化培养也有困难。

七、TOC 的在线测定

总有机碳（TOC）是指水中有机物所含碳的总量，TOC 的测定方法一般有两种：一种是测定出水样中总碳（TC）和无机碳（IC）后进行差减（TOC＝TC－IC）的方法；另一种是采用前处理方法除去水样中的 IC 后测定 TC，即为 TOC 的直接测定法。前一种方法适用于测定 IC 比 TOC 低的水样；后一种方法适用于测定 IC 含量高的水样，但这两种方法都有挥发性有机物的损失。

八、浊度的测定

对于浊度的测定，不同的测定方法会使测定值出现差异，以及会存在色度的影响等问题，比较流行的连续测定方法有透过光测定法、散射光测定法、透过-散射光比较测定法、表面散射测定法等四种方法，最常用的是表面散射测定法。

表面散射测定法是通过测定光束照射到试样溢流面时所产生的散射光的光强度，来求得试样的浊度。本法的优点在于：没有直接接触试样的测定窗；测定的线性度好；使用等效散射板进行校正，简化了校正工作等。目前实验室中常采用此法制作而成的浊度仪来测量水的浊度。图 9-4 所示为便携式浊度仪。

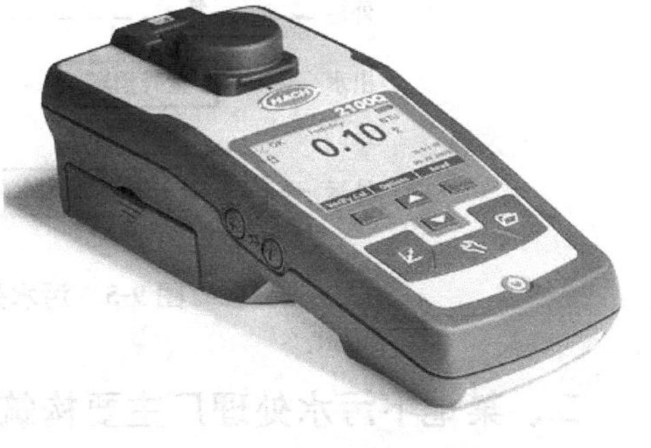

图 9-4　便携式浊度仪

九、悬浮物的测定

按照国家标准规定，测定悬浮物的方法是采用过滤重量法。悬浮物的测定单位是mg/L。在国家标准里，仅仅规定了过滤方法、干化条件以及称重方法等，有关悬浮物的成分、颗粒规格等都没有规定。

十、氨氮的测定

氨氮作为河道富营养化及水质污染的重要指标之一，在污水处理中必须了解溶解的氨氮量。氨氮的分析法一般是滴定法、可见光分光光度法（靛酚法、奈斯拉法）；新方法有隔膜式氨电极法。这些分析法中能用于自动分析的方法是隔膜式氨电极法和靛酚法，这两种方法通常应用于污水处理厂中。

任务 9.2　某地下污水处理厂运行效果监测

一、某地下污水处理厂工程概况

某地下污水处理厂建设用地 $1.8hm^2$，日处理污水量 $10\times10^4 m^3/d$，并配套有污泥处理、臭气处理工艺。服务面积为 $15.7km^2$，服务人口 13.03 万人。

该地下污水处理厂改变常规的分散布局模式，将各种设备间、处理构筑物组团化、集成化，组成预处理区、污泥区、生化区、膜区等六个矩形模块，中间保留必要的人行通道、检修通道、管线通道，各种构筑物和设备在不同的标高层垂直布置，充分利用空间以节约用地。该地下污水处理厂采用先进的膜生物反应器技术，其工艺流程如图9-5所示。

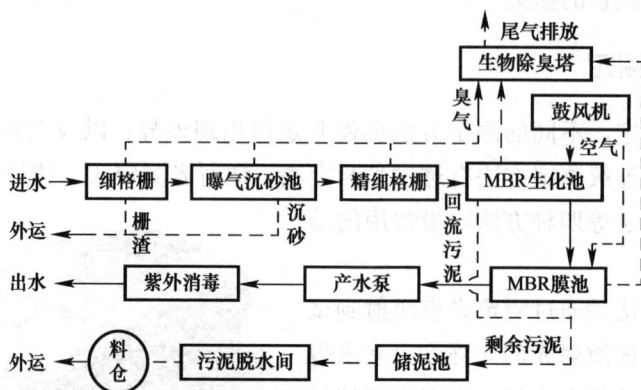

图 9-5　污水处理厂 MBR 工艺流程

二、某地下污水处理厂主要构筑物参数

1. 细格栅、曝气沉砂池及精细格栅

细格栅、曝气沉砂池与精细格栅合建，设计规模为 10 万 m^3，土建尺寸 48m×22.35m×6.2m。细格栅渠设 3 台转鼓式细格，鼓栅直径 2m，栅隙宽 $b=5mm$，安装角度 $A=35°$，栅前水深 $h=1.3m$，过栅流速 $v=0.9m/s$。曝气沉砂池设 1 座，分 2 格，停留时间 3.75min，水平流速 0.1m/s，曝气量 $0.2m^3$ 空气/m^3 污水，曝气沉砂池鼓风机房设于沉砂池旁，选用罗茨鼓风机 2 台，1 用 1 备，单台 $Q=20m^3/min$，$H=35kPa$，$N=22kW$。为了保护膜组件，进一步降低进入 MBR 池的 SS，设 6 台转鼓式精细格栅，鼓栅直径 2.4m，栅隙宽 $b=1mm$，安装角度 $A=35°$，栅前水深 $h=1.55m$，过栅流速 $v=0.75m/s$。

2. MBR 生化系统生化池

设 2 座 MBR 生化池，采用改良型 A^2/O 生化池，单座平面尺寸 36.5m×54.05m，水深 7m，生化区 MLSS＝5～7g/L，膜区 MLSS＝6～8g/L，污泥负荷 $N_s=0.07$～$0.1kgBOD_5/(kgMLSS \cdot d)$，污泥龄 $H=15$～20d，HRT＝7.43h，其中厌氧池为 0.99h，缺氧区 1.99h，好氧区为 4.45h（包括膜池 1.6h）。膜池污泥回流比 $R=150\%$～300%，好氧区混合液回流比 $R=150\%$～400%，缺氧区至厌氧区回流比 $R=100\%$。

3. MBR 生化系统膜池

设 2 座 MBR 膜池，位于改良型 A^2/O 生化池的后端，对生化后污水进行泥水分离。本工程采用聚偏氟乙烯（PVDF）中空纤维帘式膜，设计膜通量为 14.5L/($m^2 \cdot h$)，膜孔径≤0.1μm，共设 20 个膜处理单元，每单元设 10 个膜组件。MBR 生化系统平面布置见图 9-6 所示。

4. MBR 生化系统设备间

设备间配置 MBR 膜组件系统配套的出水、反洗、循环、剩余污泥排放等设施。产水

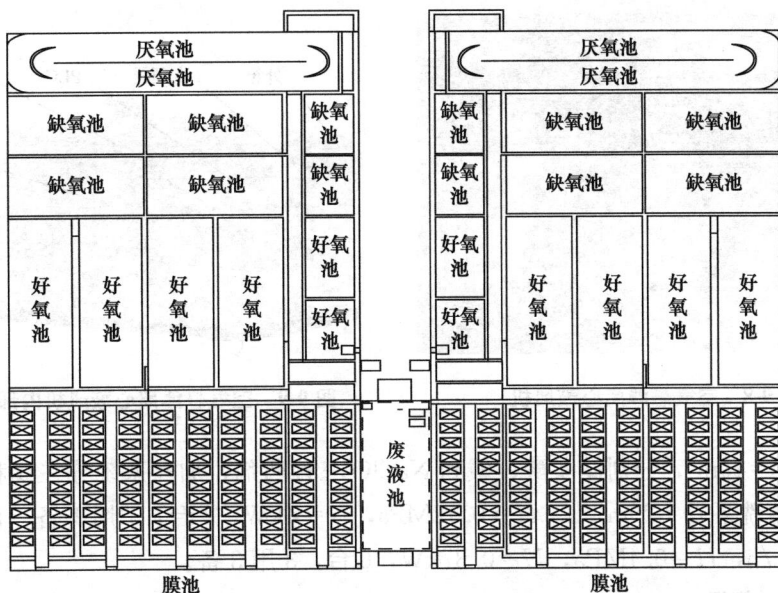

图 9-6　MBR 生化系统平面布置

泵 $Q=320m^3/h$，$H=14m$，$N=22kW$，共 22 台，2 台备用；反洗泵 $Q=360m^3/h$，$H=12m$，$N=18.5kW$，2 台，1 用 1 备，循环泵 $Q=350m^3/h$，$H=10m$，$N=18.5kW$，2 台；剩余污泥泵 $Q=100m^3/h$，$H=15m$，$N=7.5kW$，2 台；真空泵 $Q=3.4m^3/min$，真空度 700mmHg，2 台，1 用 1 备；中水水泵 $Q=50m^3/h$，$H=30m$，$N=7.5kW$，3 台，2 用 1 备；空压机 $Q=0.8m^3/min$，$P=0.65MPa$，$N=7.5kW$，2 台，1 用 1 备；储气罐 $V=2.5m^3$，$P=0.8MPa$，1 座。

5. 紫外消毒

本工程 MBR 系统超滤膜能有效截留绝大部分细菌（粒径 $0.2\sim50\mu m$）和部分病毒，出水基本可以达到了粪大肠菌群数 $\leqslant1000$ 个/L 的排放标准。为安全起见，仍考虑设管式紫外线消毒设备（图 9-7），严格控制出水粪大肠菌群数。管式紫外线消毒装置 $Q=2.5$ 万 m^3/d，$N=45kW$，设 4 套，安装于 MBR 设备间。

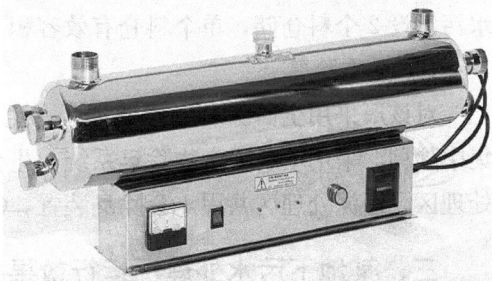

图 9-7　管式紫外线消毒设备

6. 鼓风机房

鼓风系统为生化供氧和膜吹扫供风，土建尺寸为 29.4m×21.75m×8.1m，安装 8 台空气悬浮离心鼓风机，如图 9-8 所示，其中生化鼓风机 $Q=158m^3/min$，$H=79kPa$，4 台，3 用 1 备；膜曝气鼓风机 $Q=171m^3/min$，$H=59kPa$，4 台，3 用 1 备。空气悬浮离心鼓风机内部结构图如图 9-9 所示。

7. 膜清洗加药间

MBR 生化系统配套设 1 座清洗加药间，土建尺寸为 14.7m×13.74m×5.15m，设置

图 9-8　空气悬浮离心鼓风机

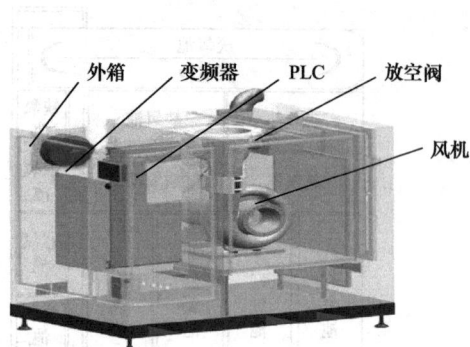

图 9-9　空气悬浮离心鼓风机内部结构图

3 个储药罐 $V=20m^3$，分别储备酸、碱和 NaClO 三种药剂，加药系统分在线和离线两种方式。离线清洗泵 $Q=20m^3/h$，$H=0.12MPa$，$N=4kW$，2 台，1 用 1 备；在线清洗计量泵 $Q=1m^3/h$，$H=0.4MPa$，$N=0.37kW$，6 台，3 用 3 备。

8. 除磷加药间

设 1 座除磷加药间，为生物反应池投加除磷药剂，土建尺寸为 14.7m×13.74m×5.15m，除磷药剂采用液体硫酸铝，储药池容积 $V=68.5m^3$，储存时间 30d，加药泵 $Q=800L/h$，$H=30m$，$N=2.25kW$，3 台，2 用 1 备。

9. 污泥浓缩脱水间及储存系统

按 10 万 m^3/d 设计，土建尺寸为 19.25m×22.5m×5.8m，污泥量 12.94tDS/d，进泥含水率 99.2%，出泥含水率 75%～78%。内部设 2 座储泥池，土建尺寸为 9.3m×3m×3.3m，储泥时间为 1h，安装 2 台搅拌器，单机功率 $N=2.2kW$。脱水间安装 3 台一体化离心浓缩脱水机，单机 $Q=55m^3/h$，主机功率 $N=55kW$，辅助电机功率 $N=11kW$。脱水污泥设 2 个料仓储，单个料仓有效容积 $V=100m^3$。

10. 生物除臭

对该厂采用全面除臭，预处理区、生化处理区及污泥处理区均进行臭气收集，分区集中除臭，采用填料式生物除臭系统。生化处理区设 2 套除臭装置，$Q=40000m^3/h$；预处理区、污泥处理区共用 1 套除臭装置，$Q=22000m^3/h$。

三、某地下污水处理厂运行效果检测、仪表及自控技术

1. 某地下污水处理厂运行效果水质检测

该污水处理厂的进水水质根据服务范围内的监测数据和同地区污水处理厂近几年的运行数据来确定。近年来常年具体平均水质见表 9-2。

污水厂常年进出水水质情况表　　　　　　　　　　　　表 9-2

项目	BOD_5	COD_{Cr}	SS	NH_3-N	TN	TP	粪大肠菌群数
进水（mg/L）	160	270	220	30	35	4.5	10^4 个/L
出水（mg/L）	10	40	10	5	15	0.5	
去除率（%）	93.8	85.2	95.5	83.3	57.1	88.9	

2. 某地下污水处理厂仪表及自控技术

该污水处理厂先进、可靠的仪表及自控技术主要体现在以下几方面:

(1) 污水处理厂的集中管理、分散控制系统由一个中央控制站和多个现场控制站和所属分控站、高速数据通道组成,保证了污水处理厂的运行控制灵活、可调、简便、稳定和可靠。

(2) 设置在线检测仪表、CCTV 闭路电视监控、安保红外线、消防自动报警等自控系统。

(3) 增设现代化的电力自动监控系统,对污水处理厂的高低压配电系统、变压器、直流屏、UPS 电源系统等实施自动监测(高压系统可控制),实现电力系统的自动化,提高供配电系统运行的可靠性。

四、某地下污水处理厂安全措施

1. 通风系统

该污水处理厂地下处理构筑物除单独加盖除臭外,地下其余空间均考虑机械通风,主要包括地下空间通风和地下空间防排烟两部分。

2. 消防系统

根据污水处理厂区的火灾特点及可燃物性质,整个厂区不同部位采取不同的消防系统,形成安全可靠、经济合理的消防系统。

任务 9.3　某污水处理厂运行效果监测

一、某污水处理厂工程概况

某污水处理厂为该市第一座大型城市污水处理厂,处理规模 15 万 m^3/d,占地 14 公顷,总投资 1.4 亿元,服务范围 1289 公顷,服务人口约 60 万人。污水处理工艺采用生物除磷脱氮活性污泥法(简称 A^2/O),工程分三期建设完成:一期工程采用平流式沉砂池。二期工程则采用旋流式沉砂池;沉淀池采用中央进水,周边出水,共有四座池,每池装有一台全桥式吸刮泥机;生物反应池采用 A^2/O 工艺,利用生物降解水中有机污染物,达到除磷脱氮的目的。在厌氧段、缺氧段每格安装侧轴式潜水搅拌器,浓缩池把沉淀池中含水率 99% 的剩余污泥经混合浓缩后,降至含水率 94%~97%,采用半径式刮泥机;接触池把处理后的污水加氯后再排入河流。该污水处理厂三期工程采用分点进水的倒置 A^2/O 艺,其流程见图 9-10。

二、某污水处理厂主要构筑物参数

1. 格栅

该污水处理厂采用回转式卡齿的粗格栅 2 台,用以除去较大的悬浮物,防止污水直接进入转鼓式的细格栅造成堵塞,格栅的栅条间距为 1cm(图 9-11)。转鼓式细格栅 4 台,其栅条间距为 5mm,转鼓直径 2m。进水渠宽 2m,两台格栅间距 1m(图 9-12)。

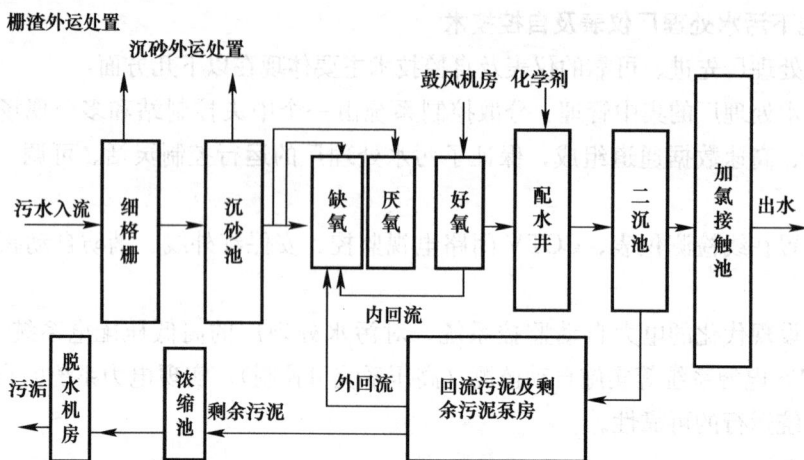

图 9-10　污水处理厂三期工艺流程

图 9-11　回转式格栅

图 9-12　转鼓格栅

2. 沉砂池

污水处理厂在一期和二期的建设时设有两套沉砂池，分别为旋流沉砂池和平流沉砂池。污水处理厂共设置了两个旋流沉砂池，两台搅拌机、两台砂泵和两台砂水分离机，池直径 5.5m，有效水深 1.3m。平流式沉砂池分两组，每组两条廊道，每条廊道长 21m，宽 1.45m，水深 3.95m。污水停留时间 3.7min。用两台刮砂机和砂水分离机。从沉砂池分离出来的无机固体颗粒通过填埋的方式来进行处置。

3. 生物反应池

污水经预处理后进入生物反应池，采用了分点进水的倒置 A^2/O 工艺，由缺氧段、厌氧段和好氧段三个区组成，用隔墙分开，水流为推流式。缺氧段、厌氧段设置水下搅拌机，好氧段设微孔曝气系统。在厌氧、缺氧、好氧三种不同的环境条件和不同种类微生物菌群的有机配合下，能同时具有去除有机物、脱氮除磷的功能。在生物除磷的基础上，另外投加化学除磷药剂。每组池有效容积是 37218.75m³，有效水深是 7.5m，池体水深

9.6m，水力停留时间为 8.12h，其中缺氧池水里停留时间为 1.41h，厌氧池水里停留时间为 1.86h，好氧池水里停留时间为 4.85h。出水端设有回流泵房、剩余污泥泵房，污泥回流比为 50%～100%，混合液回流比为 50%～150%，均回流到缺氧段。剩余污泥由泵送至浓缩池，然后进入脱水机房进行离心脱水，泥饼用泵输送至码头外运，经处理后填埋。

4. 鼓风机房

鼓风机房的作用是向生物反应池供给微生物增长及分解有机污染物所必需的氧气，主要设备是六台单级高速离心鼓风机，$Q=15000m^3/h$；其他配件有止回阀、流量计及起重装置，方便拆装与维修。

5. 二沉池

污水经生物反应池处理后进入二沉池配水井，由配水井配水至二沉池进行固液分离。新厂区设有两组共六个二沉池，两组二沉池都由中间的配水井进行配水，采用周进周出幅流式沉淀池，利用重力的作用使活性污泥与处理完的污水分离，并使污泥得到一定程度的浓缩。沉淀池的主要参数有：每座池直径 42m，有效水深 4m，水力停留时间 3.63h，体积 5542m³，总最大水量 11917m³/h，平均水量 9167m³/h，表面负荷峰值 1.43m³/(m²·h)，表面负荷平均值为 1.10m³/(m²·h)，外回流比为 100% 时极限固体通量 7.5kg/(m²·h)，外回流比为 50% 时极限固体通量 5.9kg/(m²·h)，沉淀后的污泥浓度为 10000～12000mg/L。主要设备是水平管式吸泥机，水力停留时间为 4h。二沉池出水进入加氯接触池，消毒后排入河流，污泥回流至污泥泵房。

6. 污泥浓缩池

污水处理系统产生的剩余污泥（含水率 99%），合理地分配到 4 个浓缩池（单池直径 18m，池深 4m，污水停留时间 16h）作重力浓缩，然后靠重力自流到贮泥池，经侧式搅拌机搅拌，使贮泥池中污泥处于一个均匀悬浮状态，贮泥池作缓冲、调节的作用；聚丙烯酰胺干粉通过配药系统，经溶解、熟化两个程序，将絮凝剂溶液配制成 5‰ 的浓度，存放于不锈钢药罐待用；药罐中的絮凝剂溶液通过二次稀释水系统把原来 5‰ 的溶液稀释成 2‰～2.5‰，贮泥池中的剩余污泥通过搅拌机搅拌均匀，二者经螺杆泵提升到 3 楼的离心式污泥脱水机进料端混合，同时进入机器转鼓进行脱水处理；脱水后的污泥经无轴螺杆输送到污泥料仓存放。

7. 污泥脱水系统

污泥脱水系统采用先进、高效的污泥料仓、脱水机、贮泥池的一体化设计，合理地利用了整个脱水机房的空间，将污泥料仓和贮泥池溶入脱水机房的整体中。系统设有 3 台 Flottweg 离心式污泥脱水机，处理能力为 1.3T/h（设计 2 用 1 备）；2 个钢筋混凝土结构的污泥料仓，设计有效容积为每个 200m³；4 台高压泥饼输送泵，每台设计压力为 36bar、输送能力为 10～25m³/h；2 套连续式配药系统，每台设计贮药量为 3m³，并预留二次稀释水装置。离心机出口端预留两条 φ300 的无轴螺杆输送机（一备一用），并在污泥料仓的进口和出口处都预留了污泥的应急口出口。

三、某污水处理厂运行效果检测

污水处理厂采用 A²/O 活性污泥法处理城市污水，影响 A²/O 活性污泥法运行工艺参数有很多，下面介绍以下几个主要参数：溶解氧（DO）、混合液污泥浓度（MLSS）、混合液回流比（R）、气水比。

1. 溶解氧（DO）

厌氧段的溶解氧定为 0～0.2mg/L 且不得大于 0.5mg/L，缺氧段的溶解氧为 0.2～0.5mg/L 且不得大于 0.8mg/L。好氧段分为三段，分别控制在前段 0.8～1.0mg/L，中段 2.0mg/L，末段小于 0.8mg/L。

2. 混合液污泥浓度（MLSS）值

控制好反应池各段的 DO 值，不仅要靠调整总风量和池面各个出气阀，还应控制好池里混合液污泥浓度（MLSS）的值。该厂 MLSS 控制为 2.5～3.0g/L。

3. 混合液回流比（R）

在最初投产试运行阶段，把混合液回流比（R）选定为 150%，但是经过长时间运行实践证明，无论如何调整其他运行参数，脱氮率始终在 40% 左右徘徊，除磷效果也一直在 60% 在右，除磷脱氮效率处在一个较低水平上。但当把混合液回流比（R）从 150% 降为 100%，脱氮率从 40% 提高到 50%，除磷效果从 60% 提高到 70%，除磷脱氮率取得较好效果，见表 9-3 所示。

混合液回流比 100%时的运行结果（单位：mg/L）　　　　表 9-3

项目	进水	出水	去除率（%）
BOD	72.84	8.69	88.07
SS	102.28	11.93	88.34
TN	19.95	9.95	50.13
TP	2.40	0.52	78.30

4. 气水比

污水处理厂设计风量是根据进水 BOD＝200mg/L，出水 BOD＝20mg/L，进水 NH_3-N＝30mg/L，出水 NH_3-N＝15mg/L，选用曝气器的充氧系数，计算出供气量为 6.5m^3/m^3 污水，总风量 750m^3/min。但由于实际进水 BOD 远远小于设计值，反应池的气水比明显偏高，为了能稳定适当地得到反应池混合液所需的溶解氧浓度，需大幅度减少风量。由于该厂是多台风机供气，每台风机又可以根据导叶角度不同来调节风量，故较容易实现风量的调节。另外，还根据实际水质设置了可变段，即把原来的曝气前段两格停止使用曝气而加装搅拌机，平时作为缺氧段，一旦发现需延长曝气时间时再打开气阀。

任务 9.4　污水处理的设备维护

一、设备的选型

在控制策略的设计中，关于仪器仪表首先要考虑的问题是根据应用的需要选择最合适的产品，需要考虑的因素如下。

（1）传感的类型：最常用的几种传感器有测量流量、压力、液位和温度的传感器，需要根据系统需要监测的指标和用途来确定仪器仪表的传感类型。

（2）测量范围：测量范围指的是传感器输出信号的最小值和最大值，传感器的测量范围取决于实际工业过程中参数的变化范围，传感器对由干扰引起的偏差的敏感程度，以及所需要的测量精度。有时还需要在同一位置布置平行的两个传感器。

（3）线性程度：如果传感器的输出信号在其测量范围内呈线性变化，这样其后续的显示和过程都大大简化。

（4）精确度：对同一测量指标是否会给出相同的测量值。如果两次测量的结果不同，其相近程度如何。典型的数值应该小于测量范围的1%。

二、设备的安装

污水处理厂的在线监测仪器一般安装在室外，会遇到各种不同的气候条件。为了保证仪器仪表的测试准确和使用方便，在线仪器仪表的安装要注意以下问题：

（1）工作环境的选择：大多数仪器都是为了现场作业而设计的，也就是说可以安装在现场的任何位置。

（2）设备及样品的停滞时间：过程变量发生了变化，如管路出口的强度变量、温度和浓度的变化等，该变化到达传感器的时间为停滞时间，此时间越短越好。

（3）样品调节：为了能够实现测量精度或取得特定的精度，很多仪器对样品都需要进行调节。

（4）设备标识：仪器应该有明确的标识，便于管理人员识别。仪器的安放位置应该详细地标注在仪器或管路图上，尤其在易发生混淆的地方要明确地标注。

（5）设备维护：从维护的角度出发，仪器应该放置在易于维护人员接近的地方。为了保证可以在线校验，并保证维护的时候不影响测量，应该对仪器安装特殊的管路或阀门并进行专门设计。

三、设备的日常保养与维护

1. 处理设备的保养

污水处理厂的设备在生产运行过程中，虽然负荷变化不大，但却是长期连续运转的。工作介质（污水或污泥）的腐蚀性较大，并遭受自然环境较严重的侵蚀。随着使用时间的增加，设备内部和外部的工作条件将不断恶化，其结果必然使磨损加剧，性能变差，消耗增多。如再继续使用，不仅影响工作效率，还会发生更严重的设备或人身事故。为此，在正常的生产运行中，必须加强设备的技术保养工作。

（1）经常保持完好状态，以便随时可以起动运行；

（2）在合理运用的条件下，严格按技术操作规程进行操作，出现问题及时维修，不致因中途损坏机件而停产；

（3）设备各附属装置及零部件的技术状态保持均衡，以达到最高的大修间隔期；

（4）科学使用、轮换工作，使能源及零配件达到最低消耗。

2. 仪表的维护

对于每台具体的仪表，应按照生产厂家提供的维修与维护说明书、手册来进行。一般来说，日常维护工作分为四个部分，即：每日巡视检查；清洗，清扫；校验与标定；检修与部件更换。

（1）巡视检查。检查内容主要是看仪表引压管道有无泄漏。用肥皂水检查气动仪表接头有无泄漏，就地显示值是否异常。

（2）清洗与清扫。对于某些仪表，如溶解氧分析仪、浓度计、pH 计等，探头部分的清洗工作是十分重要的。对于需要定期清洗的仪表，应列出清洗计划，定期按照要求进行清洗。

（3）校验与标定。测量仪表都应该定期对其零点、量程进行检查、校验。根据检查情况，对仪表进行零点量程的调整。

对于水质分析仪表的标定、校验，应按照其说明书要求，配制相应的溶液或试剂，按照其要求的方法进行校验工作。校准、校验周期随仪表厂家类型的不同而不同。

（4）故障维修及部件更换。故障维修工作是一项技术性较强的工作，应由专业人员来进行。进行故障分析时，首先应弄懂其工作原理，看懂仪表电路图，分析故障原因，确定故障部位后再做处理。切忌没搞清问题所在，又没看或没看懂图纸，就盲目调整及更换部件，从而造成故障扩大，以至报废整台仪表。

四、仪器仪表的故障分析

当一台仪器或仪表在运行中发生故障时，应该首先从以下一些方面去考虑。

1. 气动仪表

对气动仪表而言，大部分故障出在漏、堵、卡三个方面。

（1）漏：因为气动仪表的信号源来自压缩空气，所以任何一部分泄漏都会造成仪表的偏差和失灵。

（2）堵：因为驱动仪表所用的空气中仍含有一定水汽、灰尘和油性杂质，长期运行过程中，会使一些节流部件堵塞或半堵，如放大器节流孔、喷嘴、挡板等处，只要沾上一点灰尘，就会程度不同地引起输出信号改变，特别是在潮湿天气，空气中湿度大，更应注意这一点。

（3）卡：因为气信号驱动力矩小，只要某一部位摩擦力增大，都会造成传动机构卡住或反应迟钝。常见部位有连杆、指针和其他机械传动部件。

2. 电动仪器和仪表

对电动仪器或仪表而言，大部分故障出在接触不良、断路、短路、松脱等四个方面。

（1）接触不良：仪表插件板、接线端子的表面氧化、松动以及导线的似断非断状态，都是造成接触不良的主要原因。

（2）断路：因仪表引线一般较细，在拉机芯或操作过程中稍有相碰，都会造成断路，保险丝的烧毁、电气元件内部断路也是一个方面。

（3）短路：导线的裸露部分相碰，晶体管、电容击穿是短路的常见现象。

（4）松脱：主要是机械部分，诸如滑线盘、指针、螺钉等，气动仪表也有类似现象。

五、仪器仪表故障的处理方法

（1）先观察后动手：当仪表失灵时，不要急于动手，可先观察一下记录曲线的变化趋势。若指针缓慢到达终点，一般是工艺原因造成；若指针突然跑到终点，一般是感温元件或二次仪表发生故障。

（2）先外部后内部：故障究竟是发生在二次仪表的内部还是外部，一般的检查方法是先外部后内部，即先排除仪表接线端子以外的故障，然后再处理仪表内部故障。

（3）先机械后线路：在生产中发现，一台仪表机械部分故障的可能性比线路（电、气信号传递放大回路）部分多得多，且机械性故障比较直观，也容易发现。所以在确认是仪表内部故障需检查机芯时，应先查机械部分，后查线路部分。

（4）先整体后局部：在排除机械故障的可能性后，就要检查整个电、气传递放大回路。首先要纵观整台仪表的现象，大致估计问题出在哪一部分。如无法估计，则可采用分段检查法，如怀疑某一段不正常，可从大段到小段步步压缩，迅速而准确地判断故障出在哪个环节。

六、安全教育

安全生产教育是指向单位内外全体有关人员进行的安全思想（态度）、安全知识（应知）、安全技能（应会）的宣传、教育和训练。它在污水处理厂（站）的建设和运行管理中占有重要的地位。可靠的系统需由安全生产来保证。安全生产教育是污水厂管理工作的一项重要内容，也是搞好污水厂安全生产的重要措施。

1. 必须树立"安全第一"的管理思想

污水厂要对安全教育工作的重要性、紧迫性、艰巨性给予充分的认识。树立"安全第一"的管理思想，切实地搞好安全教育工作。

2. 加强安全活动日管理，提高安全学习质量

开展污水厂安全日活动是提高广大职工安全思想的有效途径之一，是进行安全教育的主课堂。安全日活动方式要多样化，如搞一些安全技术问答、安全知识竞赛、安全培训、技术比赛、模拟现场安全措施、安全分析、事故预想和反事故演习等，提高职工参加安全活动的积极性，最终达到提高安全学习质量的目的。

3. 建立"班组安全流动岗"制度，增强职工的安全责任感

实践证明，建立班组"安全流动岗"是进行安全教育的一种行之有效的方式，同时它还可以大大降低班组成员的习惯性违章行为。流动岗每周轮换一次，负责监督全班职工的各项工作。

复习题

1. 填空题

（1）＿＿＿＿＿是测量溶解在水溶液内的氧气的含量。在目前污水处理厂中测量溶解氧采用的仪器是＿＿＿＿＿，使溶解氧的测定得以自动连续进行。

（2）测定悬浮物的方法，按照国家标准规定是采用＿＿＿＿＿。

（3）BOD 的一般定义是指在_____条件下微生物在好氧条件下氧化废水中有机污染物。

（4）悬浮固体包括有_____和_____。污水中悬浮固体浓度与浊度有一定的关系，可以通过实验校正浊度值得到。常用测量项目有_____和总残渣。

（5）电磁流量计由_____和_____两部分构成。

2. 选择题

（1）测定 pH 的方法有（　　　）。

A. 玻璃电极法　　　　　　　　　B. 指示剂法

C. 氢醌电极法　　　　　　　　　D. 锑电极法和氢电极法等

（2）超声波流量计是通过检测流体流动时对超声束（或超声脉冲）的作用，以测量体积流量的仪表，在管道中使用的超声波流量通常有（　　　）。

A. 管道式超声波流量计　　　　　B. 外夹式超声波流量计

C. 便携式超声波流量计　　　　　D. 插入式的超声波流量计

（3）在进行溶解氧测定时，水中溶解氧含量与空气中氧的分压有密切关系，其溶解度与（　　　）有关。

A. 水温　　　　　　B. 浊度　　　　　　C. 水中含盐量　　　D. pH 值

3. 简答题

（1）通常污水处理厂的在线检测项目有哪些？

（2）污水处理厂常用的流量的检测方法有哪些？

（3）溶解氧测定仪器进行检测的一般方法？

（4）如何做好污水处理厂设备的日常保养与维护工作？

（5）仪器仪表故障的处理方法？

项目10
污水处理厂自动控制仿真操作

【项目概述】

　　《给排水处理仿真教学软件》是借助计算机平台使学生在课堂上模拟污水处理厂实际运行工况，并进行机上实训操作学习，情景逼真、生动，立体感强，寓真实工况于软件中。采用单元组合进行培训操作，强化培训项目，设定各种意外和故障，有类型多样的实操训练功能；同时，软件能根据学生的具体操作步骤进行智能评分，并得出综合分数，对学员的操作给予客观评价。本项目主要通过模拟高碑店污水处理厂二期工程在实际运行管理中遇到的一些常见问题和故障来进行过程仿真。

【学习目标】

　　通过学习本项目学生能够对污水处理厂的工艺流程有进一步了解，能够对污水处理厂日常运行管理中的常见问题和故障进行分析，找出解决对策。

【课前思考】

　　(1)《给排水处理仿真教学软件》中污水处理厂工艺流程是什么？
　　(2) 污水处理厂常见意外和故障有哪些？

任务 10.1　城市污水处理单元

一、概述

北京市高碑店污水处理厂是目前全国第三大的污水处理厂，承担着北京市中心区及东郊地区总计 96 平方公里流域范围污水治理任务，服务人口 240 万，占地 1020 亩，建设规模 250 万 m^3/d，占全市污水处理总量的 40%，为改善北京的环境卫生及东郊地区通惠河水系的污染起了重要作用。

工程建设分二期进行，一期工程从 1993 年投产后，出水指标一直稳定达标，二期工程1999 年 9 月竣工通水，从投入污水到微生物生成，仅用了一个月的时间出水水质就已达标，而且出水水质指标远低于国家排放标准，具体指标如下：进水 SS 250mg/L，BOD_5 200mg/L，COD 500mg/L；出水 SS≤30mg/L，BOD_5≤16mg/L。

本仿真软件是以高碑店污水处理厂二期工程来进行过程仿真的。

二、运行数据

1. 污水量

本工程设计规划按 50 万 m^3/d 考虑，总变化系数采用 1.2，最大负荷为 60 万 m^3/d。

2. 污水水质

见表 10-1。

进出水水质表（单位：mg/L）　　　　表 10-1

水质指标	进水浓度	出水标准
BOD_5	200	≤30
COD	500	≤120
SS	250	≤30
NH_3-N	30	≤25
pH	6-9	6-9

3. 处理厂出水的回用途径

（1）农业灌溉：这是处理厂出水的主要出路，但有季节性，一年中只有半年灌溉，污水需另谋出路。

（2）工业回用：污水回用主要是作为工业冷却水，如热电厂发电机组的循环冷却，化工厂的设备冷却等，这样可作为城市的第二水源，将大大缓解水资源紧缺的状况。

（3）市政杂用水：浇洒绿地、清扫道路、冲厕等。

（4）河湖景观用水：将处理后的出水输给河边及公园河湖，可以美化城市环境。

三、工艺流程

污水处理中采用先进的缺氧好氧活性污泥法，延长曝气时间，使出水完全硝化；在二期工程中，曝气池设计采用除氮工艺，提高了出水水质，便于工业回用。整个工艺采用二级处理，一级处理段的设备有曝气沉砂池、初次沉淀池；二级处理段的设备有曝气池、二沉池、接触池。具体流程如图 10-1 所示。

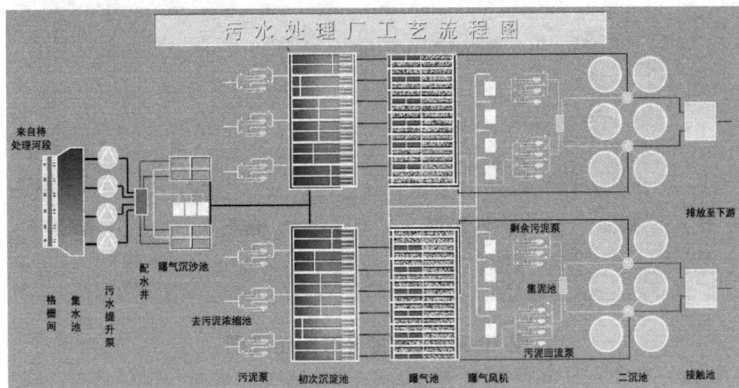

图 10-1 污水处理厂工艺流程图

四、主要构筑物及参数（二期）

1. 格栅间

格栅间安装有粗、细两道格栅，粗格栅间隙 100mm，人工清除，细格栅间隙 25mm，为链条式自动除污。栅渣用皮带输送装筒运往垃圾消纳场填埋。见图 10-2。

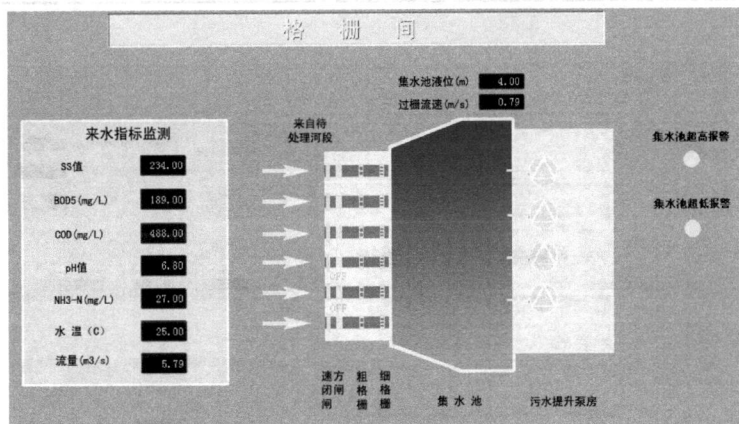

图 10-2 格栅间仿真图

2. 提升泵房

提升泵房设计抽升能力为 50 万 m³/d，总计安装 4 台水泵（二用二备）。水泵型号：DSV-V1000 立式污水混流泵。提升泵的主要设计参数见表 10-2，污水提升泵房仿真图见图 10-3。

提升泵主要设计参数 表 10-2

流量	扬程	功率	效率
3m³/s	15m	600kW	80%

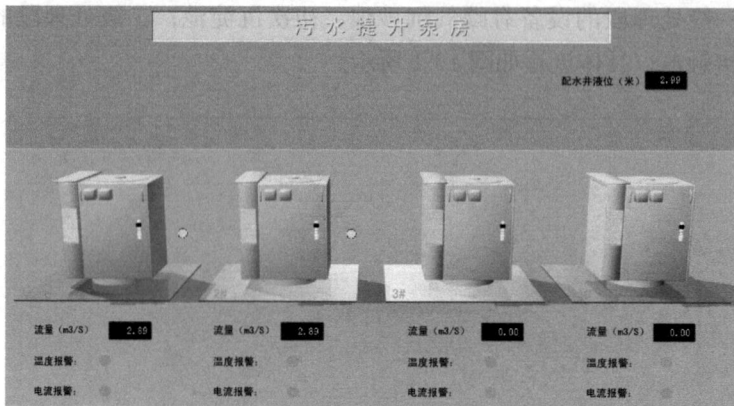

图 10-3　污水提升泵房仿真图

3. 曝气沉砂池

曝气沉砂池池形为平流式矩形池，共4条池，两池为一组，每组池设一台移动桥式吸砂机及砂水分离器，共两套。曝气采用离心式鼓风机，共3台，单机风量 $40m^3/min$，扬程5m，功率55kW。主要设计参数见表10-3。曝气沉砂池仿真图见图10-4。

曝气沉砂池主要设计参数　　　　　　　　　　　　　　　表 10-3

池长	池宽	有效水深	最大水平流速	最大停留时间	单位气量	产砂量
21m	6m	4.25m	0.09m/s	3.36min	$0.15m^3/m^3$	$50m^3/d$

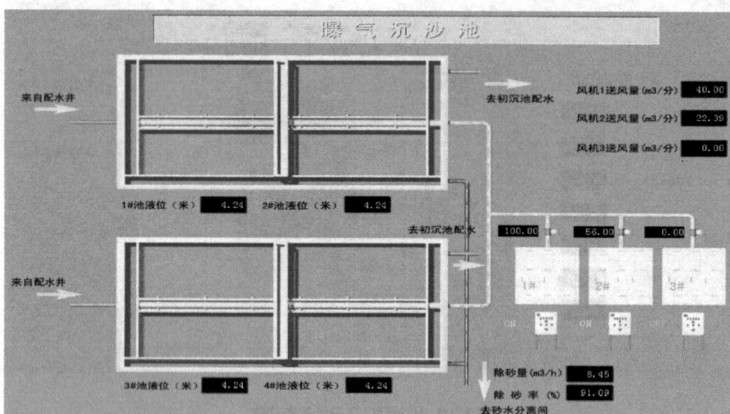

图 10-4　曝气沉砂池仿真图

4. 初沉池

初沉池采用平流式矩形池，刮泥机采用进口桥式刮泥机，定容式螺杆式排泥泵排泥。主要设计参数见表10-4。初次沉淀池仿真图见图10-5。

初沉池主要设计参数　　　　　　　　　　　　　　　　表 10-4

池长	池宽	有效水深	水平流速	停留时间	表面负荷	SS去除率
75m	14m	2.5m	8.3mm/s	2.52h	$0.992m^3/(m^2 \cdot h)$	50%

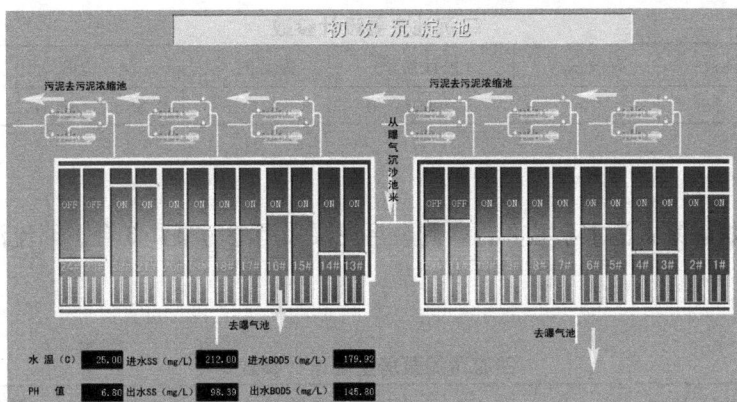

图 10-5　初次沉淀池仿真图

5. 曝气池

曝气池池形为矩形三廊道。进水段 1/6 池长为缺氧段，后为好氧段；采用为 A/O 法，增加内回流设施，回流量最大为 200%，采用鼓风曝气方式。主要设计参数见表 10-5。见图 10-6。

曝气池主要设计参数　　　　　表 10-5

池长	池宽	有效水深	停留时间		污泥负荷	污泥产率	混合液浓度
			缺氧	好氧	0.16kgBOD$_5$/(kgMLSS·d)	0.7~0.75kgSS/(kgBOD$_5$)	2500mg/L
96m	9.28m	6m	1.54h	7.27h			

图 10-6　曝气池及鼓风机房仿真图

6. 鼓风机房

采用单级风冷离心式风机，主要设计参数见表 10-6。

鼓风机主要设计参数　　　　　表 10-6

最大设计风量	数量	单机性能	风量调节范围
3600m³/min	8	270~600m³/min	45%~100%

7. 二沉池

池形为幅流式中心进水周边出水圆形池，采用桥式刮吸结合虹吸式静压排泥，连续运行。主要设计参数见表 10-7。见图 10-7。

二沉池主要设计参数　　　　　　　　　　表 10-7

直径	池高	有效水深	设计流量	停留时间	表面负荷	回流污泥量
50m	5.1m	4m	500000m³/d	4.48h	0.88m³/(m²h)	50%~100%

8. 泵房

采用进口螺旋桨式潜水泵共 8 台，剩余污泥泵采用潜污泵共 6 台。回流污泥泵房主要设计参数见表 10-8。

回流污泥泵房主要设计参数　　　　　　　　表 10-8

污泥回流比	最大设计流量	数量
50%~100%	500000m³/d	2 座

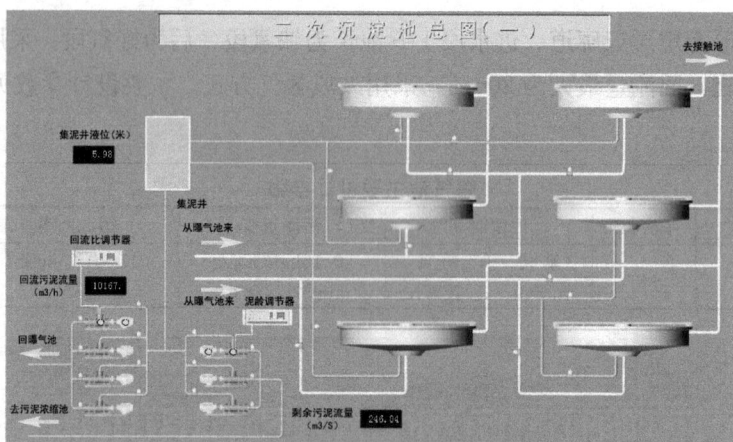

图 10-7　泵房和二沉池总图仿真图

9. 接触池

接触池是污水处理厂出水前的最后一个工序，使用液氯进行接触消毒，见图 10-8。

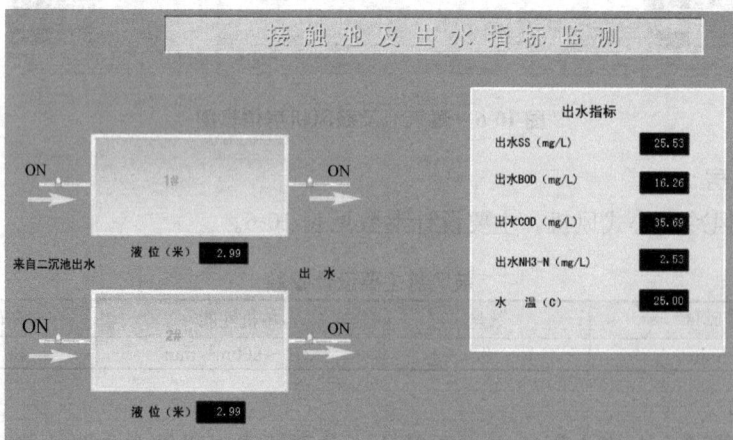

图 10-8　接触池仿真图

10. 主要设备一览表

主要设备及其数量见表 10-9。

主要设备一览表　　　　　　　　　　　　　　　　表 10-9

序号	名称	数量	序号	名称	数量
1	污水提升泵	4	9	吸砂装置	2
2	曝气沉砂池	4	10	砂水分离器	2
3	初沉池	24	11	初沉池排泥泵	12（2×6）
4	曝气池	12	12	回流污泥泵	8
5	二沉池	12	13	剩余污泥泵	6
6	接触池	2	14	桁车式刮泥机	12
7	曝气风机	8	15	桥式吸泥机	12
8	曝气沉砂池风机	3			

五、培训项目及评分标准

（1）当提升泵 1 温度超标（报警）时，其操作步骤评分标准见表 10-10。

培训项目一评分标准　　　　　　　　　　　　　　　表 10-10

现象描述	操作步骤	评分
提升泵 1 温度超标（报警）	1. 停提升泵一	50
	2. 打开备用的提升泵三或四	50

（2）当提升泵 2 电流超标（报警）时，其操作步骤评分标准见表 10-11。

培训项目二评分标准　　　　　　　　　　　　　　　表 10-11

现象描述	操作步骤	评分
提升泵 2 电流超标（报警）	1. 停提升泵二	50
	2. 打开备用的提升泵三或四	50

（3）当来水 pH 低限时，其操作步骤评分标准见表 10-12。

培训项目三评分标准　　　　　　　　　　　　　　　表 10-12

现象描述	操作步骤	评分
pH 值报警	关闭进水方闸一至五	100

（4）当处理负荷增大时，其操作步骤评分标准见表 10-13。

培训项目四评分标准　　　　　　　　　　　　　　　表 10-13

现象描述	操作步骤	评分
处理负荷增大	1. 打开进水方阀五和六	15
	2. 启动提升泵三或四	15
	3. 增大曝气沉砂池处 2 号鼓风机风量	10
	4. 分别开启 11 号、12 号、23 号、24 号初沉池	20
	5. 增大第一组和第二组曝气池回流比	20
	6. 增大曝气池处 6 号鼓风机风量	10
	7. 开启曝气池处 7 号鼓风机	10

（5）当来水 SS 高时，其操作步骤评分标准见表 10-14。

培训项目五评分标准 表 10-14

现象描述	操作步骤	评分
来水 SS 高	分别开启 11 号、12 号、23 号、24 号初沉池	100

（6）当来水 BOD 高时，其操作步骤评分标准见表 10-15。

培训项目六评分标准 表 10-15

现象描述	操作步骤	评分
来水 BOD 高	1. 分别开启 11 号、12 号、23 号、24 号初沉池	30
	2. 增大第一组和第二组曝气池回流比	30
	3. 增大曝气池处 6 号鼓风机风量	20
	4. 开启曝气池处 7 号鼓风机	20

（7）当来水 NH_3-N 高时，其操作步骤评分标准见表 10-16。

培训项目七评分标准 表 10-16

现象描述	操作步骤	评分
来水 NH_3-N 高	1. 增大 6 号鼓风机风量	30
	2. 启动 7 号鼓风机	30
	3. 增大第一组二沉池污泥回流量	20
	4. 增大第二组二沉池污泥回流量	20

（8）当曝气池溶解氧含量低时，其操作步骤评分标准见表 10-17。

培训项目八评分标准 表 10-17

现象描述	操作步骤	评分
曝气池溶解氧含量低	开启风机七和八	100

任务 10.2 活性污泥单元

一、概述

活性污泥工艺是城市和工业污水二级处理广泛采用的工艺，用于降解污水中的有机污染物。活性污泥法的主要设备是曝气池。曝气池中，在人工曝气的状态下，由微生物组成的活性污泥与污水中的有机物充分混合接触，并将其吸收分解。然后混合液进入二沉池，实现污泥与水的固液分离，其中一部分污泥回流到曝气池，以维持曝气池中的微生物浓度；另一部分污泥则作为剩余污泥被排出；处理后的水则由溢流堰排出。

二、工艺流程

为了达到脱氮的目的，提高出水水质，活性污泥处理采用先进的缺氧好氧活性污泥法（A/O法）。A/O工艺将前段缺氧段和后段好氧段串联在一起，A 段溶解氧（DO）不大于 0.2mg/L，O 段 DO＝2～4mg/L。在缺氧段异养菌将蛋白质、脂肪等污染物进行氨化游离出氨（NH4$^+$），在好氧段，自养菌的硝化作用将 NH$_3$-N（NH4$^+$）氧化为 NO$_3^-$，通过回流控制返回至 A 池，在缺氧条件下，异氧菌的反硝化作用将 NO$_3^-$ 还原为分子态氮，实现污水无害化处理。缺氧池在前，污水中的有机碳被反硝化菌所利用，可减轻其后好氧池的有机负荷，反硝化反应产生的碱度可以补偿好氧池中进行硝化反应对碱度的需求。好氧在缺氧池之后，可以使反硝化残留的有机污染物得到进一步去除，提高出水水质。经过处理，BOD$_5$ 的去除率较高可达 90％～95％以上，脱氮效率 70％～80％。如图 10-9 所示。

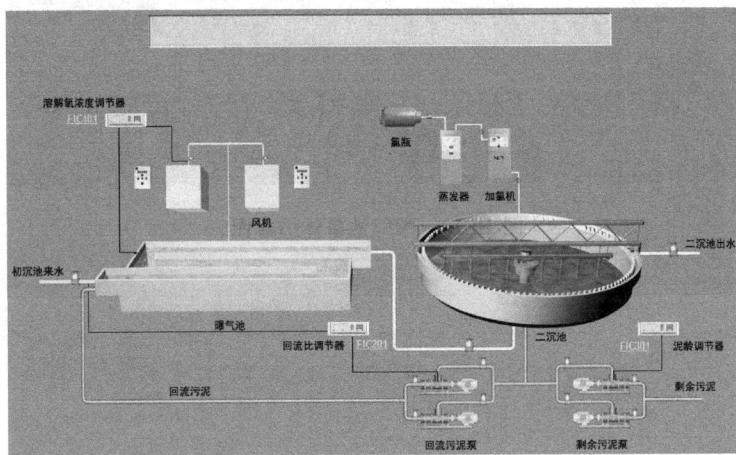

图 10-9　活性污泥单元工艺流程图

三、控制方案

1. 曝气池与曝气系统

经过一级处理的污水与二沉池回流的污泥在曝气池前端混合，然后进入曝气池，混合液在人工曝气的状态下进行微生物降解。曝气池采用矩形三廊道、鼓风曝气，曝气头采用膜片橡胶微孔曝气器。曝气控制系统由鼓风机调节阀、溶解氧传感器和调节器组成，调节器根据测得的溶解氧浓度来调节鼓风机调节阀，以控制曝气量和溶解氧浓度。如图 10-10 所示。

曝气池运行方式为中负荷普通活性污泥法，有机负荷控制在 0.16Kg BOD$_5$/(kgMLSS·d) 左右，混合液浓度控制在 2400～2800mg/L，溶解氧浓度为 2.0mg/L，污泥龄为 8～10d，回流比为 0.9。

2. 二沉池

曝气池出来的混合液由二沉池底部进入，在二沉池进行固液分离，分离出来的污泥由静压吸泥机排出。二沉池采用辐流式中心进水周边出水沉淀池，同时设有加氯装置，以抑制丝状菌膨胀，防止污泥上浮。如图 10-11 所示。

二沉池运行时要保持稳定的表面负荷、停留时间和较高的回流污泥浓度，出水应符合出水标准（BOD＜16mg/L，NH$_3$-N＜3mg/L，SS＜30mg/L）。

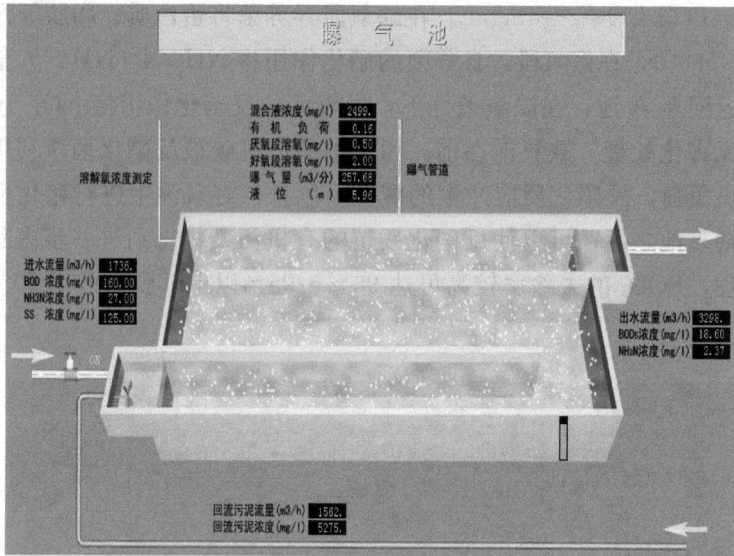

图 10-10　曝气池单体仿真图

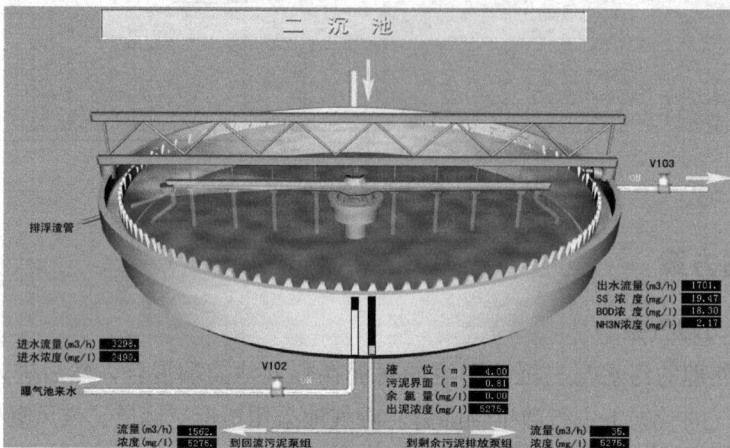

图 10-11　二沉池单体仿真图

3. 泵房

泵房设置了回流污泥系统和剩余污泥排放系统。回流污泥系统由污泥回流泵变频器、回流比调节器、曝气池进水流量计组成，回流污泥流量通过回流比调节器控制。控制回流比恒定可以适应水量在一定范围内的波动，保持曝气池内有机负荷、混合液浓度及二沉池泥位的基本恒定，正常运行状态下，回流比控制在0.9左右。剩余污泥系统由污泥泵变频器、泥龄调节器、曝气池混合液浓度传感器组成，剩余污泥排放量由泥龄调节器控制，以保证污泥泥龄和活性污泥中微生物的比例，正常运行状态的泥龄控制在8～10d。回流污泥、剩余污泥泵均采用定容螺杆泵。具体如图10-12所示（点击变频器可切换FIC201和FIC301控制的泵）。

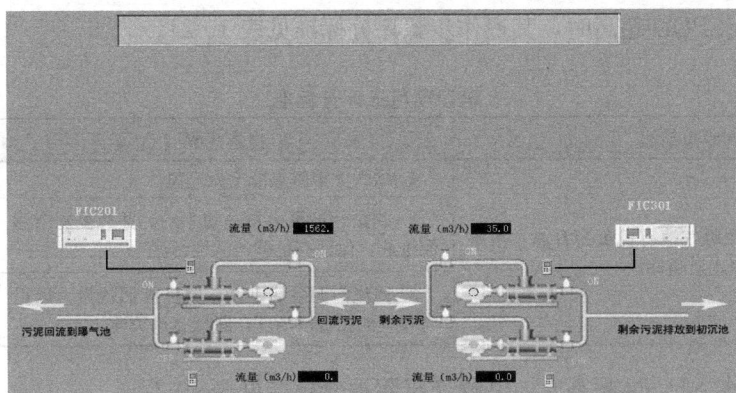

图 10-12 泵房仿真图

四、主要设备及仪表

见表 10-18。

主要设备一览表　　　　　　　　　　表 10-18

设备	调节器	显示仪表	现场阀
曝气池	溶解氧浓度调节器	进泥流量	曝气池进水阀
二沉池	回流比调节器	回流流量	二沉池进水阀
鼓风机	泥龄调节器	曝气量	污泥泵前后阀
回流污泥泵		有机负荷	加氯量调节阀
剩余污泥泵		曝气池液位	
氯瓶		二沉池液位	
加氯机		二沉池泥位	
		余氯量	

五、培训项目

(1) 当处理负荷增大时，其操作步骤评分标准见表 10-19。

培训项目一评分标准　　　　　　　　　　表 10-19

现象描述	操作步骤	评分
1. 处理负荷增大，部分曝气池内的污泥转移到二沉池，使曝气池内 MLSS 降低，有机负荷升高。而实际此时曝气池内需要更多的 MLSS 去处理增加了的污水。 2. 二沉池内污泥量的增加会导致泥位上升，污泥流失，同时，导致二沉池水力负荷增加，出水水质变差	1. 增大溶解氧浓度设定值	20
	2. 剩余污泥泵由自动切手动，并减少剩余污泥排放，保证有足够的活性污泥	40
	3. 回流污泥泵切手动，并提高回流量，以提高曝气池混合液浓度、降低有机负荷	40

(2) 当出现泡沫问题时，其操作步骤评分标准见表 10-20。

培训项目二评分标准　　　　　　　　　　表 10-20

现象描述	操作步骤	评分
当污水中含有大量的合成洗涤剂或其他起泡物质时，曝气池中会产生大量的泡沫。泡沫给操作带来困难，影响劳动环境，同时会使活性污泥流失，造成出水水质下降	增大回流比，提高曝气池活性污泥浓度	100

（3）当进水 BOD 超高时，其操作步骤评分标准见表 10-21。

培训项目三评分标准 　　表 10-21

现象描述	操作步骤	评分
BOD 超高，导致曝气池有机负荷升高，溶解氧浓度下降，出水水质超标	1. 增大大溶解氧浓度设定值	20
	2. 剩余污泥泵由自动切手动，并减少剩余污泥排放，保证有足够的活性污泥	40
	3. 回流污泥泵切手动，并提高回流量，以提高曝气池混合液浓度、降低有机负荷	40

（4）当进水 NH_3-N 超高时，其操作步骤评分标准见表 10-22。

培训项目四评分标准 　　表 10-22

现象描述	操作步骤	评分
1. NH_3-N 升高，溶解氧浓度下降，硝化程度降低	1. 提高溶解氧浓度	50
2. 二沉池发生反硝化，泥位上升，污泥流失	2. 增大回流，降低污泥负荷，使硝化充分进行	50

（5）当污泥膨胀时，其操作步骤评分标准见表 10-23。

培训项目五评分标准 　　表 10-23

现象描述	操作步骤	评分
丝状菌膨胀引起污泥膨胀，使二沉池污泥上浮，导致活性污泥流失，出水水质下降	先打开氯瓶开关，打开加氯机前阀，打开加氯机后阀并调节加氯量投加液氯，抑制丝状菌膨胀	100

（6）当出现污泥上浮时，其操作步骤评分标准见表 10-24。

培训项目六评分标准 　　表 10-24

现象描述	操作步骤	评分
由于反硝化作用，产生氮气导致二沉池污泥上浮，使活性污泥流失，出水水质下降	增大剩余污泥排放量，以缩短二沉池污泥的停留时间	100

（7）当 1 号回流污泥泵发生故障时，其操作步骤评分标准见表 10-25。

培训项目七评分标准 　　表 10-25

现象描述	操作步骤	评分
1 号回流污泥泵故障	1. 关闭 1 号污泥泵开关和前后阀	50
	2. 打开 2 号污泥泵开关和前后阀	50

（8）当 1 号风机发生故障时，其操作步骤评分标准见表 10-26。

培训项目八评分标准 　　表 10-26

现象描述	操作步骤	评分
1 号风机故障	1. 关闭 1 号风机开关	50
	2. 切换风机出口控制器	50

任务 10.3　污泥处理单元

一、概述

在污水处理过程中，无时无刻不在产生着大量的污泥，这些污泥中含有大量的有毒有害物质，如寄生虫卵、病原微生物、细菌、合成有机物及重金属离子等，如果不予有效的处理，仍然会危害环境，造成二次污染。典型的污泥处理工艺流程分四个阶段。

1. 污泥浓缩

污泥浓缩的主要目的是脱去污泥颗粒间的孔隙水，使污泥初步减容，缩小后续处理的设备容量。常用的重力浓缩本质上是压缩沉淀，浓缩前污泥浓度很高，颗粒之间彼此接触支撑，浓缩开始后，在上层颗粒的重力作用下，下层颗粒间隙中的水被挤出界面，颗粒之间相互拥挤更加紧密。通过这种拥挤和压缩过程，污泥浓度进一步提高，从而实现污泥浓缩。

2. 污泥消化

污泥消化主要是使有机物分解，常用的是厌氧消化工艺。厌氧消化是利用兼氧性细菌和厌氧性细菌，进行厌氧生化反应，将有机物质厌氧消化产生沼气。

3. 污泥脱水

污泥脱水是脱去其中的毛细水，使污泥进一步减容。污泥脱水分自然干化脱水和机械脱水，压滤脱水是较常用的机械脱水，是靠滤带本身的张力形成对污泥层的压榨力和剪切力，把污泥层的毛细水挤出来，获得含固量较高的泥饼，从而实现污泥脱水。

4. 污泥处置

污泥处置是采用某种途径将最终的污泥予以消纳。污泥工段总流程如图 10-13 所示。

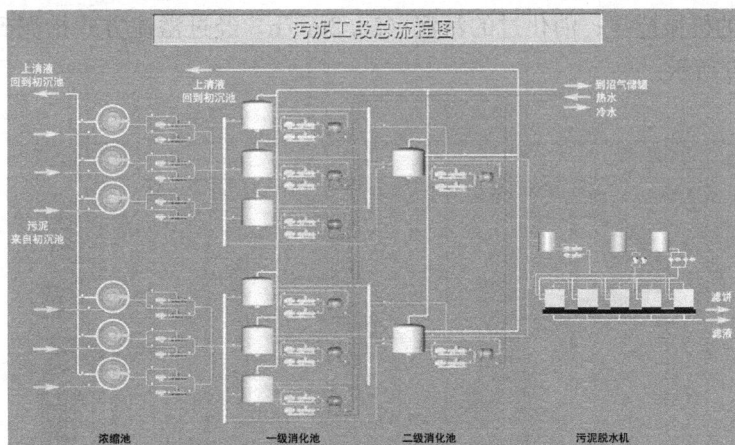

图 10-13　污泥工段总流程仿真图

二、工艺流程

1. 浓缩池

来自二沉池的污泥（97%）经浓缩池进口调节阀进入连续式重力浓缩池（30.6m³/

h)，在刮泥机的转动下进行重力浓缩，浓缩污泥（94.1%）通过刮泥机刮到泥斗中，并由螺杆定容泵排出（15.3m³/h），上清液（99.8%）由溢流堰溢出（15.3m³/h）。具体如图 10-14 所示。

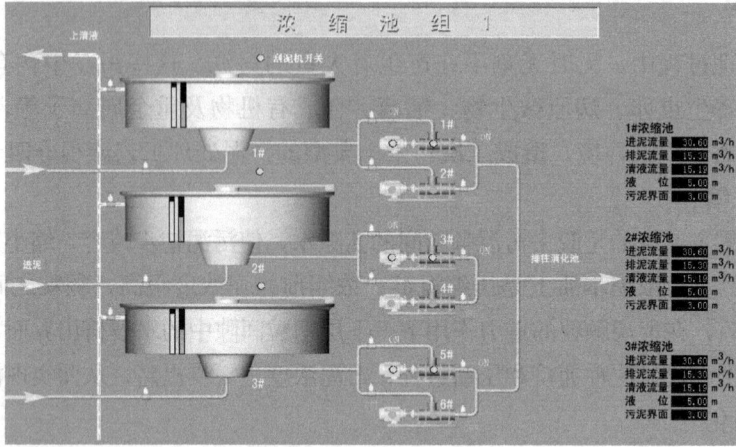

图 10-14　浓缩池仿真图

2. 消化池

污泥（15.30m³/h）经过进泥阀进入一级消化池，在约 1Bar（abs）、35℃和多种微生物的作用下，进行消化；消化产生的沼气（153m³/h）（主要是甲烷）经过各自上部的排气阀，进入沼气总管；进入消化池的污泥温度（25℃）低，消化池内部分污泥（30.67m³/h）经过泵前阀、泵、泵后阀抽出，到热水换热器进行换热到 40℃，然后循环进入一级消化池，以维持消化池内的温度基本稳定；为了使消化池的温度均匀和浓度均匀，除了热力搅拌外，还有连续的机械搅拌；消化过的污泥（15.2m³/h）经过溢流方式排泥到溢流排泥汇管。如图 10-15 所示。

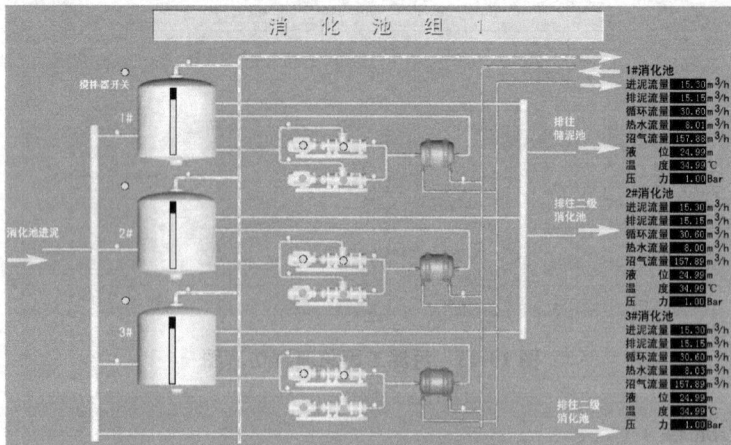

图 10-15　消化池仿真图

3. 压滤机

从消化池来的污泥（95%），存在储泥池中，然后经螺杆定容泵（15.44m³/h）打入压滤机，经过加药调质（4.40%，1.0m³/h），改善脱水性能的污泥，在滤带张力的挤压下脱水，同时产生滤饼（75%，2.92m³/h）和滤液（99.5%，12.52m³/h）。如图 10-16 所示。

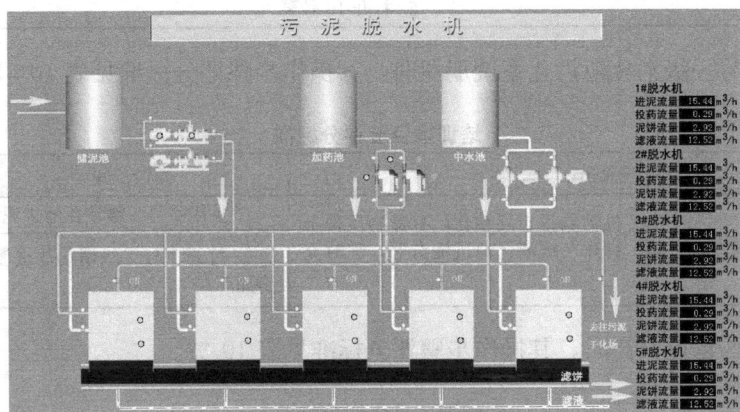

图 10-16　污泥脱水机仿真图

三、培训项目及评分标准

（1）当 1 号浓缩池进泥中水含量增大时，其操作步骤评分标准见表 10-27。

培训项目一评分标准		表 10-27
现象描述	操作步骤	评分
1 号浓缩池进泥中水含量增大，泥含量减小，浓缩池负荷减轻。增大排泥速率，以缩短停留时间	增大 1 号螺杆泵排泥流量	100

（2）当 2 号浓缩池进泥中水含量减小时，其操作步骤评分标准见表 10-28。

培训项目二评分标准		表 10-28
现象描述	操作步骤	评分
2 号浓缩池进泥中水含量减小，泥含量减小，浓缩池负荷增大。减小进泥流量，使浓缩速率等于排泥速率	减小 2 号浓缩池进泥流量	100

（3）当 4 号浓缩池刮泥机发生故障时，其操作步骤评分标准见表 10-29。

培训项目三评分标准		表 10-29
现象描述	操作步骤	评分
刮泥机发生故障，泥不能及时排到泥斗中，同时助浓作用消失，减小了浓缩速率	减小 4 号浓缩池进泥流量	100

（4）当 5 号浓缩池处螺杆泵发生故障时，其操作步骤评分标准见表 10-30。

培训项目四评分标准   表 10-30

现象描述	操作步骤	评分
9 号螺杆泵出故障，切换备用的 10 号螺杆泵	1. 关闭 9 号泵	20
	2. 关闭 9 号泵的前阀和后阀	20
	3. 打开 10 号泵的前阀和后阀	20
	4. 设定 10 号泵的转速	20
	5. 打开 10 号泵	20

（5）当 2 号一级消化池消化系统崩溃时，其操作步骤评分标准见表 10-31。

培训项目五评分标准   表 10-31

现象描述	操作步骤	评分
消化系统崩溃，污泥中的有机物质得不到转化，有毒物质得不到消除，沼气产量急剧下降。打开二级消化池进泥旁路，临时充当一级消化池	1. 关闭 2 号一级消化池进泥	50
	2. 打开 7 号二级消化池进泥旁路	50

（6）当配药浓度升高时，其操作步骤评分标准见表 10-32。

培训项目六评分标准   表 10-32

现象描述	操作步骤	评分
配药浓度增大，投药量增大，致使污泥黏性增大，造成堵塞，也增加了处理成本	减小 1 号加药计量泵的冲程，加大 1 号加药计量泵流量	100

（7）当压滤机滤带打滑时，其操作步骤评分标准见表 10-33。

培训项目七评分标准   表 10-33

现象描述	操作步骤	评分
滤带张力减小，致使滤带打滑，降低了处理效果	增大压滤机滤带张力	100

任务 10.4 初沉池单元

一、工艺原理

城市污水处理厂的初次沉淀池一般情况下主要是去除 SS 中的可沉固体物质，去除效率可达到 90％以上。在可沉物质沉淀过程中，SS 中不可沉漂浮物质的一小部分（约10％）会粘附到絮体上一起沉淀下去。另外，可漂浮固体物质的大部分也将在初沉池内漂至污水表面，沉下去的形成污泥被排出池外，浮上去的作为浮渣被清除。初次沉淀池的工艺参数主要有以下几种。

1. 污水入口流量 Q

Q 与初沉池的水力表面负荷成正比。对于一座初沉池来说，当进水量一定时，它所能去除的颗粒大小也是一定的，在所能去除的颗粒中，最小的那个颗粒的沉速正好等于这座池的水力表面负荷。因此，水力表面负荷越小，所能去除的颗粒就越多，沉淀效率就越高；反之，水力表面负荷越大，沉淀效率就越低。

2. 污水入口温度

温度对沉淀效率的影响首先表现在两个相反的方面。当温度升高时，一方面污水容易腐败，使沉淀效率降低；但另一方面，温度升高将使污水的黏度降低，使颗粒易于与污水分离，从而提高沉淀效率。在保证污水不严重腐败的情况下，总的沉淀效果将随着温度的升高而提高。

3. 入流污水 SS

入流污水 SS 的突然升高，会产生密度流。因为入流污水 SS 高，密度也必然大，入池之后，会直接进入池下部向前流动，这时上部污水会静止不动成为死区。这样一来，由于过水断面减少，会造成下部流速增大，扰动沉下的污泥。初沉池仿真图如图 10-17 所示。

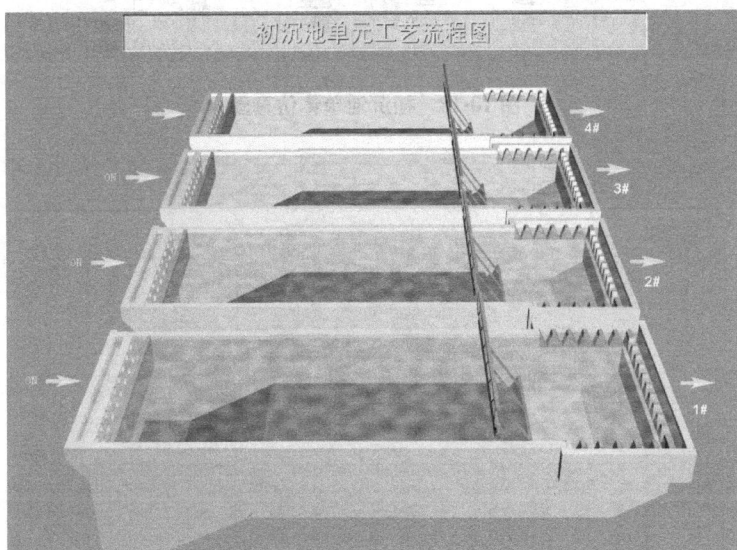

图 10-17　初沉池仿真图

4. 初沉污泥的泥量

初沉池污泥量有两种表达方式：一是干污泥量，二是湿污泥量。干污泥量用于全厂的物料平衡计算，控制全厂的工艺运行。在初沉池的具体排泥操作中，一般采用湿污泥量。初沉池排泥系统如图 10-18、图 10-19 所示。

二、工艺流程与控制方案

一般处理厂入流污水量、水温及入流 SS 负荷，每时每刻都在变化，因而初沉池的 SS 去除率也在变化。应该采用一定的控制措施应对入流污水的这些变化，使初沉池 SS 的去除率基本保持稳定。可采取的工艺措施主要是改变投运池数，因为绝大部分处理厂的初沉池都有一定的余量。

工艺控制措施的目标是将初沉池的工艺参数控制在要求的范围内，使 SS 去除率、水力表面负荷控制在最佳的范围。因为水力表面负荷如果控制的太高，SS 去除率会降低，如果控制太低，不但造成浪费，还会因停留时间太长使污水厌氧腐败。

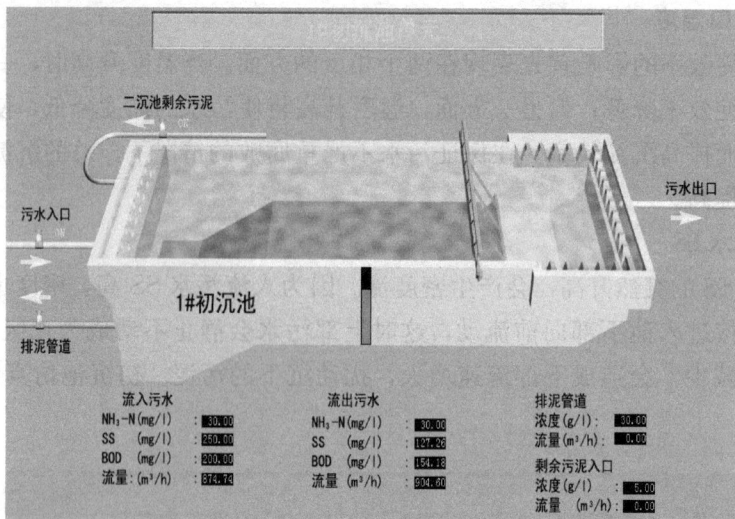

图 10-18　初沉池单体仿真图

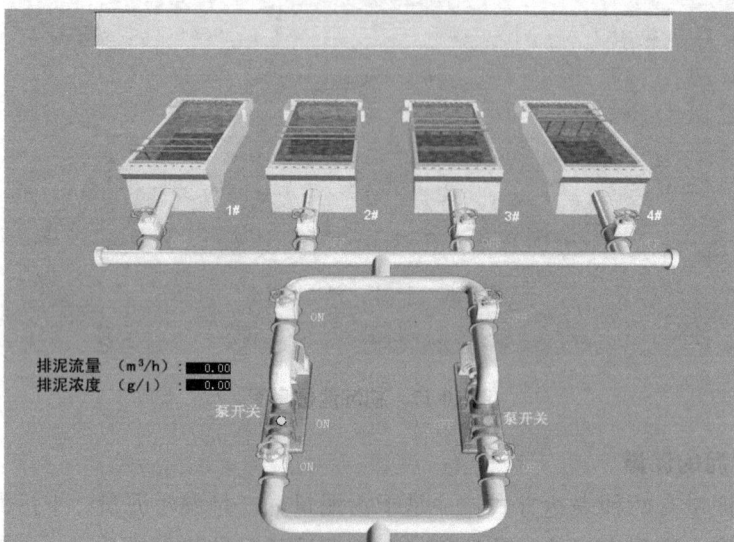

图 10-19　排泥系统仿真图

　　排泥是初沉池运行中最重要也是最难控制的一个操作。平流沉淀池采用行车式刮泥机时，只能采用间歇排泥方式。因为在一个刮泥周期内只有当污泥被刮至泥斗以后，才能排泥，否则排出的将是污水。每次排泥时间持续多长，取决于污泥量、排泥泵的容量和浓缩池要求的进泥浓度。

三、培训项目

　　（1）当初沉池流入污水 SS 增大时，其操作步骤评分标准见表 10-34。

培训项目评分标准　　　　　　　　　　　　表 10-34

现象描述	操作步骤	评分
初沉池流入污水 SS 增大会导致出口污水的 SS 增大，排泥量增大	1. 打开 4 号初沉池污水入阀	30
	2. 增大排泥泵的排泥量	30
	3. 打开 4 号初沉池的剩余污泥输入阀	40

（2）当初沉池流入污水流量增大时，其操作步骤评分标准见表 10-35。

培训项目评分标准　　　　　　　　　　　　表 10-35

现象描述	操作步骤	评分
初沉池流入污水流量增大会导致池的水力负荷增大，SS 去除滤下降，排泥量增大	1. 打开 4 号初沉池污水入阀	50
	2. 打开 4 号初沉池的剩余污泥输入阀	50

（3）当初沉池流入污水温度降低时，其操作步骤评分标准见表 10-36。

培训项目评分标准　　　　　　　　　　　　表 10-36

现象描述	操作步骤	评分
初沉池流入污水温度降低会导致 SS 去除率下降，水力负荷增大	1. 打开 4 号初沉池污水入口阀	30
	2. 打开 4 号初沉池的剩余污泥输入阀	30
	3. 减小排泥泵的排泥量	40

（4）当排泥泵坏时，其操作步骤评分标准见表 10-37。

培训项目评分标准　　　　　　　　　　　　表 10-37

现象描述	操作步骤	评分
排泥泵坏，无法正常排泥	1. 关闭当前排泥泵	50
	2. 启动备用泵	50

（5）当 1 号初沉池刮泥机发生故障时，其操作步骤评分标准见表 10-38。

培训项目评分标准　　　　　　　　　　　　表 10-38

现象描述	操作步骤	评分
1 号初沉池刮泥机故障，无法正常排泥	1. 关闭 1 号初沉池污水入口阀	25
	2. 关闭 1 号初沉池的剩余污泥输入阀	25
	3. 打开 4 号初沉池污水入口阀	25
	4. 打开 4 号初沉池的剩余污泥输入阀	25

任务 10.5　消化池单元

一、工艺原理

厌氧消化是利用兼性菌和厌氧菌进行厌氧消化反应，分解污泥中有机物质的一种污泥处理工艺。首先，有机物被厌氧消化分解，可以使污泥稳定化，使之不容易腐败。其次，通过厌氧消化，大部分病原菌或蛔虫卵被杀灭或者作为有机物被分解，使污泥无害化。第三，随着污泥被稳定化，将产生大量高热值的沼气，作为能源利用，使污泥资源化。另外，污泥经过消化以后，其中的部分有机氮转化成了氨氮，转化成了沼气，这本身也是一种减量过程。

将有机物质厌氧消化产生沼气，是一个由多种细菌参与的多阶段生化反应过程，每一个反应阶段都以某一类细菌为主，其产物提供给下一个阶段的细菌利用。根据不同的角度和变化规律来解释厌氧消化的理论，有二段论、三段论和四段论。但总体来说，都是有机物先被分解成低级的脂肪酸，然后产甲烷菌再利用低级脂肪酸产生甲烷。影响消化的主要因素有：

1. pH 值和碱度

间歇操作的消化池，在产甲烷的不同阶段，pH 值是不同的，先高后低，再由低到高，平滑过渡，但是间歇操作总体消化速率比较慢，只适合产泥量很少的小处理厂。理论上讲，影响 pH 值的因素很多，但是绝大部分污水处理厂的消化系统，在正常运行的时候不需要经常性的人工调整 pH 值，消化池的 pH 值能自动维持在 6.5～7.5 的范围内，其主要原因是消化液中存在大量的碱，这些碱要以碳酸氢盐的形式存在，在消化液中起到酸碱中和的作用，从而使 pH 值维持在接近中性的范围内。但是，有时也会出现很多异常的情况。如果这是由于进料引起的，应该马上停止进料，如果偏差很大，应该外加碱源，首先控制住 pH 值将是一种有效的应急措施。否则，消化效果将受到影响，严重时会使消化系统彻底被破坏。

2. 温度

由于产甲烷菌的繁殖代谢比较慢，所以整个消化阶段的速率由产甲烷菌控制。产甲烷菌的正常生存范围一般在 10～60℃之间，甲烷菌的活性从总体上看，随着温度升高而增大，但局部有波动，在 38～49℃之间，活性会受到一定的抑制。按照消化温度的不同，消化通常分为三类：高温消化、中温消化、常温消化。高温消化温度一般在 50～56℃之间，经常采用 55℃。中温消化一般在 29～38℃之间，经常采用 35℃。常温消化一般在 15～38℃之间。

在实际操作中普遍采用中温消化，经常采用 35℃。甲烷菌对温度的变化比较敏感，变化较大时将使产气量急剧降低，因此在生产中要注意控制温度。

3. 毒物

在污泥中经常会有很多金属和非金属离子对产甲烷菌有毒性，但浓度超过一定的范围时，就会使产甲烷菌中毒，停止甲烷的产生。当然，产甲烷菌对毒物也有一定的适应能力，如果毒物浓度不是很大或者慢慢累加，也有可能被甲烷菌驯化而发挥不了毒性。在生产中，如果甲烷菌因为中毒而失去活性，使产气量急剧下降，应该停止进泥，待污泥中毒物含量正常后再进料，如果毒性很大，可以投药进行抵消。

二、工艺流程

污泥的厌氧消化系统一般由消化池、加热系统、搅拌系统、进排泥系统和集气系统组成。如图 10-20～图 10-22 所示。

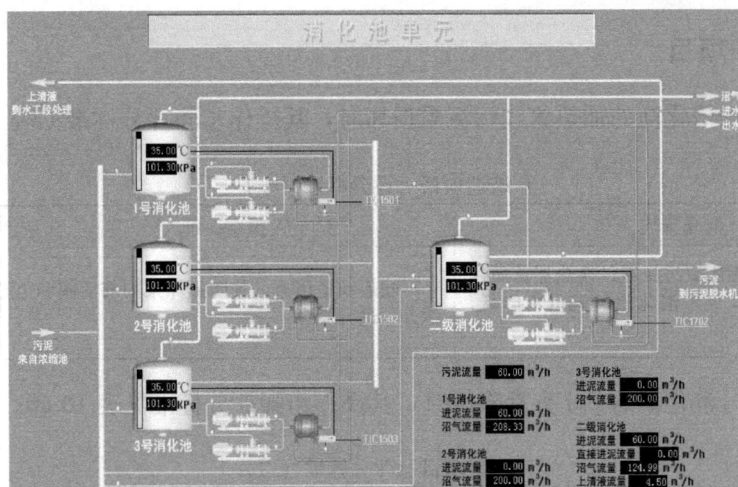

图 10-20　消化池单元仿真图

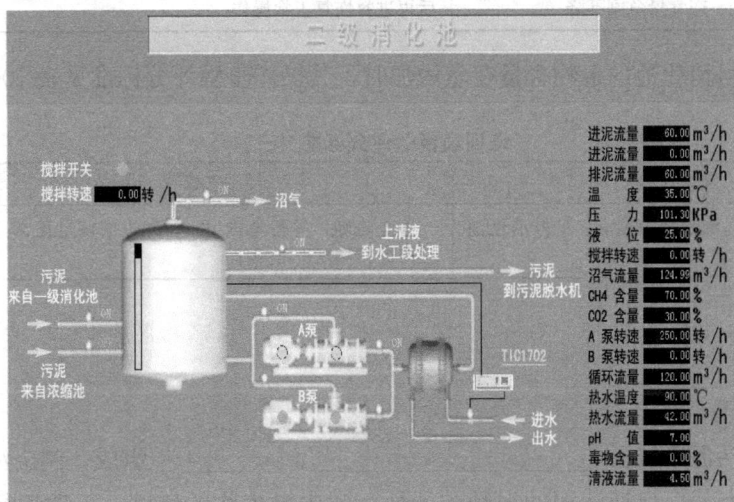

图 10-21　二级消化池仿真图

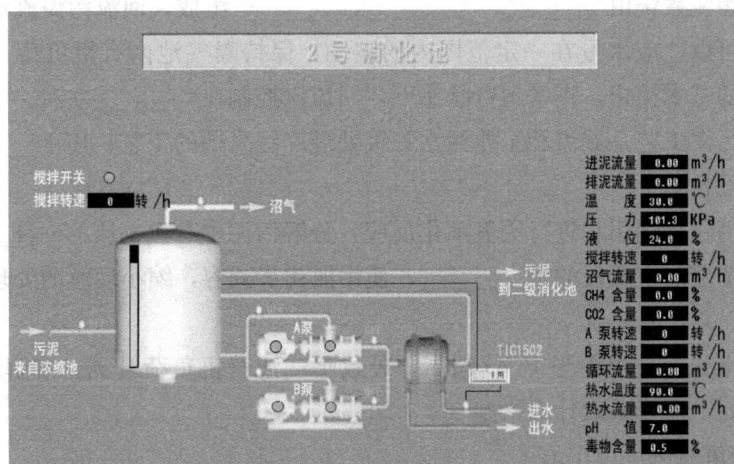

图 10-22　2 号消化池仿真图

三、培训项目

(1) 当1号消化池的加热管线污泥泵损坏时，其操作步骤评分标准见表10-39。

培训项目七评分标准（一） 表 10-39

现象描述	操作步骤	评分
由于泵损坏，无法使污泥通过换热器从而保持消化池的温度，1号消化池的温度将降低，产气量急剧下降	尽快启动备用泵，关闭损坏泵的前后阀和电源开关进行检修	100

(2) 当1号消化池的 pH 突然降低时，其操作步骤评分标准见表10-40。

培训项目七评分标准（二） 表 10-40

现象描述	操作步骤	评分
可能由于进料污泥的成分变化，1号消化池的 pH 值突然降低，产气量急剧下降	停止进料，等待池内 pH 值和进泥恢复正常后再进料恢复正常操作	100

(3) 当1号消化池的毒物含量突然增加时，其操作步骤评分标准见表10-41。

培训项目七评分标准（三） 表 10-41

现象描述	操作步骤	评分
可能由于进料污泥的成分变化，1号消化池的毒物含量增加，产气量急剧下降	停止进料，等待池内 pH 值和进泥恢复正常后再进料恢复正常操作	100

复习题

1. 填空题

(1) 剩余污泥系统由＿＿＿＿＿、＿＿＿＿＿、＿＿＿＿＿组成，剩余污泥排放量由泥龄调节器控制，以保证污泥的泥龄和活性污泥中微生物的比例，正常运行状泥龄控制在＿＿＿＿天。

(2) 回流污泥系统由＿＿＿＿、＿＿＿＿、＿＿＿＿组成，回流污泥流量通过回流比调节器控制。可以适应水量在一定范围内的波动，保持曝气池内有机负荷、混合液浓度及二沉池泥位的基本恒定，正常运行状态下，回流比控制在＿＿＿＿左右。

(3) 活性污泥工艺是城市和工业污水二级处理广泛采用的工艺，用于＿＿＿＿。活性污泥法的主要设备是＿＿＿＿。

(4) 厌氧消化是利用和进行厌氧消化反应，分解污泥中有机物质的一种＿＿＿＿。

(5) 污泥浓缩的主要目的是＿＿＿＿，使污泥初步减容，缩小后续的处理。

2. 选择题

(1) 在污水处理过程中当 BOD 超高，导致曝气池有机负荷升高，溶解氧浓度下降，出水水质超标时，需要采取什么措施（　　　）。

A. 增大溶解氧浓度设定值

B. 剩余污泥泵切换为手动，减少剩余污泥排放性污泥

C. 回流污泥泵切换为手动，提高回流量，以提高曝气池混合液浓度、降低有机负荷

D. 剩余污泥泵切换为手动，增大剩余污泥排放性污泥

（2）在污水处理过程中当进水 NH_3-N 超高时，需要采取什么措施（　　）。

A. 增大溶解氧浓度设定值

B. 减小溶解氧浓度设定值

C. 剩余污泥泵切换为手动，增大剩余污泥排放性污泥

D. 增大回流，降低污泥负荷，使硝化充分进行

（3）在污水处理过程中当处理负荷增大时，需要采取什么措施（　　）。

A. 剩余污泥泵切换为手动，增大剩余污泥排放性污泥

B. 回流污泥泵切换为手动，提高回流量，以提高曝气池混合液浓度、降低有机负荷

C. 增大溶解氧浓度设定值

D. 剩余污泥泵切换为手动，减少剩余污泥排放，保证有足够的活性污泥

3. 简答题

（1）污水处理厂的主要构筑物有哪些？

（2）污水处理厂出水的回用途径有哪些？

（3）影响污泥消化的主要因素有哪些？

参 考 文 献

[1] 李亚峰. 废水处理实用技术及运行管理 [M]. 北京：工业出版社，2012.

[2] 孙体昌. 水污染控制工程 [M]. 北京：机械工业出版社，2009.

[3] 王怀宇. 污水处理厂（站）运行管理 [M]. 北京：中国劳动社会保障出版社，2009.

[4] 高艳玲. 城市污水处理技术及工艺运行管理 [M]. 北京：中国建材工业出版社，2012.

[5] 田禹，王树涛. 水污染控制工程 [M]. 北京：化学工业出版社，2010.

[6] 李东升. 污水处理综合实训教程 [M]. 北京：化学工业出版社，2009.

[7] 李亚峰，晋文学. 城市污水处理厂运行管理 [M]. 北京：化学工业出版社，2010.

[8] 王金梅，薛叙明. 水污染控制技术 [M]. 北京：化学工业出版社，2001.

[9] 税永红. 工业废水处理技术 [M]. 北京：科学出版社，2012.

[10] 王惠丰，王怀宇. 污水处理厂的运行与管理 [M]. 北京：科学出版社，2010.

[11] 严进，金文斌. 废水处理工培训教材 [M]. 北京：化学工业出版社，2009.

[12] 胡昊. 给排水工程运行与管理 [M]. 北京：中国水利水电出版社，2010.

[13] 曹宇，王恩让. 污水处理厂运行管理培训教程 [M]. 北京：化学工业出版社，2011.

[14] 何品晶等. 城市污泥处理与利用 [M]. 北京：科学出版社，2003.

[15] 赵庆祥. 污泥资源化技术. 北京：化学工业出版社，2002.

[16] 金必慧、黄南平. 城镇污水处理厂运行管理 [M]. 北京：中国建筑工业出版社，2012.

[17] 谷晋川，蒋文举，雍毅等. 城市污水厂污泥处理与资源化 [M]. 北京：化学工业出版社，2008.

[18] 张大群. 污泥处理处置适用设备 [M]. 北京：化学工业出版社，2012.

[19] 徐强. 污泥处理处置技术及装置 [M]. 北京：化学工业出版社，2003.

[20] 张辰. 污泥处理技术与工程实例 [M]. 北京：化学工业出版社，2006.

[21] 周少奇. 城市污泥处理处置与资源化 [M]. 广州：华南理工大学出版社，2002.

[22] 徐强. 污泥处理处置新技术、新工艺、新设备 [M]. 北京：化学工业出版社，2011.

[23] 尹军，谭学军. 污水污泥处理处置与资源化利用 [M]. 北京：化学工业出版社，2005.

[24] 朱开金，马忠亮. 污泥处理技术与资源化利用 [M]. 北京：化学工业出版社，2007.